两希文明哲学经典译丛

包利民 章雪富 主编

# 哲思与信仰

## 《道德论集》选译

[古罗马] 普鲁塔克 著

罗 勇 译

*Philosophical Classics of Hellenistic-Roman Times*

中国社会科学出版社

# 图书在版编目(CIP)数据

哲思与信仰:《道德论集》选译 /(古罗马)普鲁塔克著;罗勇译. —北京:中国社会科学出版社,2018.2 (2023.9 重印)
(两希文明哲学经典译丛 / 包利民 章雪富主编)
ISBN 978-7-5203-1115-1

Ⅰ.①哲… Ⅱ.①普…②罗… Ⅲ.①伦理学—文集 Ⅳ.①B82-53

中国版本图书馆 CIP 数据核字(2017)第 242397 号

| 出 版 人 | 赵剑英 |
|---|---|
| 责任编辑 | 凌金良 陈 彪 |
| 责任校对 | 张依婧 |
| 责任印制 | 张雪娇 |

| 出　　版 | 中国社会科学出版社 |
|---|---|
| 社　　址 | 北京鼓楼西大街甲 158 号 |
| 邮　　编 | 100720 |
| 网　　址 | http://www.csspw.cn |
| 发 行 部 | 010-84083685 |
| 门 市 部 | 010-84029450 |
| 经　　销 | 新华书店及其他书店 |

| 印刷装订 | 环球东方(北京)印务有限公司 |
|---|---|
| 版　　次 | 2018 年 2 月第 1 版 |
| 印　　次 | 2023 年 9 月第 2 次印刷 |

| 开　　本 | 650×960 1/16 |
|---|---|
| 印　　张 | 16.75 |
| 插　　页 | 2 |
| 字　　数 | 233 千字 |
| 定　　价 | 49.00 元 |

凡购买中国社会科学出版社图书,如有质量问题请与本社营销中心联系调换
电话:010-84083683
**版权所有　侵权必究**

# 2016年再版序

我们对哲学的认识无论如何都与希腊存在着关联。如果说人类的学问某种程度上都始于哲学的探讨，那么也可以说，在某种程度上我们都是希腊的学徒。这当然不是说希腊文明比其他文明更具优越性和优先性，而只是说人类长时间以来都得益于哲学这种运思方式和求知之道，希腊人则为基于纯粹理性的求知方式奠定了基本典范，并且这种基于好奇的知识探索已经成为不同时代人们的主要存在方式。

希腊哲学的光荣主要是与苏格拉底、柏拉图和亚里士多德联系在一起。这套译丛则试图走得更远，让希腊哲学的光荣与更多的哲学家——伊壁鸠鲁、西塞罗、塞涅卡、爱比克泰德、斐洛、尼撒的格列高利、普卢克洛、波爱修、奥古斯丁等名字联系在一起。在编年史上，他们中的许多人已经是罗马人，有些人在信仰上已经是基督徒，但他们依然在某种程度上，或者说他们著作的主要部分仍然是在续写希腊哲学的光荣。他们把思辨的艰深诠释为生活的实践，把思想的力量转化为信仰的勇气，把城邦理念演绎为世界公民。他们扩展了希腊思想的可能，诠释着人类文明与希腊文明的关系。

这套丛书被冠以"两希文明哲学经典译丛"之名，还旨在显示希腊文明与希伯来文明的冲突相生。希腊化时期的希腊和罗马时代的希腊已经不再是城邦时代的希腊，文明的多元格局为哲学的运思和思想的道路提供了更广阔的视域，希腊化罗马时代的思想家致力于更具个体性、时间性、历史性和实践性的哲学探索，更倾心于在一个世俗的世界塑造一种盼望的降临，在一个国家的时代奠基一种世界公民的身份。在这个时代并且在后续的世代，哲学不再只是一个民族的事业，更是人类知识探索的始终志业；哲学家们在为古代哲学安魂的时候开启了现代世界的图景，在历史的延续中瞻望终末的来临，在两希文明的张力中看见人类更深更远的未来。

十年之后修订再版这套丛书，寄托更深！

是为序！

包利民　章雪富

2016 年 5 月

# 2004年译丛总序

西方文明有一个别致的称呼，叫作"两希文明"。顾名思义，西方文明有两个根源，由两种具有相当张力的不同"亚文化"联合组成，一个是希腊—罗马文化，另一个是希伯来—基督教文化。国人在地球缩小、各大文明相遇的今天，日益生出了认识西方文明本质的浓厚兴趣。这种兴趣不再停在表层，不再满意于泛泛而论，而是渴望深入其根子，亲临其泉源，回溯其原典。

我们译介的哲学经典处于更为狭义意义上的"两希文明时代"——这两大文明在历史上首次并列存在、相遇、互相叩问、相互交融的时代。这是一个跨度相当大的历史时代，大约涵括公元前3世纪到公元5世纪的800年的时间。对于"两希"的每一方而言，都是一个极具特色的时期，它们都第一次大规模地走出自己的原生地，影响别的文化。首先，这个时期史称"希腊化"时期；在亚历山大大帝东征的余威之下，希腊文化超出了自己的城邦地域，大规模地东渐教化。世界各地的好学青年纷纷负笈雅典，朝拜这一世界文化之都。另外，在这番辉煌之下，却又掩盖着别样的痛楚；古典的社会架构和思想的范式都在经历着剧变；城邦共和体系面临瓦解，曾经安于公民德性生活范式的人感到脚下不稳，感到精神无所归依。于是，"非主流"型的、非政治的、"纯粹的"哲学家纷纷涌现，企图为个体的心灵宁静寻找新的依据。希腊哲学的各条主要路线都在此时总结和集大成：普罗提诺汇总了柏拉图和亚里士多德路线，伊壁鸠鲁/卢克来修汇总了自然哲学路线，怀疑论汇总了整个希腊哲学中否定性的一面。同时，这些学派还开出了与古典哲学范式相当不同的，但是同样具有重要特色的新的哲学。有人称之为"伦理学取向"和"宗教取向"的哲学，我们称之为"哲学治疗"的哲学。这些标签都提示了：这是一个在剧变之下，人特别关心人自己的幸福、宁静、命运、个性、自由等的时代。一个时代应该有一个时代的哲学。那个时代的哲学会不会让处于类似时代中的今人感到更多的共鸣呢？

与此同时，东方的另一个"希"——希伯来文化——也在悄然兴起，逐渐向西方推进。犹太人在亚历山大里亚等城市定居经商，带去独特的文化。后来从犹太文化中分离出来的基督教文化更是日益向希腊—罗马文化的地域慢慢西移，以至于学者们争论，这个时代究竟是希腊文化的东渐，还是东方宗教文化的西渐？希伯来—基督教文化与希腊文化是特质极为不同的两种文化，当它们最终相遇之后，会出现极为有趣的相互试探、相互排斥、相互吸引，以致逐渐部分相融的种种景观。可想而知，这样的时期在历史上比较罕见。一旦出现，则场面壮观激烈，火花四溅，学人精神为之一振，纷纷激扬文字、评点对方、捍卫自己，从而两种文化传统突然出现鲜明的自我意识。从这样的时期的文本入手探究西方文明的特征，是否是一条难得的路径？

此外，从西方经典哲学的译介看，对于希腊—罗马和希伯来—基督教经典的译介，国内已经有不少学者做了可观的工作；但是，对于"两希文明交会时期"经典的翻译，尚缺乏系统工程。这一时期在希腊哲学的三大阶段——前苏格拉底哲学、古典哲学、晚期哲学——中属于第三阶段。第一阶段与第二阶段分别都已经有了较为系统的译介，但是第三阶段的译介还很不系统。浙江大学外国哲学研究所的两希哲学研究与译介传统是严群先生和陈村富先生所开创的，长期以来一直追求沉潜严谨、专精深入的学风。我们这次的译丛就是集中选取希腊哲学第三阶段的所有著名哲学流派的著作：伊壁鸠鲁派、怀疑派、斯多亚派、新柏拉图主义、新共和主义（西塞罗、普鲁塔克）等，希望为学界提供一个尽量完整的图景。同时，由于这个时期哲学的共同关心聚焦在对"幸福"和"心灵宁静"的追求上，我们的翻译也将侧重介绍伦理性—治疗性的哲学思想；我们相信哲人们对人生苦难和治疗的各种深刻反思会引起超出学术界的更为广泛的思考和关注。另一方面，这一时期在希伯来—基督教传统中属于"早期教父"阶段。犹太人与基督徒是怎么看待神与人、幸福与命运的？他们又是怎么看待希腊人的？耶路撒冷和雅典有什么干系？两种文明孰高孰低？两种哲学难道只有冲突，没有内在对话和融合的可能？后来的种种演变是否当时就已经露出了一些端倪？这些都是相当有意思的学术问题和相当急迫的现实问题（对于当时的社会和人）。为此，我们选取了奥古斯丁、斐洛和尼撒的格列高利等人的著作，这些大哲的特点是"跨时代人才"，他们不仅"学贯两希"，而且"身处两希"，体验到的张力真切而强烈；他们的思考必然有后来者所无法重复的特色和原创性，值得关注。

以上就是我们译介"两希文明"哲学经典的宗旨。

另外，还需要说明两点：一是本丛书中各书的注释，凡特别注明"中译者注"的，为该书中译者所加，其余乃是对原文注释的翻译；二是本译丛也属于浙江大学跨文化研究中心系列研究计划之一。我们希望以后能推出更多的翻译，以弥补这一时期思想经典译介之不足。

包利民　章雪富
2004 年 8 月

# 目 录

2016年再版序 | 1
2004年译丛总序 | 1
中译者导言 | 1

七贤会饮 | 1
论迷信 | 43
论德尔斐神庙的 E | 63
论伦理德性 | 89
论制怒 | 119
论静心 | 149
柏拉图问题 | 185
  问题一 | 187
  问题二 | 193
  问题三 | 196
  问题四 | 203
  问题五 | 205
  问题六 | 210
  问题七 | 211
  问题八 | 216

问题九 | 223

问题十 | 229

译名对照表 | 242

# 中译者导言

普鲁塔克（Plutarch，约公元 46–120 年）出生于波俄提亚（Boeotia）的小镇凯诺尼亚（Chaeronea），他的家族在当地算是名门望族了，因此他从小就接受到良好的教育，对毕达哥拉斯学派及其数论思想颇感兴趣，大约在其 20 岁那年（公元 66 年），他转入位于雅典的柏拉图学园派，拜在阿莫里乌斯（Ammonius）的门下学习哲学，在他的诸多著述中可以看到他具有相当好的哲学素养。另一方面，普鲁塔克也是一位具有虔敬宗教精神的希腊人，他在生命的最后三十年成为位于德尔斐的阿波罗神庙的两位祭司之一，《道德论集》('Hθικά, *Moralia*）中的许多对话都和德尔斐有关，比如《论皮提亚的神谕不再以诗的形式给出》(*De Pythiae Oraculis*) 以及本选集所翻译的《论德尔斐神庙的E》(*De E apud Delphos*)，《七贤会饮》(*Septientium Convivium*) 中的占卜者狄奥克勒斯的发言可谓是普鲁塔克从宗教角度所表达的对人类生活的关怀。普鲁塔克深爱他的家乡，除了政治外交、游历埃及罗马等地，以及讲学活动之外，其一生中的大部分时间都在凯诺尼亚度过。他积极参与到其家乡的事务中，在其年轻时期担任过代表其家乡的大使；他的家中总是会聚集许多前来听他讲学的人，《道德论集》记载这方面的大量对话，后来的编者冠之以 Συμποσιακῶν προβλημάτων（"会饮问答"）流传于世，这成为考察普鲁塔克以及他那个时代杰出人物的智识生活的重要材料。普鲁塔克的作品滋养了许多后来者，莎士比亚、培根、蒙田、卢梭都从普鲁塔克的作品（不论其形式还是风格）中汲取了灵感。①

普鲁塔克以两部作品名传于世，除了上面提到的《道德论集》，另一部更广为人知的作品是《对比列传》（Βίοι Παράλληλοι, Parallel Lives），相对于后者，普鲁塔克的《道德论集》进入中文世界的时间很短。2005年，中国社会科学出版社出版了普鲁塔克《道德论集》中的17篇文章（有的文章是节选），另加《对比列传》中的《亚历山大传》和《凯撒传》，定名为《古典共和精神的捍卫——普鲁塔克文选》（包利民等译）；2009年，华夏出版社出版了普鲁塔克的单篇作品《论伊希斯与俄赛里斯》（De Iside et Osiride）（段映红译），2016年，又出版了普鲁塔克的长篇对话《论月面》（De Facie in Orbe Lunae）（孔许友译）；值得一提的是，2014年，台湾联经出版社出版了普鲁塔克《道德论集》全集（定名为《蒲鲁塔克札记》），这是普鲁塔克全集的第一个繁体中文全译本。2015年，吉林出版集团引进并出版了简体中文本，并定名为《普鲁塔克全集》。考虑到《道德论集》的规模宏大，这个《道德论集》的第一个全集中译本虽然译文可以商榷，但是对于读者了解普鲁塔克颇有益处。古典文本，正如柏拉图的作品，在已经有了全集本之后，还是可以出现单篇对话的单行本。普鲁塔克作品的情况也是如此，其原因在于：虽然选译这种做法无法一窥原作者全貌，但具有更明显的主题意识，译文可以更加反复锤炼，最终，积尺寸之力，缓缓渐进，或可达至对普鲁塔克作品全体的更好译介。

就我们系列中已经出版的《古典共和精神的捍卫》而言，正如其书名所显明的那样，其选集内容主要是聚焦于对普鲁塔克政治思想的理解，借此凸显普鲁塔克对以柏拉图和亚里士多德为代表的古典政治哲学

---

① 关于普鲁塔克在文艺复兴之后的影响，参见 Mark Beck 编, *A Companion to Plutarch*, Blackwell Publishing Limited, 2014, 第531-610页。

的继承和捍卫。从普鲁塔克的政治思想角度看，《对比列传》因传主多是作为行动者的政治家（哲学家并没有成为传主）而成为考察普鲁塔克政治思想的绝佳材料。《对比列传》体现的是普鲁塔克这位不同寻常的柏拉图主义者对历史和政治现实的思考，虽然他一反柏拉图主义超越现实、走向理念的哲学实践，但他依然像柏拉图那样，对政治有着清醒的认识，也对政治进行教育。不仅《对比列传》富含这种底蕴，而且《道德论集》中的许多文章也拥有这种色彩：普鲁塔克在《道德论集》中用了许多篇幅来探索政治应当如何运作，当权者（政治家、将军、国王等）应当具备何种素质和修养，甚至是探讨特定政制的品性和特点。《古典共和精神的捍卫》中所翻译的《哲学家尤其应当与当权者交谈》（*Maxime cum Principibus Philosophoesse Disserendum*）、《致一位无知的统治者》（*Ad Principem Ineruditum*）基本上可以视作普鲁塔克在这方面的代表作；而其中所选译的《伊壁鸠鲁实际上使幸福生活不可能》（*Non Posse Suaviter Vivise Cundum Epicurum*）、《"隐秘无闻的生活"是一个好准则吗？》（*An Recte Dictum Sit Latenteres Sevivendum*）则是普鲁塔克反对其他学派的哲学教义、捍卫公共生活（政治生活）的哲学反抗。这方面的作品还包括《老年人是否应当参政》（*An Seni Respublica Gerenda Sit*）、《政治家的谏言》（*Praecepta Gerendaerae Publicae*）。[①]

与《古典共和精神的捍卫》相比，本选集《哲思与信仰》则主要关注的是普鲁塔克在哲学和宗教方面的旨趣，这在某种意义上代表了普鲁塔克思想中的另外两个重要方面。普鲁塔克所面临的问题是，他生活的时代不论从政治上还是从哲学上看都已经不再是雅典的黄金时代。伯

---

① 普鲁塔克的另一篇对话《论苏格拉底的精灵》（*De Genio Socratis*）虽然没有采取直接向当权者提出建议的形式，但却将苏格拉底这个自足的哲学行动者与现实的政治行动者对比起来，从哲学的层面上对现实的政治行动进行反思，参见 Mark Rely, The Purpose and Unity of Plutarch's *De Genio Socratis*，刊于 *Greek, Roman and Byzantine Studies*，第 18 卷，第 3 期，第 257－273 页。关于普鲁塔克政治思想的考察，参见 C. J. D. Aalders H. Wzn, *Plutarch's Political Thought*, North－Holland Publishing Company, 1982。

里克勒斯在葬礼演说中所大力赞扬的民主雅典已经成为遥远的回忆，而由柏拉图和亚里士多德所代表的哲学高峰也已经成为不可企及的辉煌。随着马其顿帝国的一起一落与罗马帝国的兴起和扩张，这其中的政治激荡所引发的政治失能和心灵失衡已经引起许多哲学家和哲学流派的深切关注。和伊壁鸠鲁学派、斯多亚学派等大大小小的哲学流派一样，普鲁塔克所身处的是一个哲学上的后亚里士多德时代和政治上的后城邦时代。

因此，哲学必须回应的问题是：在一个激荡动乱的社会中，哲学何为？伊壁鸠鲁学派和斯多亚学派以构建完备的理论体系成为亚里士多德之后引人注目的两大学派。从传统意义上讲，这两大学派的伦理学都继承了"幸福"这个传统主题（甚至可以说，他们的所有学说都朝向这个目的）。如果说在此之前的幸福论主要关注的是灵魂及其德性的话，那么不妨说这两大学派关注的主要是灵魂及其治疗，虽然古典哲学也关注灵魂，但希腊化时期的哲学主流已经将视野完全转移到灵魂当中，探讨使得人之灵魂受到干扰（因而不幸）的诸多原因，其中最重要的就是人之激情（pathos）：伊壁鸠鲁学派要实现灵魂的无纷扰和身体的无痛苦，斯多亚学派则要实现不动心或者心灵宁静。这便是这两大学派的物理学和逻辑学所共同致力的最终目标。在这种"实践哲学"思路当中，伦理学俨然代替形而上学成为了"第一哲学"或者最终目标。虽然亚里士多德也很关注伦理学，但在亚里士多德的体系中，伦理学并不具有如此之高的地位（在伦理学之上还有政治学，而实践哲学之上还有本体论），且主要处理的是与他者的关系。对于希腊化时期的哲学家们而言，伦理学地位如此之高似乎是不言而喻的，但这种伦理学已经不再只是关注个体与他者的问题了，而是关注人与自我的问题。地理空间或者政治空间在不断扩大，但伦理学却从城邦之中转到了个体内部，故此，文德尔班的《哲学史教程》在探讨希腊化-罗马哲学的时候，称这个时期为"伦理学时期"①，这并非毫无道理。可是，"转向"之后的伦理学既然主要只关注激情，关注个体自身的问题，关注个人在面对周遭环境时所产生的愤怒、嫉妒、厌恶、憎恨等，那么，对这些激情的治疗从范畴上便不再完全属于狭义的伦理学了，倒不如直接将对这些激情的思考和应对思路称作治疗学②（抑或治疗型伦理学，Lieve van Hoof 将之称为实践伦理学③）。

毫无疑问，普鲁塔克关于纯粹哲学的讨论中充满了大量这样的治疗型作品，这些作品针对的是个人的问题，但这些问题不仅具有个人性，同时也具备一定的普遍性，有些问题是"病人"向"医生"（也是哲人）普鲁塔克提出的，他必须就这些问题进行答复，并借此提出自己的意见。在此次的选译中，普鲁塔克关于"愤怒"（orgē）的思考是其治疗型作品中的代表。无独有偶，在普鲁塔克之前的塞涅卡也专门讨论过"愤怒"，这也是目前保存下来的关于治疗"愤怒"的两篇完整作品。④ 愤怒是对别人感到不满（看不惯别人）或者受到冒犯时（过于看重自己）的激情，虽然愤怒也指涉他人，但是愤怒的主体却是个体自身，因此对于愤怒的治疗需要个人对自身进行反观，而反观的方法有很

---

① 参见文德尔班，《哲学史教程》（上），第二篇，第一章，罗达仁译，商务印书馆1997年版。

② 参见包利民，《西方哲学中的治疗型智慧》，刊于《中国社会科学》，1997年第2期，第41－51页。关于伊壁鸠鲁学派的治疗哲学，参见《希腊哲学史》（第四卷上），汪子嵩、陈村富、包利民、章雪富著，人民出版社2014年版，第224－261页；关于斯多亚学派的治疗哲学，参见第568－618页。

③ 参见 Lieve van Hoof, *Plutarch's Practical Ethics*, Oxford University Press, 2010, 第83－115页，作者在这一章即将结束时特别提到，在"静心"这个主题上，普鲁塔克是从柏拉图的观点处理该论题的第一人。

④ 塞涅卡的《论愤怒》，参见《强者的温柔：塞涅卡伦理文选》，包利民 等译，中国社会科学出版社2005年版；《论静心》（*On Tranquility of Mind*），参见 *Seneca: Hardship and Happiness*, Elaine Fantham 译, The University of Chicago Press, 2014；关于普鲁塔克与塞涅卡在"愤怒"这个主题上的区别，参见 Lieve van Hoof, Strategic Differences: Seneca and Plutarch on Controlling Anger, 刊于 *Mnemosyne*, 第60卷（2007），第59－86页，但是这个分析主要关注的是二者在修辞策略上的区别。关于古希腊罗马哲学对"愤怒"的思考和处理，参见 William V. Harris, *Restraining Rage*, Harvard University Press, 2001, 第88－128页。

多，普鲁塔克指出的最主要的一种办法就是模仿——那些很好地抑制了自己愤怒的人是如何做的。静心也是如此，心灵的宁静其实和灵魂的无激情、不动心（apatheia）有很大的相似之处，静心就意味着灵魂不受干扰。普鲁塔克在《论静心》（De Tranquillitate Animi）中一改《论制怒》（De Cohibenda Ira）的对话文体，以书信的形式让人明显觉得普鲁塔克是站在哲人的高度进行教诲的，这就好比如今的心理咨询专家给出的针对性意见。必须指出的是，虽然"愤怒"和"静心"是普鲁塔克和斯多亚学派（塞涅卡）共享的主题，但是普鲁塔克是站在柏拉图的灵魂三分论（理性、血气和欲望）或者他自己的二分法趋势（理性与非理性）基础上进行治疗的。在这一点上，普鲁塔克虽然也是个理性主义者，但他却不像斯多亚学派那样将灵魂中的激情彻底根除，而是充分肯定其作用并使其在理性的束缚下发挥功用。①

实际上，普鲁塔克在《论伦理德性》（De Virtute Morali）中就认为，根除激情既不可能、也不更好（443C）。《论伦理德性》是普鲁塔克系统地抨击斯多亚学派伦理学的作品。他在这篇文章的第一段明确表示自己所要探寻的是伦理德性（或者道德德性）区别于沉思德性（或者理智德性）的本质特征（440D）。亚里士多德是第一个使用伦理德性（或称"道德德性"）的人，普鲁塔克以之作为这篇文章的标题，这说明普鲁塔克的术语系统源自亚里士多德，根据亚里士多德的看法，伦理德性通过习惯养成，②而普鲁塔克则认为伦理德性的质料是激情（440D），这其实还是沿着亚里士多德的思路往下讲，因为人的确是在处理激情的过程中养成了自身的习惯。有趣的是，普鲁塔克并没有在此文中建立自己的伦理学体系，相反，除了第一段之外，他这篇文章的剩余部分都在和斯多亚学派针锋相对，而他所启用的理论资源除了亚里士

---

① 比如塞涅卡，《论愤怒》，1. 8. 1-3，3. 1。
② 亚里士多德，《尼各马可伦理学》，1103a15，廖申白译，商务印书馆2009年版。

多德之外，更重要的是柏拉图。按照普鲁塔克的引述，斯多亚学派认为灵魂的激情和非理性实际上和理性是一个部分（441C），在普鲁塔克的叙述中，斯多亚学派对激情和非理性的这种定位实际上使得激情和非理性成为错误和不节制的理性，这意味着灵魂当中只有理性；但普鲁塔克恰恰认为，伦理德性处理的是激情，是非理性，如果灵魂当中只有理性，那么伦理德性便无从谈起。在《论伦理德性》中，我们可以很好地看到斯多亚学派的伦理学与柏拉图和亚里士多德的不同之处（当然，这是从普鲁塔克的角度来说的）。

宗教是普鲁塔克的理论旨趣和实践旨趣关注点之一，也涉及对我们灵魂的本体性疾病的治疗。《论迷信》（De Superstitione）一般被认为是普鲁塔克的宗教作品，普鲁塔克在其中主要讨论的是无神论和迷信各自的表现以及二者之间的区别。[①] 从标题上看，这篇作品没有特别点名所要针对的是谁，而且其中对于伊壁鸠鲁学派和斯多亚学派都采取了不屑一顾的态度（164F–165A），故而很难说这是一篇直接针对哪个学派的文章，倒不如说这篇文章处理的是日常生活中的宗教问题：普鲁塔克在描述无神论和迷信的表现时所拣取的都是日常生活中的例子。其实，虽然名叫《论迷信》，但普鲁塔克的真正目的是要讨论什么才是真正的宗教或者虔敬，身兼宗教职务的普鲁塔克没有像伊壁鸠鲁学派那样认为宗教是现实各种痛苦的原因。虽然迷信的行为确实会导致生活受到干扰，但无神论的立场却只是另一个极端，普鲁塔克的立场恰好是这两种极端之间——这既是传统的力量，也是普鲁塔克温文尔雅的表现；另一方面，《论迷信》也可以视作普鲁塔克从宗教方面进行治疗的例子——无神论和迷信都可视作激情（冷漠或者恐惧）的不当反应（164E），而真正的宗教或虔敬意味着对神的正确和恰当看法——因而也可和《论静

---

[①] 关于这篇作品的分析和评价，参见 John Oakesmith, *The Religion of Plutarch*, Longmans, Green, 1902, 第 179 页–187 页，以及 H. D. Betz 编，*Plutarch's Theological Writings and Early Christian Literature*, Brill, 1975, 第 1–6 页。

心》和《论制怒》一样被认为是普鲁塔克的治疗型作品。

相较于《七贤会饮》而言，《论德尔斐神庙的 E》和《柏拉图问题》（Platonicae Quaestiones）不仅涉及宗教，而且涉及哲学。从《论德尔斐神庙的 E》中，我们可以猜想到普鲁塔克晚年身为德尔斐祭司时所面临的各种问题，对于这篇对话而言，重要的是普鲁塔克宗教议题之上所创造的哲学语境（毕达哥拉斯或柏拉图式的哲学背景）。普鲁塔克的老师阿莫里乌斯在这篇对话中首先表明这种哲学化的倾向：阿波罗不仅是预言者，也是哲学家（385B）。他的理由是阿波罗的各种头衔，这些头衔都指向了这样一种哲学实践：追问原因。而恰恰是"为什么"这样的追问，形成了所有哲学活动最初的动力。这其实已经预告了接下来的谈话将会是一场关于哲学的谈话：对话内容将 E 和数字五等同起来，由此寻找和数字五有关的各种范畴数量，比如柏拉图《泰阿泰德》和《智术师》中的五种实体，音乐中的五种音调，五个世界，五种元素，五种存在，等等。但是阿莫里乌斯最后以决定性的方式对这种解释进行颠覆，他认为上面这些解释都不得其道，E 其实与对存在（ontos）的追问有关。他将 E 解释成我们对神的问候语，意思是"您是"（在希腊语中，εἶ是动词εἰμί［是］的现三单形式），这其实是对神之永恒存在的确认。神的存在是永恒不变的，没有将来，没有现在，没有未来，因而就是一，这就是阿波罗，因为他的名字就是"非-多"（A-pollo），与神的这种性质相比，人自身就是处于永恒变化之中的。因此，对阿波罗的这个致敬，不仅在哲学上确定了神这种永恒不变的实体，同时也确认了人自身的弱点，但阿莫里乌斯并未因此而导致悲观，认识到人自身的弱点或限制其实也就是德尔斐神庙"认识你自己"的题中之意。很明显，普鲁塔克是赞成这种解释的，他在《论伊希斯与俄赛里斯》中，赋予埃及神伊希斯与俄赛里斯（以及概而言之的宗教）柏拉图哲学的意味，在《柏拉图问题》（问题二和问题三）中以神学谈哲学，也以哲学谈神学。可以说，普鲁塔克的这种解释方式所秉承的就是柏拉图的《蒂迈欧》。

《七贤会饮》无疑是对柏拉图《会饮》（也包括色诺芬的《会饮》）的模仿，只不过普鲁塔克的"会饮"相比柏拉图的"会饮"发生的时间要早（柏拉图构思的是"当代人"，普鲁塔克构思的是"古代人"），讨论的主题也不像柏拉图的《会饮》那样集中（赞美爱神），而是显得更为随意一些。① 《七贤会饮》更近似于文学作品，其中传达的信息无疑是既多又杂的，我们既能看到会饮者们彼此之间的"打情骂俏"和"掐架"，也能看到会饮者们针对某一主题的严肃思考和发言，这些发言带有浓厚的哲学、宗教、政治意味。② 就像普鲁塔克在其中使用的philanthropia（人性、仁爱，158C）一样，③ 在《七贤会饮》的语境中，完整的人类生活既包括宗教和哲学这样严肃的一面，也包括饮酒吃食、互开玩笑这样轻松活泼的内容。普鲁塔克吸引人之处就在于，严肃的思考并不远离现实的生活。

普鲁塔克的《道德论集》规模庞大，其内容几乎无所不包，自文艺复兴以来，普鲁塔克便以其独特的吸引力吸引了许多学者对其作品进行校订和翻译。就目前而言，译者所知道的最早的版本是1509年威尼斯人文主义者阿尔斯都·曼努提乌斯（Aldus Manutius）在威尼斯出版的阿尔丁（Aldine）本，这是《道德论集》的第一个希腊文印刷本；1559－1572年间，法国作家和翻译家雅克·阿密欧（Jacques Amyot）

---

① 关于普鲁塔克与作为一种文学体裁的"会饮"，参见 Sven‐Tage Treodorsson, The Place of Plutarch in the Literary of Symposium，见 José Ribeiro Ferreira 等编辑，*Symposion and Philanthropia in Plutarch*, Centro de Estudos Clássicos e Humanísticos da Universidade de Coimbra, 2009，第3－16页。

② 关于《七贤会饮》中所体现的政治思想，参见 G. J. D. Aalders, Political Thought in Plutarch's "Convivium Semptum Sapientium"，刊于 *Mnemosyne*，第30卷，第1期（1977），第28－39页。

③ 关于《七贤会饮》中的 philanthropia，参见 Stephen T. Newmyer, Animal Philanthropia in the Convivium Septem Sapientium，见 José Ribeiro Ferreira 等编辑，*Symposion and Philanthropia in Plutarch*, Centro de Estudos Clássicos e Humanísticos da Universidade de Coimbra，第497－504页。

翻译并出版了普鲁塔克的《对比列传》和《道德论集》，但这个翻译更大的价值在于文学方面，莎士比亚正是经由阿密欧的译文而积累了创作罗马剧的材料；1570 年，日耳曼古典学者和人文主义者威廉·克西兰德（W. Xylander）编辑出版了附有少量注释的《道德论集》希腊语－拉丁语译本；1572 年，亨里科斯·斯忒方努斯（Henricus Stephanus）编辑出版了《道德论集》全集本，从这个版本开始，《道德论集》就一般地被分为十四卷并有了编码，后来勒布（Loeb）本的第十五卷在此分卷基础上补入了普鲁塔克的残篇以及一些其他内容。从 1599 年到 1804 年期间，《道德论集》至少还出现过三个校订本，但相对其他各个版本而言，对《道德论集》的编辑校订贡献最大的是瑞士古典学者丹尼尔·维滕巴赫（Daniel Wyttenbach），可惜他未竟此业便去世了，他除了校订工作之外，还为考察普鲁塔克《对比列传》和《道德论集》中的用语编辑了两卷本的《普鲁塔克用语辞典》（*Lexicon Plutarcheum*：*Et Vitas Et Opera Moralia Complectens*）（1843），由于该版本也采用了斯忒方努斯编码，所以通过这本辞典查阅普鲁塔克的关键术语十分方便；1870 年，美国古典学者威廉·古德温（William W. Goodwin）翻译出版了五卷本英文版的《道德论集》，这个版本从希腊文翻译，但注释很少，而且在翻译希腊神名时采用了相应的罗马神名；在后来的版本中，比较重要的是由格雷戈里乌斯·柏纳达基斯（Gregorios Bernardakis）开始于 1888 年所校订的托布勒（Teubner）本，该版本共有七卷，其中的一些文章是后来的勒布本没有选入的；勒布本是基于此前的校订工作而出版的，也是比较流行的英译本，其译者多是从事古典学或古代哲学的学者，而且其中的注释也相当丰富；就译者所见，目前最新的校订本是由法国美文出版社（Les Belles Lettres）首版于 1987 年的布德（Budé）本，该本附有对普鲁塔克的长篇介绍。

本选集的翻译根据的是勒布本，并且尽量多地选译其中译者认为对理解原文有益的注释。在翻译和校订的过程中，译者得到了包利民教授的悉心指导和帮助,在此要特别感谢!普鲁塔克的《道德论集》主题广泛,而普鲁塔克关于希腊哲学、神话、宗教、天文等方面的知识又十分广博,面对如此浩瀚的知识宝库,译者深感水平有限,在翻译的过程中难免出错,敬请方家和读者斧正。

罗 勇<br>2017 年 3 月

# 七贤会饮

1. ［146B］尼卡科斯（Nicarchus），对于各种事情来说，时间的流逝会导致许多模糊和彻底的不确定，这似乎是很明显的，因为，就目前新近和新鲜的事情而言，错误的说法都已经获得了人们的信任。首先，这是因为此次并非只是七贤的会饮，［146C］正如你们已经听闻的，而是这个数的两倍，其中还有我自己；由于我的技艺①，我与珀里安德（Periamder）住在一起；同时，我也是泰勒斯（Thales）的东道主，因为珀里安德要求他在我家中歇脚。其次，无论是谁向你叙述的，他都不可能正确地向你回忆起我们的谈话；很明显，此人并不在场。然而，既然我有许多闲暇，而且年老也不值得信任，从而确保叙述不会延迟，既然你有所渴望，我会从一开始向你讲述全部事情。

2. ［146D］珀里安德准备了此次款待，不在城邦中，而是在列凯昂（Lechaeum）附近的宴会厅，靠近阿芙洛狄忒（Aphrodite）的圣坛，那天，有人向她奉献了牺牲。对珀里安德来说，自从他母亲因风流韵事而自愿结束生命之后②，他就再也没有向阿芙洛狄忒献祭了，但是如今，由于墨丽萨（Melissa）的一些梦境，他开始尊敬并侍奉这位女神了。

对于每个受邀的人来说，一对装扮精致的马被带到他们的门前。时值夏天，由于大量的马车和人流，从整条大街一直到海边都是大量的灰尘和混乱的景象。然而，当泰勒斯［146E］看到门口的马车时，他笑着将马车打发走。于是，我们步行出发，不走大路，而是悠闲地穿过乡

---

① 普鲁塔克明显自诩为谙熟宗教净化仪式的先知，见后文149D。
② 参见帕忒尼努斯（Parthenius）《风流韵事》（*Love-affairs*），§17。

间，和我们两人一起的是劳克拉提斯（Naucratis）的内洛克塞诺斯（Neiloxenus），他是位正直的人，在埃及期间，他与梭伦（Solon）和泰勒斯，以及他们的圈子密切交往。由于有任务，他碰巧被再次派到庇阿斯（Bias）那里去，由于不知道其中缘由，他怀疑他又为庇阿斯带去了一个夹在书里的问题。他得到的指示是，如果庇阿斯放弃解决这个问题的话，他就应该向希腊人中最智慧的人展示这本书。

"对我来说，这是个好运"，内洛克塞诺斯说，[146F]"发现你们都在这儿，并且如你们所见，我正要将这本书带到宴席上去"。同时，他还向我们进行了展示。

泰勒斯笑着说，"如果这是什么坏东西的话，那就再去普里厄勒（Priene）① 好了，因为庇阿斯会解决这个问题的，正如解决第一个问题一样"。

我说，"第一个问题是什么呢？"

"国王"，他说，"给了庇阿斯一只用于献祭的动物，他的指示是取出并返还给他肉里最差和最好的部分。我们的朋友绝妙而聪明的办法是取出舌头送给他，② 结果他如今明显声名显赫，受人尊重"。

[147A]"不仅是因为这一点"，内洛克塞诺斯说，"另外，他就像你们一样，并不回避成为'王的朋友'并被如此称呼。比如，就你而言，国王十分钦佩你，他尤其对你测量金字塔的方法极其高兴，因为你不费任何周折，也不要求任何器械，只是让手杖立在金字塔投下的影子边缘，通过遮住太阳光线，就形成了两个三角形，你证明了金字塔的高度与手杖的长度之间的关系就好比一个的影子与另一个的影子的关

---

① 乡名，指庇阿斯的家。
② 普鲁塔克：《论听》（*De Recta Ratione Audiendi*）38B 也讲述了同样的故事；在506C，以及普鲁塔克的《赫西俄德注疏》（*Commentarii in Hesiodum*）71（《劳作与时日》，719），皮塔科斯也说了同样的故事。

系。① 但是，如我说的，你被不义地指控为敌视国王，[147B] 而你的某些与君王相关的放肆言论也传到了他那里。比如，他听说，当伊奥尼亚人（Ionian）摩尔帕戈拉斯（Molpagoras）问你什么是你所见的最荒谬之事时，你回答说'活得太长的僭主'。② 还有一次，他听说在某个宴席上有一个关于动物的讨论，你认为野生动物中最差的是君王，驯服动物中最差的是谄媚者。③ 如今，尽管国王知道他毕竟不同于僭主，但他也不会宅心仁厚地接受这些说法"。

"但这种说法"，泰勒斯说，"是皮塔科斯（Pittacus）的，这种说法曾经是拿来开缪尔西洛斯（Myrilus）的玩笑的。[147C] 但是，就我而言，我会惊讶地看到，"他说，"不是君王，而是舵手才活得太长。然而，只要我们的关注点从这一个转到另一个的话，我的感觉和那位青年完全一样，他扔石头打狗却未打中，相反打到了他的继母，于是喊道，'这也挺不错嘛！'④ 这就是我将梭伦在拒绝接受僭主的任职时视为最贤哲的原因。⑤ 而你的朋友皮塔科斯，如果他不施行君主制的话，他也不会说'做好人很难'。⑥ 不过显然，尽管珀里安德受到僭主的折磨，就像受到遗传疾病的折磨一样，但他通过结交有益于健康的朋友，与有理智之人交往，[147D] 并且拒绝我的同胞公民忒拉绪布洛斯（Thrasybulus）关于'削顶'的建议，⑦ 至少到目前为止，他在恢复⑧方

---

① 普林尼：《自然史》，36.17（82）。
② 普鲁塔克在《论苏格拉底的精灵》（*De genio Socratis*）578D 特别将这句话归给泰勒斯；参见下文，152A。
③ 普鲁塔克在《如何辨别朋友与谄媚者》（*Quomodo Adulator ab Amico Internoscatur*）61C 将这句话归给庇阿斯。
④ 同样的故事也见于普鲁塔克的《论静心》（*De Tranquillitate Animi*）467C。
⑤ 普鲁塔克：《梭伦传》，14 和 15。
⑥ 柏拉图：《普罗塔戈拉》，339a；Bergk，《古希腊抒情诗人集》（*Poetae Lyrici Graeci*）第 3 卷，第 384 页，西蒙尼德，5。
⑦ 在其他相关的传统中，这个故事都是类似的；比如，在罗马传统中，塔奎里乌斯·苏派尔布斯（Tarquinius Superbus）给他的儿子这个建议（李维，1.54）。
⑧ 常见的传统（比如，希罗多德，5.95）是珀里安德变得更差，而不是更好。

面取得了可观的进步。的确，渴望统治奴隶而不是人的僭主，他就像一位宁愿丰收毒麦和芒柄花而非小麦和大麦的农民。因为，权力有一种用于抵抗其诸多不利的好处，这就是权力的荣誉和荣耀，如果统治者由于比好人要好从而统治好人的话，人们就认为统治者要比他们的臣民更加伟大。但是，如果统治者满足于缺乏荣誉的安全，他们就应该去统治羊、马、牛，而不是统治人。但是说这一点就够了"，［147E］他说，"我们的到访者已经让我们陷入了十分不当的谈话中，因为他没有认真地提出适于赴宴之人的主题和问题。难道你并不认为，对那个要当宴席主人的人来说，由于某些准备是必要的，那么，对那个要出席做客的人来说，某些准备也是必要的？绪巴里斯人（Sybaris）提前一年邀请女人，这样，这些女人就有大量的时间为自己赴宴时的衣着珠宝做准备；① 但我认为，对那个希望成为宴席上的得体客人的人来说，真正的准备需要更长的时间，因为要找到适合于客人品性的装饰要难于找到适合于身体的鲜花［147F］和无用的装饰。实际上，有理智的赴宴之人到那儿去不只是为了吃饱，好像他就是个罐子，而是参与，或是严肃或是幽默地倾听和讨论那个场合下出现的各种话题，如果他们的聚会想要令人愉快的话。② 难吃的菜肴可以撤下去，酒水糟糕的话人们可以逃往水泽女仙那里；但是让别人头疼的宴席客人是十分粗野与失礼的，他毁坏并搞糟了美酒佳肴或音乐演奏的享受；［148A］人们也没有什么可用方法来吐出那些令人作呕之物，但对有些人来说，他们的互相厌恶会持续一生，就好像是饮酒时产生的肆心和愤怒留下的酒滓。因此，最优秀的喀隆（Chilon）在昨天收到邀请时，他并未同意要来，直到他了解了所有受邀者。因为他说过，如果被迫出航或者服役的话，那就只能忍受与那些不顾及他人的人同航或住在同一个帐篷下；但是，在涉及与谁共

---

① 参见亚忒莱俄斯（Athenaeus），512C。
② 类似的想法见于普鲁塔克《筵席会饮》（*Quaestionum Convivialium*），660B。

餐时让运气做主，就不是有理智之人的做法了。[1] 如今，在埃及，人们会以合适的理由将干尸带到会饮中进行展示，［148B］提醒客人们记住：他们自己很快也会成为'他'的。这么做在狂欢正进行时不美也不合时宜，但也有些应景，尽管它无助于喝酒和娱乐，但也可以鼓励彼此间的友谊和感情，而且，这种行为还会催促他们想到，生命虽然短暂，但是不应被恶行延长"。

3. 我们沿路进行这番对话来到了屋里。泰勒斯并不愿意去洗浴，因为我们已经涂油了。因此他便去参观了竞赛跑道、摔跤学校，以及岸边安排适宜的小树林；并不是因为他对这些事物感兴趣，而［148C］是为了表明他并没有轻蔑或看低珀里安德的好胜之心的意思。至于其他客人，在涂油或洗浴之后，仆人们带着他们穿过了柱廊来到了餐厅。

阿纳喀西斯（Anacharsis）坐在柱廊中间，在他的前面站着一个正用手分开头发的女孩。这个女孩和善地跑到泰勒斯那里，于是泰勒斯亲吻了一下她，并笑着说，"去吧，把我们的客人打扮漂亮起来，这样，在看到他的时候，我们就不会觉得他面相恐怖狰狞，实际上，他是最讲究的"。

当我打听这个女孩，问她是谁的时候，［148D］泰勒斯说，"难道你没有听说过聪明且名声远播的欧迈提斯（Eumetis）？确实，尽管那是她父亲给她的名字，但许多人按照她的父系称她为克莱奥布里娜（Cleobulina）"。

"我认为"，内洛克塞诺斯说，"当你如此赞颂这个女孩的时候，你指的是她在她的谜语中展现的聪明和智慧；因为她的一些谜语甚至传到了埃及"。

"实际上不是这样的"，泰勒斯说，"她就像玩骰子一样玩这些谜语，只是作为偶尔的娱乐而已：当她与遇到的人玩耍的时候，她就会抛

---

[1] 普鲁塔克在《筵席会饮》708D 详述了这个想法。

出谜语。但她还有一种令人惊讶的理智,一种治邦者的理智和仁慈品性,她还让她父亲的[148E]统治更加温和,更加民主"。

"是的",内洛克塞诺斯说,"对于看到她的简单朴素的人来说,这是明显的。但是,什么原因让她充满爱意地呵护阿纳喀西斯呢?"

"因为",泰勒斯回答说,"他是个审慎和博学的人,他慷慨且欣然地向她传授净化的方式,斯库泰人(Scythian)用这种方式治疗疾病。我认为,就在此刻,当她表示她对那个人充满爱意的关心时,她也通过与他的交谈进行学习"。

当米利都(Miletus)的阿勒克西德莫斯(Alexidemus)向我们这些人走来时,我们已经坐在了宴会厅旁,他是僭主忒拉绪布洛斯的儿子之一,却是非婚生的。[148F]他来的时候非常激动,愤怒地自言自语,尽说些我们无法理解的话。当他看到泰勒斯的时候,他稍微恢复了点神智,停住絮叨并喊道:"珀里安德对我们竟如此无礼!当我要走时,他表示反对,请求我留下来吃一顿,然后,当我来的时候,他给我指定了一个可耻的位置,将艾奥里亚人(Aeolian),以及来自这些岛屿的人和不是来自这些岛屿的人都安排在忒拉绪布洛斯之上。因为很明显,他是要在我身上侮辱派遣我来的忒拉绪布洛斯,贬低他,打倒他。"

[149A]"那么",泰勒斯说,"埃及人说星辰在其轨迹上上升或下降时,会变得比以前更好或更糟,难道你害怕你同样会因为你在桌上位置的变化就变得黯淡或是掉价了?与那位在合唱中被指挥者安排在最后位置的拉刻岱蒙人①相比,你是可鄙的,因为他是这么说的:'好,你已经知道这个安排可以使一个位置获得荣誉了。'当我们坐在我们的位置上时",泰勒斯说,"我们不应去找谁被安排在我们的上面,相反,

---

① 在《拉刻岱蒙人格言》(Apothegmata Laconica)208D,一个导致相同结果的说法被归给了阿格西劳斯(Argesilaus),而在《拉刻岱蒙人格言》219E,这种说法则被归给了达蒙尼达斯(Damonidas)。第欧根尼·拉尔修在2.37将这种观念归给阿里斯提珀斯(Aristippus)。

我们应该立即试着与边上的人和睦相处，这是靠从他们那里发现有助于开始并获得友谊的东西，［149B］而更好的则是，我们不应心怀不满，而应该赞美说我们与他们一起进餐。总而言之，一个讨厌他的桌旁位置的人就是讨厌他的邻居，而不是讨厌他的主人，而他也让自己被这两者所恨"。

"所有这些，"阿勒克西德姆斯说，"只是在谈论毫无意义的东西，事实上，我看到你们这些贤人的目标就是追求荣誉"。与此同时，他经过我们，然后离去。

为了回应我们看到此人奇怪行为时的惊讶，泰勒斯说："一个疯狂的家伙，天生粗野；因为，当他还是个孩子的时候，有些特别好的香水被进献给了忒拉绪布洛斯，［149C］这个小家伙却将之倒入冰酒器中，在其上面倒上烈酒，然后将之喝下，由此便与忒拉绪布洛斯结下仇恨，而非友谊。"

正在此时，一个仆人来到我们这里说："珀里安德让你们和泰勒斯带上你们的朋友去检查一下他刚刚收到的东西是否并无意义，或者是一种迹象和征兆；因为他自己似乎相当激动，觉得这东西是对他庄重宴会的玷污和污染。"同时，他领着我们到了花园旁边的屋子里。一个年轻人正在此处，明显是个牧人，尽管没有胡子，但样子也不错，他张开一张皮革，向我们展示一只幼崽，他说这是马生的，其脖子和上肢以上的部分［149D］是人形，但身体的其余部分是马，哭喊的声音就像新生婴儿。内洛克塞诺斯说："避灾避难的神啊。"然后就转过脸去了。但是泰勒斯紧盯着这位年轻人很长一段时间，然后他笑了，因为他惯于取笑我的技艺，他说："毫无疑问，狄奥克勒斯（Diocles）啊，你要开始净化仪式了，你正打算要麻烦我们的救灾神，因为某种巨大的可怕东西已经降临了？"

"为什么不呢？"我说，"因为这东西就是冲突和失序的征兆，泰勒斯啊，我担心其甚至还会深远地影响婚姻与后代，因为即便我们以前补

9

偿了惹怒女神的第一次错误，但如你们所见，她向我们显明还有第二次错误。"

［149E］泰勒斯对此不作回复，而是退开，一直都在发笑。珀里安德在门口遇见了我们，询问我们所看到的东西，泰勒斯便离开我，举手说："不论狄奥克勒斯命你做什么，你都会在自己闲暇时去做的，但我要劝告你，你不应让这些年轻人成为看马人，要么你就该给他们妻子。"①

显然，听到这话时，珀里安德肯定十分高兴，因为他大笑起来，并且非常亲切地拥抱了泰勒斯。"我认为，狄奥克勒斯"，泰勒斯说，"［149F］征兆已经实现了，你看，在我们身上已经发生了很糟糕的事情，因为阿勒克西德姆斯不愿和我们一起用餐！"

4. 当我们走进去的时候，泰勒斯比平时大声地说："那人所讨厌的位置在哪儿呢？"当有人把那个位置指给他看的时候，他便走了上去，他和我们都坐在那儿，他说："为什么，我会出钱与阿达洛斯（Ardalus）共享一张桌子。"这个阿达洛斯来自特洛伊泽尼俄斯（Troezene），［150A］一位长笛表演者和阿达里昂（Ardalian）缪斯的祭司，他的祖先特洛伊泽尼俄斯的阿达洛斯建立了对这位缪斯的祭拜。②

不久前，伊索（Aesop）碰巧被克洛伊索斯（Croesus）派往珀里安德和位于德尔斐的神那里去，他也出现在席中，坐在靠近梭伦的矮床榻上，梭伦坐在其上位。伊索说："一只吕底亚（Lydian）骡子看到了它在河里的倒影，它突然间因对这倩影及其巨大身躯的羡慕而有所触动，然后摇着鬃毛，像一匹马那样奔跑，［150B］但后来，当想起它是驴的儿子时，他便立即停止奔跑，并放弃了它的骄傲和活泼劲儿。"③

---

① 斐德若：《寓言集》（*Fabulae*），3.3。
② 泡赛尼阿斯（Pausanias），2.31.3。
③ 参见以伊索之名流传下来的寓言集，140。

10

这时喀隆带着拉科尼亚（Laconian）口音插嘴说："你们慢，你们像骡子一样跑。"

此时，墨丽萨进来躺在挨着珀里安德的卧榻之上，但是欧迈提斯坐在宴席的中间。然后泰勒斯对我（我的位置刚好在庇阿斯上面）说："狄奥克勒斯，为何你还不立即告诉庇阿斯，我们从劳克拉提斯来的客人带着国王的问题又一次去了他那里，这样，他就能在清醒专注时听听这些问题？"

"听啊"，庇阿斯说，"此人长时间以来都以这般的恳求来［150C］吓唬我，但我知道，狄奥尼索斯除了在其他方面聪明之外，还被贤哲称作'解答者'，因此我不担心，如果我充满着这位神①的话，我会更没有勇气去竞争"。

这些人就这样一边开着玩笑一边宴饮，但是对我而言，由于我注意到此次宴饮要比以往简单，我便想，款待并邀请贤哲和好人并不会增加开销，相反倒是会削减开销，因为这种宴饮废除了过于精致的食物、异方的香水、甜食，以及昂贵的酒水，［150D］而珀里安德以他的僭主身份、财富和经济状况，每天都能使用这些东西。但是，此时他却试图给这些人造成朴素和节制开支的印象。不只是限于这些，他还让他的妻子藏起她通常奢华精致的装扮，以朴素适度的装束见人。

5. 在桌子抬上来后，墨丽萨开始分配花环，而我们则倾倒奠酒，长笛女子为我们的奠酒演奏了一曲简单的伴奏之后也退去了，这时阿达洛斯与阿纳喀西斯说话，打听在斯库泰人中是否也有长笛女子。

［150E］他唐突地说："连葡萄藤也没有。"

阿达洛斯再次说："但是，斯库泰人一定会有诸神。"他回答："显然，他们有理解人类语言的诸神，但他们不像希腊人，尽管这些希腊人认为他们比斯库泰人善于交谈，却认为诸神在听到骨头和木头所产生的

---

① 狄奥尼索斯是酒神。

声音时会更加高兴。"

对此，伊索说："异方人啊，我会让你们知晓，现在的长笛制作者已经放弃幼鹿骨头，转而使用驴子身上的骨头了，他们说后者的声音更好。这就是为何克莱奥布里娜针对弗里吉亚（Phrygian）长笛要这么说①：

[150F] 充斥我耳朵的是带角的胫骨，一只死驴在击打我。

因此，我们或许会感到惊讶，驴子最为粗俗，其声最不悦耳，却为我们提供了最精巧、最富有音乐性的骨头。"

"毫无疑问"，内洛克塞诺斯说，"这就是布西里斯人（Busiris）抱怨劳克拉提斯的原因，因为我们已经使用了驴骨来做长笛。但是对他们来说，甚至是听到喇叭声也是一种罪过，因为他们认为其声音就像驴叫，当然你也知道，由于提丰（Typhon）② 的原因，埃及人侮辱驴子"。

6. 对话陷入了沉默之中，当珀里安德注意到内洛克塞诺斯想要说话却有些犹豫时，[151A] 他便说："我赞扬那种首先处理异方人之事，然后才是他们自己的民众的城邦和统治者；现在，我认为我们的谈话应该停一会儿，这些谈话属于这种地方，大家都熟悉，人们上前发言，就像是在议会里向那些埃及人和国王发言一样，优秀的内洛克塞诺斯已经前来将这种谈话献给庇阿斯，而庇阿斯希望我们共同检查一下。"

"的确"，庇阿斯说，"如果有必要的话，在什么地方，或者在什么人当中，一个人会更愿意冒着危险回答这些问题呢？特别是，既然国王

---

① Bergk：《古希腊抒情诗人集》第 2 卷，第 440 页，克莱奥布里娜，3。
② 也许是埃及神塞忒（Set），是一位恶毒的神祇，人们有时候以驴的特征来表现他。比如，参见 O. Gruppe《古希腊神话与宗教史》（Griechische Mythologieund Religionsgeschichte），第 102 页和第 409 页。亦见普鲁塔克《论伊希斯与俄赛里斯》（De Iside et Osiride），362F，此处稍微扩展了目前的陈述。

已经［151B］下令从我开始，那么这个问题就要在你们所有人之间来回了"。

当他这么说时，内洛克塞诺斯递给他写字板，但是庇阿斯要求他一定要打开写字板，然后大声读出来。这些文字的含义如下：

> 埃及人的国王阿玛西斯（Amasis）致最智慧的希腊人庇阿斯：
> 埃塞俄比亚（Ethiopian）的国王正与我比赛智慧，因他在其他方面节节溃败，他便想方设法提出了一个奇怪而吓人的请求：他要我喝干海洋。如果我解决这个问题的话，我的回报就是拥有他的诸多村庄和城邦，［151C］而如果我没有解决的话，我就要放弃厄勒芬提涅（Elephantine）周围的城镇。因此，我请求你考虑一下这个问题，然后毫无延迟地派内洛克塞诺斯回来。对我来说，无论你的朋友或是公民从我这儿要求什么，我都一概会满足的。

听到这话读完后，庇阿斯没等多久，自己默想了一会儿，又与位置靠近庇阿斯的克莱奥布洛斯（Cleobulus）交谈了几句，便说："从劳克拉提斯来的朋友，这是什么意思？难道你要说，阿玛西斯，一个拥有如此多人口、如此卓越伟大国家的国王，竟会愿意为了一些卑微和穷困的农村而喝干海洋吗？"

内洛克塞诺斯笑着说："假设他是愿意的，庇阿斯啊，而且要考虑到他有可能做到。"

［151D］"好吧"，庇阿斯说，"请他告诉埃塞俄比亚人，如果他打算喝干如今所是的海洋的话，他可以截断如今流进海洋深底的河流，因为这就是这个请求所涉及的海洋，而不是那个将要成为的海洋"。

当庇阿斯说完这些话时，内洛克塞诺斯十分高兴，冲过去拥抱并亲吻了他。其他朋友也赞美了这个答案，很满意这个答案，然后喀隆笑着说："我的朋友，在海洋被喝干而彻底消失之前，我请求你航行回到你

13

在劳克拉底斯的家,带话给阿玛西斯,让他不要试图找出处理如此多苦盐的方法,而是如何让他的统治对他的臣民而言甘甜可口,[151E] 因为在这些问题上,庞阿斯是最拿手的,也是最好的教师,而如果阿玛西斯跟庞阿斯学习的话,他就会不再需要他的黄金足盆来让埃及人印象深刻了。① 相反,他们都会表现出对他的尊敬和爱意,如果他是好人的话,尽管他出生时被视为比现在的地位还要低贱成千上万倍。"

"的确",珀里安德说,"我们应该都向这位国王献出这样的奉献,每个人'依次进行',正如荷马②说的。因为对他来说,这些附加的东西将会比他原先的使命更有价值,对我们自己也非常有利"。

7. 于是,喀隆说只有梭伦 [151F] 引导这个谈话才是恰当的,不仅是因为他年纪最大,拥有荣誉的位置,还因为他通过让雅典人接受他的法律而就像一个统治者那样,拥有最伟大和最完美的地位。此时,内洛克塞诺斯悄悄地对我说:"狄奥克勒斯,毫无疑问,人们会相信那些违背事实的各种事情,大多数人乐于从脑子里编造出关于贤哲的毫无根据的故事,而他们也准备好了从其他人那里接受这些故事。比如,这些就是我们在埃及听到的关于喀隆的说法,其大意是,喀隆已经终止了与梭伦的友谊和 [152A] 善意,因为梭伦声称法律需要修订。"③

"这个说法太荒谬了",我说,"因为假如这是真的话,那么喀隆应当首先拒绝承认吕库古(Lycurgus)和他的所有法律,因为吕库古彻底修改了拉刻岱蒙的政制"。

顿了一下之后,梭伦说:"我认为,如果一位国王或者僭主能为他的邦民从一人统治的体制中建立起民主制的话,他就会最大程度地获得名声。"

---

① 希罗多德 2.172 讲述了阿玛西斯的低微出身和他掌握大权。
② 荷马:《奥德赛》13 卷,14 行。
③ 梭伦修改了早期的雅典法律,正如吕库古修改了斯巴达的法律。

接着，庇阿斯说："如果他首先遵守城邦法律的话。"

接下来，泰勒斯说他认为统治者的幸福在于活到老年，得以善终。

阿纳喀西斯第四个说："但愿他是理智的。"

克莱奥布洛斯第五个说："如果他不相信任何他周围的人。"

[152B] 皮塔科斯第六个说："如果这位统治者能让他的臣民为他而怕、而非害怕他的话。"

喀隆接着说，一个统治者的理智不应是有死者的理智，而是不死者的理智。

当我们表达了这些说法之后，我们都认为珀里安德本人也应当说点什么。但他不是很高兴，脸色有些难看，他说："好吧，我会加上我的看法，即上述看法总体而言就是：一个有理智的人不可能成为统治者。"

此时，伊索就像在责备我们一样说道："你们应该自己进行这个对话，[152C] 而不应该在宣称要成为顾问和朋友时，却来抱怨统治者。"

接着，梭伦将他的手放在伊索的头上，笑着说："难道你不认为让一位统治者更加节制，让一位僭主更合宜的方式就是说服他们不统治要比统治更好？"

他回答说，"谁会相信你，而不相信那位神的话（那是针对你的预言）：

只听一位传令官之话的城邦有福了？"

"然而，事实上，"梭伦说，"即便现在，[152D] 雅典人也只听从一位传令官和统治者：即，民主制下的人们听从法律。你在理解乌鸦和寒鸦的声音方面很厉害，但你却听不到真正的平等之声，而是认为，据神看来，听从一人的城邦会过得最好；但在会饮时，你却将平等视为一种德性，让每个人谈论所有的东西"。

15

"是的",伊索说,"那是因为你还没有写出一部奴隶①不许饮酒的法律,这会是一部与这种情况相似的法律,尽管你在雅典写了一部法律,不许奴隶有任何情事,不应用油擦汗"。②

梭伦笑了,医生克莱奥多洛斯说:"然而,当浸入酒中时,擦汗就像交谈,因为酒是最令人快乐的。"

[152E] 喀隆打断说:"正因为此,人们更应该戒掉这种事。"

伊索又说:"泰勒斯似乎要人们尽快变老。"③

8. 听到这话,珀里安德笑了,然后说:"我们都应受惩罚,伊索,因为在听完阿玛西斯的所有问题之前,我们扯远了。我们先讨论这些主题吧。内洛克塞诺斯,我请你看一下这封信的其余内容吧;[毕竟]这些人都在场的机会是很难得的。"

"可是",内洛克塞诺斯说,"埃塞俄比亚的要求几乎就是'令人难解的木棍',④ [152F] 借用阿基洛科斯(Archilochus)的话来说,只不过你们这位异方朋友阿玛西斯在提出问题时更加温和文雅罢了。因为他要埃塞俄比亚国王说出最古老的事物,最美丽的、最伟大的、最智慧的、最普通的事物,凭宙斯之名,还有最有用的和最有害的事物,以及最强大和最轻松的事物"。

"他给出答案并解决每一个问题了吗?"

"是的,以他的方式。"内洛克塞诺斯说:"但是当你们听到他的答案时,请做出你们自己的判断。因为国王认为这是非常重要的:[153A] 不能被逮住说答错题了;同样,如果回答者在这些问题上有误

---

① 伊索现在被接受为最高阶层中的平等之人,他在早年曾是奴隶,而他也毫不犹豫地取笑这个事实。
② 普鲁塔克在《梭伦传》1 中给出了之所以这样禁止的一个原因。
③ 以此获得幸福;伊索曲解了泰勒斯在不久前说过的话(上文 152A)。
④ 参见 Bergk《古希腊抒情诗人集》第 2 卷,第 709 页,阿基洛科斯,89。此处提到了斯巴达人所使用的密码信的一种著名形式:一条细细的皮带缠在一个圆筒上,在由此而形成的表面上写下书信。当这条皮带被收到的时候,其被复制在一个由接收者持有的圆筒上,于是接收者就收到了信息。

的话，他也决不会放过去的。我会宣读这位埃塞俄比亚国王所给出的答案：

（1）'什么最古老？''时间。'
（2）'什么最大？''宇宙。'
（3）'什么最有智慧？''真理。'
（4）'什么最美？''光。'
（5）'什么最普遍？''死亡。'
（6）'什么最有用？''神。'
（7）'什么最有害？''恶灵。'
（8）'什么最强大？''运气。'
（9）'什么最轻松？''快乐。'"

9. 再一次读完之后，大家沉默了一会儿。然后泰勒斯问内洛克塞诺斯，阿玛西斯是否赞成这个答案。内洛克塞诺斯回答说阿玛西斯接受了一些，但对其他的答案并不满意。泰勒斯说："［153B］事实上，这些答案中的每个答案都会受到指责，它们都包括了巨大的错误和无知。比如第一个答案，如果时间的一部分是过去，一部分是现在，一部分是将来，时间怎么可能是最古老的事物？[1] 因为将要到来的时间明显要比现在的事情和人都要年轻。而认为真理是智慧的，这对我来说与宣称光就是眼睛没有两样。如果他认为光是美丽的事物的话——当然这是事实，他怎么能忽视太阳本身呢？在其他答案中，关于神和恶灵的答案表现出了冒失和大胆，［153C］但是关于运气的答案则是非常不理性的，因为如果运气是存在中最有力和最强大事物的话，它就不会如此的变幻

---

[1] 普鲁塔克在《论共同观念：驳斯多亚学派》（*De Communibus Notitiis Adversus Stoicos*）1081C—1082D 详细地讨论了斯多亚学派的时间观念。

无常了。实际上，死亡也不是最普遍的事物，因为死亡并未影响到生活。① 但是，为了避免只是对其他陈述进行判断的印象，让我们把我们的答案和他的比较一下。如果内洛克塞诺斯也希望的话，我来做第一个在每个问题上被提问的人；我就按照给定的顺序②重复这些问题，并加上我的答案：③"

（1）"什么最古老？'神'"，泰勒斯说，"因为神是非生成的。"

（2）"什么最大？空间，[153D] 因为宇宙无所不包，但空间包括了宇宙。"

（3）"什么是美？宇宙，因为每个依照顺序的事物都是宇宙的一部分。"

（4）"什么最有智慧？时间，因为时间已经发现了一些事物，还将发现其余的事物。"

（5）"什么最普遍？希望，因为那些一无所有的人总有希望相随。"

（6）"什么最有益？德性，因为德性通过善用每一种事物而使它们有益。"

（7）"什么最有害？恶，因为恶的出现会伤害很多事物。"

（8）"什么最强大？必然性，因为只有必然性不可战胜。"

（9）"什么最轻松？效法自然，因为人们经常厌倦快乐。"

---

① 也许是针对伊壁鸠鲁的"基本原理"：ὁ θάνατος οὐδὲν πρὸς ἡμᾶς, "死亡不会影响到我们"活着的人。参见第欧根尼·拉尔修, 10.130, 以及普鲁塔克《论听诗》（*De Audiendis Poetis*），37A。

② 泰勒斯或者某位抄写员调换了第三个和第四个问题的顺序。

③ 在其他作家的作品中和《道德论丛》的其他地方，这些观点的大多数被归给了泰勒斯。或许还足以提及第欧根尼·拉尔修, 1.35。(6) 和 (7) 相当程度地暗示了斯多亚学派的哲学。

10. [153E] 在所有人都表达了他们对泰勒斯的满意后，克莱奥多洛斯说："内洛克塞诺斯啊，提问和回答这样的问题是适合于国王的。但是，那位让阿玛西斯喝干海洋来获取荣誉的野蛮人还应当得到皮塔科斯曾经对阿吕阿忒斯（Alyattes）做过的精短反驳，当时，后者曾写了个傲慢的命令发给列斯堡人（Lesbian）。皮塔科斯所给出的唯一答案是叫阿吕阿忒斯去吃洋葱和热面包。"

此时，珀里安德加入了谈话，他说："克莱奥多洛斯，事实上古代希腊人也习惯于［153F］相互提出如此令人费解的问题。因为我们听说，那个时候的贤哲中最出名的诗人聚集在卡尔基斯（Chalcis）的家中，参与安斐达玛斯（Amphidamus）的葬礼。安斐达玛斯是一位战士，给艾莱忒里亚人（Eretrians）带去了很多麻烦，但倒在了攻占勒兰提涅（Lelantine）草原的战役中。但是，诗人所作的诗句使得裁定高下非常困难和棘手，因为他们平分秋色，而且由于竞赛者荷马和赫西俄德的名声［154A］，这又使得裁判既复杂又为难，于是诗人们便求助于这类问题，据莱斯克斯（Lesches)[①]说，荷马提出了这个问题：

缪斯啊，告诉我那些从前没有发生，
也不会在未来发生的事情。

而赫西俄德立即答道：

当宙斯在他的坟地中驱赶战马奋蹄绕行时，
马车相互挤撞着，渴望为了奖赏而奔跑。

---

[①] 有些抄件让莱斯克斯提出这个问题，而其他的抄件传统则让赫西俄德成为提问者，荷马回答了他的问题。

据说他为此而获得了最大的赞美，赢得了三脚鼎。"

"但是"，克莱奥多洛斯说，"此类事物和［154B］欧迈提斯的谜语之间又有什么差别呢？也许对她来说，娱乐自己，像其他女孩编织腰带和发网一样编织这些谜语，然后向妇女们提出这些谜语，这并非不恰当；但是，有理智的男人如果严肃对待这些谜语的话，那就荒谬了"。

欧迈提斯看上去想要回答他这种说法，但是她出于害羞克制住了自己，满脸通红。但是伊索就像是代替她讲话一样说："难道无法解出这些谜语不是更加荒谬吗？比如说，就拿一个她在宴席之前不久向我们提出的谜语来说吧：

> 我曾看到一个人以火在另一个人身上固定青铜。①

你能告诉我们这是什么吗？"

［154C］"不"，克莱奥布洛斯说，"而且我也没必要知道答案"。

"然而，事实上"，伊索说，"没有人会比你更完美地知晓这个答案，或者说，没有人会比你做得更好了。如果你否定这一点的话，我就用拔血罐来证明"。

听到这话，克莱奥多洛斯笑了，因为就他那个时候的所有医生而言，他是最擅长使用拔血罐的人；正是由于他，这种治疗方式才拥有了如此的声誉。

11. 雅典人姆涅西斐洛斯（Mnesiphilus）② 这位梭伦的朋友和崇拜者说道："我认为，珀里安德，谈话就像酒一样，不应当［154D］根据财富或出生来分配，而应对所有人平等，就像在民主制下一样，而这应

---

① Bergk：《古希腊抒情诗人集》第2卷，第440页，克莱奥布里娜，1。
② 根据普鲁塔克的《地米斯托克勒斯传》2，姆涅西斐洛斯将梭伦的政治智慧传给了地米斯托克勒斯。至少，希罗多德 8.57 表现了姆涅西斐洛斯建议地米斯托克勒斯不要从萨拉米斯撤走希腊舰队。亦见普鲁塔克《论希罗多德的恨意》（*De Herodoti Malignitate*），869D—E。

当是普遍的。现在，就统治和国王而言，在那些已经说过的话中，我们这些生活在民众治下的人是没有份的。因此我认为，此时你们每个人都应该就共和政制这个问题献出你们的看法，还是从梭伦开始吧！"

于是大伙儿都同意这么做。梭伦开始说："但是，姆涅西斐洛斯，你和其他的所有雅典人都已经听过了我对政制的看法。然而，如果你现在想要听的话，我会说：一个最成功运行的，也最能保障民主制的城邦，是这样的城邦，[154E]即在其中，没有被不义行为伤害的人可以和受害人一样，起诉行不义之人并惩罚他。"

其次是庇阿斯，他说最好的民主制在于所有人就像畏惧僭主一样畏惧法律。

接他的话，泰勒斯说最好的政制就是公民既不过度富裕也不过度贫穷。

在他之后，阿纳喀西斯说最好的政制在于，所有人都受到同等的尊重，德性决定了什么是好的，邪恶决定了什么是差的。

克莱奥布洛斯第五个说，最好的政制在于有最富于智慧的民众，在其中，治邦者们畏惧指责更胜于畏惧法律。

皮塔科斯第六个说，在最好的政制中，人们不允许坏人担任职位，不允许好人拒绝职位。

[154F]喀隆转向另一边，① 他说最好的政制在于最留意法律，而忽视对法律的谈论。

最后，珀里安德再次以果断的评论结束了对话，他说，他认为他们似乎都在赞扬一种最像贵族制的民主制。

12. 就在讨论要结束的时候，我说我认为这些人应该告知我们如何齐家。"因为"，我说，"只有少数人治理王国和城邦，而我们所有人都

---

① 喀隆是位相当严肃的斯巴达人（参见上文152D），他对这些观点没有耐心，这些观点暗示了民众的态度比法律更重要。

21

治理灶台和家庭。"

伊索笑着说:"并非所有人,[155A]如果你将阿纳喀西斯也算在内的话。因为他不仅没有家,他还尤其以无家为傲,以住在马车中为傲,效仿太阳乘车环游四方,在天界上一会儿在这儿,一会又到别处去了。"

阿纳喀西斯说:"那是因为只有他唯一地或首要地是诸神中自由、独立的神,统治一切而没什么东西统治他,他是王,他手握缰绳。你们似乎忘记了他的马车,它的美是如何的出众,[155B]在大小上是如何的令人惊奇;即便在玩笑中,你们也不会幽默地将之与我们的马车相比。在我看来,伊索,你关于家的看法只限于用泥灰、木材和砖瓦制作的庇护之所,就好像你打算将蜗牛的壳,而非这动物本身视作蜗牛一样。梭伦十分自然地让你有了发笑的机会,因为当他查看克洛伊索斯那奢华的家时,他并未立即声称房屋的拥有者过上了幸福美满的生活,因为他希望看到的是克洛伊索斯内在的好,而不是他的好环境。① 但明显的是,你也不记得你的狐狸了。② 狐狸参加了一场和豹子的比赛,旨在决定谁的上色更加精巧,狐狸宣称,唯一公平的是裁判应当仔细地观看她内在的东西,[155C]她说她会说明自己更加精巧。但是你呢,你忙于考察木匠和石匠的作品,将它们视为家,而非每个人内在拥有的东西,他的孩子,他在婚姻中的伴侣,他的朋友和仆人;即便家就是蚁丘或者鸟巢,只要这些动物拥有理智和辨别力,一家之主与它们分享他的世间利益,那他就居在漂亮和幸福的家中了。"他说:"这,就是我对伊索的暗讽的回复,也是我献给狄奥克勒斯的答案。现在,每个人都应该来发表自己的看法了。"

对此,梭伦说对他而言,最好的家是一个获取财富时没有不义,

---

① 希罗多德,1.30。普鲁塔克的《梭伦传》28 表现了伊索此时的在场。
② 在以伊索之名传下来的寓言集中,159;普鲁塔克在《灵魂或身体的遭遇是否都糟糕》(Animine An Corporis Affectiones Sint Periores) 500C 也进行了重复。

［155D］保持财富没有不信任，花费家财而不用后悔的地方。

庇阿斯说："在最好的家中，一家之主会因为他自己而保持他在外面因法律而保持的同样性格。"

泰勒斯说："在最好的家中，一家之主可以享有最大的闲暇。"

克莱奥布洛斯说："如果爱一家之主的人比怕他的人多的话。"

皮塔科斯说最好的家就是不需要多余的东西，也不缺少必要的东西。

喀隆说这样的家应该最像一个由国王统治的城邦；然后他又补充说吕库古曾经对要求他［155E］在城邦中建立民主制的人说："你不妨先在自己的家中建立民主制。"①

13. 当这个讨论结束时，欧迈提斯在墨丽萨的陪同下出去了。然后，珀里安德与喀隆用大口酒杯干杯，喀隆也和庇阿斯干杯，此时，阿达洛斯站起来对伊索说："请你把酒杯给我们好吗？这些人都将之递给彼此，就好像是巴图克勒斯（Bathycles）②的大口酒杯一样，也不递给其他人。"

［155F］伊索说，"但是酒杯也不民主啊，因为它一直停在梭伦手里"。

于是，皮塔科斯便问姆涅西斐洛斯，梭伦为什么不喝酒，而是举证指控他的诗句，这诗有这样的话：③

---

① 亦见于《国王与统治者格言》(*Regum et Imperatorum Apophthegmata*)，189E，《拉刻岱蒙人格言》，228D，以及《吕库古传》，19。

② 巴图克勒斯愿意将他的大口酒杯留给这些贤人中最有益处的人。这个酒杯给了泰勒斯，然后他传给贤人中的另一个人，这个人反过来将之给了另一个人，直到最后，酒杯又回到了泰勒斯手里，他将之献给了阿波罗。参见第欧根尼·拉尔修，1.28，以及普鲁塡克《梭伦传》，4。

③ 普鲁塔克还在《爱之书》(*Amatorius*) 751E 和《梭伦传》31 引用了这些诗句；参见 Bergk《古希腊抒情诗人集》第 2 卷，第 430 页，梭伦，26。

> 让我承受库普罗格诺斯、① 狄奥尼索斯（Dionysus）以及诸缪斯（Muses）之使命，
> 为人们带来快乐。

在别人回答之前，阿纳喀西斯抢着说："他害怕你，皮塔科斯，以及你刚刚颁布的严法，其中写到'如果任何人在喝酒时违法犯罪，他将比清醒者加倍受罚'。"②

皮塔科斯说："但你无论如何已经表达了对法律的无礼不敬，去年，就在阿尔凯俄斯（Aleacus）的兄弟的家中，你是第一个喝醉的人，而且还要求以花环作为胜利的奖赏。"③

[156A]"为什么不呢？"阿纳喀西斯说，"奖赏是给喝得最多的人的，而我是第一个喝醉的，为什么我不应该要求我的胜利回报呢？你来指导指导我，喝烈性酒但不喝醉的目标是什么吧。"

当皮塔科斯发笑时，伊索说了下面的故事："一只狼看到一些牧羊人在帐篷里吃羊，它走近他们，然后说，'如果我也这样做的话，你们会发出多大的喧嚣啊！'"

"伊索，喀隆说，"已经恰当地为自己辩护了，因为不久前，④ 我们要求他住嘴，现在他看到其他人让姆涅西斐洛斯无法说话；因为，本来是我们要求姆涅西斐洛斯为梭伦辩护和回答的"。

[156B]姆涅西斐洛斯说："我完全知道，对梭伦而言，人和神的每种技艺和能力的作品都是生产出来的东西，而不是运用在生产中的方法，是目的本身而不是实现目的的方法。我想，一个编织者会认为他的

---

① 译者注：原文为 Κυπρογενοῦς，意为出生于塞浦路斯的女神，英译作 the Cyprus-born goddess。
② 皮塔科斯的法律经常被提及，比如亚里士多德的《政治学》第 2 章，第 12 节和第 13 节；《尼各马可伦理学》第 3 卷，第 5 节和第 8 节。
③ 参见亚忒莱俄斯，437 及以下。
④ 参见上文，150B。

作品是一件斗篷和外衣，而不是梭杆和织布机的悬杆，同样，铁匠会视焊接的铁器和回火的斧头为作品，而不是任何为了这个目的而做的事情，比如把火吹旺或备好熔剂。再者，一位建筑师会找我们的碴儿，如果我们声称他的作品不是一座庙宇或一间房屋，[156C] 而是凿木材和混合泥灰的话。缪斯们也一定会觉得受到侵犯，如果我们认为他们的作品是里拉琴或长笛，而不是那些唱歌弹琴者性格的培养和情绪的舒缓的话。还有，阿芙洛狄忒（Aphrodite）的作品并非肉体的性交，狄奥尼索斯的作品也不是大碗喝酒，毋宁说是一个人对另一个人友好的感情、渴望、交往和亲密，他们通过这些［情爱与饮酒］在我们当中创造了这些东西。这就是梭伦所说的'神圣的使命［作品］'，他说他首先爱这些东西，追求这些东西，尽管他已经是个老人了。[156D] 而阿芙洛狄忒是一位制作者，她创造了丈夫和妻子之间的和谐与友谊，因为，通过他们的身体，在快乐的影响下，她同时还结合并融化了他们的灵魂。就大多数彼此还不亲密或熟悉的人而言，狄奥尼索斯用酒，就像火一样，软化并松缓了他们的性格，从而为他们提供了与别人结合和友谊的途径。然而，像你们这些珀里安德邀请来的人，我认为没有什么是需要用酒杯或者勺子来完成的工作，但是缪斯在所有人中间安排了谈话，一种不会醉的碗，盛满玩笑和严肃相结合带来的最大快乐，这样的谈话能唤醒、培养、分配友谊，[156E] 允许'勺子'长时间不动地躺在'碗顶'——这是赫西俄德①禁止那些能喝不能谈的人所做的。"他说："我听说，在古时候，每个人只喝一'酒杯'，如荷马②所说，这是个恰当的量，后来则像埃阿斯（Ajax）③那样，与他旁边的人分享他的那

---

① 赫西俄德：《劳作与时日》，744。
② 荷马：《伊利亚特》第 4 卷，262 行。
③ 普鲁塔克认为这来自埃阿斯，他似乎犯了一个很自然的错误。实际上，荷马记录的是奥德修（《奥德赛》第 8 卷，475 行）；当然，埃阿斯是个厉害的饮食者，正如《伊利亚特》第 7 卷的 321 行见证的，在此处，阿伽门农分给了埃阿斯牛腰肉和全部的嫩肉。亦见亚忒莱俄斯，14a。

一份。"

当姆涅西斐洛斯说到这时，[156F] 诗人刻尔西阿斯（Chersias）[①]（他已经被免除了对他的控告，最近在喀隆的恳求下与珀里安德和好了）说："难道要由此得出，当诸神与宙斯宴饮，交相喝酒时，宙斯也曾经为诸神倾倒了恰当数量的酒，正如阿伽门农（Agamemnon）为其贵族们所做的那样？"

克莱奥多洛斯说："但是，刻尔西阿斯，如果某些斑鸠如你们说的那样为宙斯带去神食，其难度之大几乎使其无法飞越普兰克泰巨岩[②]的话，难道你不认为，他的甘露既然难以获得，稀罕珍贵，[157A]因此他便省着用，小心地分发给诸神？"

14. "有可能"，刻尔西阿斯说，"但是，既然我们又谈到了齐家之事，你们中谁愿意告诉我有什么被忽略掉了？我认为，被忽略掉的主题是获取自足与充足的财富的尺度"。

"但是"，克莱奥布洛斯说，"对于贤哲而言，法律已经给出了尺度。不过，就那些更加糟糕的家伙而言，我会讲一个我女儿的故事，这是她告诉她哥哥的。她说，月亮希望她的母亲为她织件合她的尺寸衣服，[157B] 母亲说：'我怎样织一件符合你尺寸的衣服呢？因为，我看你现在是圆月，在另一个时候，你又是新月，而在另一个时候，你又比满月的一半小一点了。'同样，亲爱的刻尔西阿斯，你也看到，没有什么财富的尺度可用于愚蠢之人和无价值之人。在需求上，他有时是一个人，有时又变成另一个人，他的需求总是随着他的欲望和运气而变化；他就像伊索的狗，正如我们这里的朋友说的，这条狗在冬天的时候

---

[①] 来自波俄提亚（Boeotia）的奥科迈诺斯（Orchomenos）；我们只有从这篇文章和泡赛尼阿斯，9.38，9—10——该处引用了他的两行诗——才得以知晓此人。

[②] 译者按：原文为 Πλαγκατάς，意为"浮岩"，英译本以"clashing rocks"（撞岩）译出，此处按采用音译，该巨岩在斯库拉（Scylla）和卡吕布迪斯（Charybdis）附近，参见荷马《奥德赛》第12卷，59行及以下，以及第23卷，237行。

尽量蜷缩，因为它太冷了，它打算为自己建座房子，但是当夏天再次回归，它又舒展自己睡觉，它觉得自己太大了，以至于建造一座足以装下自己的房子既无必要，也不是个简单的任务。难道你不也经常注意到，刻尔西阿斯", 他说，[157C]"那些可憎之人一会儿把他们自己约束在极小的范围之内，好像他们打算过简单的拉刻岱蒙式生活，一会儿他们又认为，除非他们拥有所有私人和国王拥有的东西，否则他们将死于缺乏？"

当刻尔西阿斯陷入沉默之中时，克莱奥多洛斯便开始说话了，他说："但是我们看到，甚至是你们这些贤哲所用的财富都是按照不平等的尺度来分配的，如果你与另一个比一下的话。"

克莱奥布洛斯说："是的，最好的人啊，因为法律就像一位编织者，它向我们每个人分配正好合宜的、合理的与合适的东西。[157D]你自己在用理性作为法律来规定饮食、生活方式和药物时，你并没有为每个人分配相等的量，而是在所有情况下都分配合适的量。"

阿达洛斯加进来说："那么，有这么一种法律吗，这种法律要求你们所有人的朋友，梭伦的异方朋友，即厄匹曼尼德斯（Epimenides），通过往嘴里放入一些他自己合成的有效的'不饿'① 从而戒掉所有食物，整天在外游走而不用吃午餐和晚餐？"

这个说法吸引了所有人，泰勒斯打趣地说，厄匹曼尼德斯挺有头脑的嘛，他不像皮塔科斯一样有磨碎谷物和亲自下厨的麻烦，[157E]"因为"，他说，"当我在厄瑞苏斯（Eresus）的时候，我留宿的那家的妇女对着磨坊唱到：

磨吧，磨机，磨吧；

---

① 在 Tzetzes 对赫西俄德的《劳作与时日》41 的评注中可以见到这份合成物的食谱（可能是伪造的）。

>因为皮塔科斯曾经磨了
>伟大的米提列涅王。"①

梭伦说他惊讶于阿达洛斯是否不知道关于人们的生活方式的法律,赫西俄德的诗句记载了这些法律。因为赫西俄德是第一个在厄匹曼尼德斯心中种下这种营养方式的种子的人,这是由于他教导人们去发现

>[157F] 在锦葵和水仙中有很多好处。②

"你真的认为",珀里安德说,"赫西俄德会有这样的看法?你也不想想,由于他总是歌颂节俭,他也会要求我们吃最简单的菜肴,这样才最快乐?因为锦葵是美味的,水仙的茎是甘美的;但是,我知道,这些不饿不渴药(它们是药物,而不是食物)中有野蛮人那里发现的甜浆和乳酪,以及许多很难搞到的种子。那么,我们如何承认赫西俄德所说的:

>雾上的船舵③

将悬搁不用,以及:

>牛骡辛劳皆被废弃,④

---

① Bergk:《古希腊抒情诗人集》第 3 卷,第 673 页。
② 赫西俄德:《劳作与时日》,41。
③ 赫西俄德:《劳作与时日》,45—46;亦见于《论爱财》(De Cupiditate Divitiarum),527B。亦见赫西俄德《劳作与时日》,629。
④ 同上。

如果需要进行所有这些准备的话？我对［158A］你的异方朋友感到惊讶，梭伦，他最近为德洛斯人（Delos）施行了浩大的净化仪式，难道他并不知晓那些献给神庙的食物的最早回忆和原型？除了那些廉价的和自我繁殖的食物外，这些早期食物还包括了锦葵和水仙，赫西俄德可能推荐的就是它们的简单和朴素"。

"不仅如此"，阿纳喀西斯说，"这两者还被认为是药草，对我们的健康十分有益"。

"你说得很对"，克莱奥多洛斯说，"很明显，赫西俄德有医术，因为他明显对日常生活①［158B］既不缺少关注也不缺少经验：混合的酒、②水的重要性、③沐浴、④女人、⑤在恰当的时间性交、⑥以及婴儿的坐姿。⑦但是，在我看来，伊索要比厄匹曼尼德斯更能宣称自己是赫西俄德的学生。因为，鹰隼对夜莺⑧说的话首先向伊索暗示了一种美丽而巧妙的智慧，这种智慧被许多方言表达过。但是我乐于听听梭伦怎么说，因为他与厄匹曼尼德斯在雅典交往了很久，⑨他可能已经知道了厄匹曼尼德斯的经验是什么，或者什么智慧使其走进这种生活方式"。

15. 梭伦说："有何必要去问他这个呢？［158C］显然，对于全部的好中最大最高的好而言，次好的事就是需要最少的食物；最大的好就是什么食物也不需要，⑩难道这不是普遍的看法吗？"

"这绝对不是我的想法"，克莱奥多洛斯说，"如果我一定要表明我

---

① 赫西俄德：《劳作与时日》，405—821。
② 同上书，368—369；或许还有744—745。
③ 同上书，595，737—741。
④ 同上书，736—741，753。
⑤ 同上书，373—375，699—705。
⑥ 同上书，735—736，812。
⑦ 同上书，750—752。
⑧ 同上书，203。
⑨ 参见普鲁塔克《梭伦传》，12。
⑩ 参见色诺芬《回忆录》，1.6.10。

的意见的话，尤其当我们面对餐桌的时候；当人们消灭了食物时也就消灭了桌子；而餐桌是友谊与好客之神的祭坛。而且，正如泰勒斯说的，如果大地也被毁掉的话，宇宙就会产生混乱，家庭也是如此。因为当桌子被毁掉时，随之而去的还有全部的其他事物：灶台上的祭坛之火、灶台本身、酒碗、全部的娱乐和待客——这是人与人之间最仁爱的原初交流行为；[158D] 更准确地说，所有的生活也就毁掉了，因为生活就是人们消磨时间，这包括一系列的活动，① 这些活动中的大部分源于对食物的需要及获取。朋友，就农业自身而言，这会引起可怕的情景。因为如果农业被摧毁的话，这会使我们重新面临一个丑陋和不洁的大地，上面布满荒芜的森林和泛滥的洪水，所有这一切都是由于人的懒惰。而随着农业的毁灭，接着便是所有技艺和手艺的毁灭，这些技艺和手艺由农业所引进并提供基础和质料；[158E] 如果农业从大地上消失，所有这一切都会归于无。献给神的荣誉也会被取消，因为人类将只是因为光和热而稍稍感激一下太阳，对月亮的感激就更少了。对于下雨的宙斯，对于传授耕种的德墨忒尔（Demeter），对于养育者波塞冬而言，哪儿还会有祭坛和献祭呢？如果我们不再需要狄奥尼索斯的各种礼物的话，他怎么还会是快乐的给与者呢？我们又应该用什么来做牺牲或奠酒呢？我们又拿什么作为初献？所有这些都意味着我们的最高事务的颠倒和混乱。喜爱所有形式的快乐固然是彻底非理性的，但是逃避所有的快乐则是彻底的愚蠢。[158F] 姑且承认存在着一种为了灵魂愉悦的更高快乐，然而，要为身体找到一种比源自吃喝的快乐更加正当的快乐，这是不可能的；事实上，没有人会看不到这一点，因为人们在所有人前公开提出这种快乐，并在宴席和酒桌上分享它；但他们将情欲快乐隐藏在夜幕和黑暗背后，觉得公开地分享这

---

① 一种斯多亚式的定义；参见斯托拜俄斯（Stobaeus）援引波斐利（Porphyry）《古语汇编》（*Eclogoae Ethicae*），第 2 卷，第 201（272）页，Meineke 编本第 2 卷，第 140 页。

种快乐是无耻和卑劣的，正如不分享前一种快乐也是无耻和卑鄙的一样。"①

　　克莱奥多洛斯说完后，我接着他的话说："但是有一点你没有说到，我们在消除食物的同时还要消除睡眠；而没有睡眠的话，[159A]就不会有梦；但是那样的话，我们最古老的占卜形式便消失了。生命就将是单调的，而我们也会说，灵魂进入身体容器也将会是没有目的和结果的。就身体而言，其最重要的器官有舌头、牙齿、胃、肝，它们被认为是吸收营养的工具，不该无所作为，也没有一个是为了其他用处的。因此，不需要食物的人也不需要身体；而这又意味着不再需要他自己！因为，我们每个人都与身体共存。"我说："这些话就是我们献给肚子的奉献物；如果梭伦或者任何人想要以任何方式指责这些话的话，我们洗耳恭听。"

　　16. [159B]"显然"，梭伦说，"我们不要显得比埃及人更缺少辨别力，这些埃及人切开死尸，将之曝于太阳之下，接着将某些部分投入河中，并在其余部分上操作，因为他们认为这些部分已经得到了净化。实际上，这些正是我们的肉身的污染部分，就像是在哈德斯里的黑暗部分，随着令人恐惧的水流和风倾泻，与燃烧的火和尸体混合。② 因为没有一个有生命的人以另一种有生命的东西为食，相反，我们却杀死有生命的东西，毁掉长在地上的东西，这些东西都是分有生命的，我们就这样进食和长个子，于是我们便犯下了不义之事。[159C]因为，就其自然所是的东西被变成某种东西，这也就是遭到了毁灭，其经受彻底的腐化，成为另一些生物的食物。③ 但是，彻底地戒掉吃肉，正如人们说年

---

① 普鲁塔克：《筵席会饮》，654D 和《伊壁鸠鲁实际上使快乐生活不可能》（*Non Posse Suaviter Vivi Secundum Epicurum*），1089A。
② 这个在某种程度上对消化道的夸张描写可能受到了荷马的影响，见《奥德赛》第 10 卷，513 行，以及第 9 卷，157 行和《奥德赛》第 1 卷，52 行和第 8 卷，13 行。
③ 卢克来修：《物性论》第 3 卷，701 行及以下。

老的俄尔甫斯（Orpheus）① 那样，与其说是避免与食物有关的过错，不如说是一种遁词。从正义的角度来看，避免污染、保持纯洁的唯一方法是自足且毫无需求。但是，就人或野兽而言，神使他们如果不伤害其他生物就无法存活，可以说神所赋予他们的自然中就已经蕴含了行不义的种子。那么，我的朋友，为了切除不义，就切除肠、胃和肝——[159D] 反正它们并不让我们感觉或渴求高贵的东西，而就像屠刀和水壶那样的厨具，或是像面包师的工具如炉灶、面箱和捏碗一样——难道是不值得的吗？的确，可以看到的是，众人的灵魂毫无疑问被限制在身体之中，就像是在磨坊之中一样，在对食物的需求之中永不停歇地转动，正如我们自己就在不久之前一样；事实上，我们既没有看到，也没有听到彼此，相反，每个人都弯着腰，受着食物需求的奴役。但是既然桌子已经被移走了，如你们所见，我们已经自由了，随着我们戴上了花环，[159E] 我们便以对话打发时间，享受彼此的社交，由于暂且不需要进食而有闲暇这么做。那么，如果我们目前身处其中的状态可以毫不间断地终生保持下去的话，那我们岂不就总是有闲暇来彼此相聚，不用害怕贫穷，也不用知道什么叫财富了？因为，对多余之物的渴求必然紧随着使用必需之物而来，接着很快就会变成固定习惯。"

"但是克莱奥多洛斯认为应该有食物，这样就可以有桌子和酒杯，以及对德墨忒尔及其女儿的献祭。那么，接下来的人就可以论证说，也应该有冲突和战争，这样，我们会有筑垒、造船所和 [159F] 军械库，也会为杀死一百敌兵而献祭庆祝，② 正如人们说的，这是美塞尼亚人的（Messenians）习俗。我认为，另一个人还会对健康发怒；因为，如果身体不再生病，这将是可怕的事情，柔软的床或卧榻也将没有什么用

---

① 据说俄尔甫斯戒掉了肉食（欧里庇得斯：《希波吕托斯》[*Hippolytus*]；柏拉图：《法义》，782c）。

② 这种解释也见于泡赛尼阿斯，4.19；参见普鲁塔克《筵席会饮》，660F，以及《罗慕路斯传》，25。

处，我们也不会向阿斯克勒皮俄斯（Asclepius）献祭，也不会为驱邪而献祭，而医术及其各种器械和药物也将丧失荣誉并被弃到一旁。然而，这种推理与其他推理之间有何区别呢？事实上，食物被看作饥饿的药物，[160A] 所有以规定方式进食的人都被说成是在照顾自己，他们并不认为自己正在做快乐和愉悦的事情，相反，是必须执行自然的命令。的确，完全可以从食物中列举出比快乐更多的痛苦；或更准确地说，这当中的快乐只能影响身体的有限区域，其持续的时间并不长；但是，消化中的麻烦和烦恼所带来的低贱和痛苦可就数不过来了。我认为，正是因为荷马①注意到这些难以计数的苦痛，才用诸神不进食来证明诸神不死：

> 神们不吃面包，不喝晶莹的葡萄酒，
> 因此他们没有血，被称为永生的天神。

[160B] 他由此暗示，食物不只是有助于生命，也会促成死亡。因为，疾病也是源于食物，这些疾病就像人的身体②一样，也以食物为生，食物在人吃饱时的害处并不比人饥饿时的要少。因为，通常来说，在食物进入身体之后，消化和重新分配它们，这是个比获得它们和将其收集到一起更难的任务。但是，正如达纳伊德们（Danaids）③ 如果被解除了试图填满大缸的苦差事，便会对应该过什么样的生活和职业感到困惑，同样的困惑也会降临到我们身上，[160C] 如果我们不用再以出于大地和海洋的东西填充我们无限制的肉体的话，我们会感到无所适从；因为，由于对高贵的事物缺乏经验，我们如今喜欢上了受必然限制的生

---

① 荷马：《伊利亚特》第 5 卷，341 行。
② 参见普鲁塔克《筵席会饮》，731D，此处以不同的说法表达了同样的看法。
③ 译者按：达纳伊德指的是希腊神话中达拉俄斯（Dalaus）的 50 个女儿，达拉俄斯的孪生弟弟埃及普托斯（Aegyptus）有 50 个儿子，他要求其兄的 50 个女儿嫁给自己的 50 个儿子，新婚当夜，这 50 个女儿分别杀死自己的丈夫，因此遭到神的惩罚，要她们用水装满不可能装满的水缸。

活。正如那些奴隶一样，当他们自由的时候，他们会为了自己而做那些他们曾经侍奉主人①时做过的事情，同样，灵魂如今劳苦和困难地支撑着身体；但是，如果灵魂解脱了这件苦差事的话，灵魂就会相当自然地在新的自由中维持自身，生活在对自身和真理的照看之中，因为没有什么东西会使灵魂分心。"

尼卡科斯，这就是关于食物所说的。

17. 当梭伦还在说话的时候，珀里安德的兄弟高尔戈斯（Gorgus）进来了；[160D] 由于某些神谕，他恰好被派往泰拉洛斯（Taenarum），负责一项神圣的任务，为波塞冬（Poseidon）提供牺牲。在我们问候他之后，珀里安德拥抱并亲吻了他，高尔戈斯坐在卧榻上，在他兄弟珀里安德的旁边，然后悄悄告诉他什么，而后者听了很有触动，因为他似乎有些困扰，又有些愤慨，但更多是在怀疑，然后又显得惊讶。最后他笑了，说："现在，我希望告诉你们我刚才听到的消息，[160E] 但我犹豫了，因为我曾经听泰勒斯说过，一个人应当说那些可能的事情，但是对不可思议的东西，只能不发一言。"

庇阿斯插话说："但是，即便在可信之事上，人们也不应相信敌人，而即便是不可信之事，人们也应当相信朋友，这种智慧说法也是泰勒斯的。我认为，他用'敌人'命名那些软弱和愚蠢之人，而将'朋友'给予好的和有理智的人。因此，高尔戈斯"，他继续说，"应该告知所有人，或者准确地说，用它来与新近发明的酒神颂②较量一番，你所带给我们的故事将会超过它的"。

18. 高尔戈斯告诉我们，他献祭牺牲花了三天时间，[160F] 在最后一天，那里有舞蹈和娱乐，持续了一整晚，一直下到海岸边。月亮在海上闪闪发光，海上无风，特别安静平和。此时，人们看到远方的海浪

---

① 参见波斐利《论节制》（*De Abstinentia*），3.27。
② 隐秘地暗示阿瑞翁是酒神颂的发明者（希罗多德，1.23）。

正涌向靠近海岬的大地，随之而来的是由于海浪迅速运动而产生的泡沫和声音，于是，他们所有人都怀着惊讶之情跑到海浪冲击海岸的地方。在他们还没有猜出究竟是什么东西正在迅速逼近之前，他们便看见了许多海豚，有些海豚密密麻麻地围成一圈，其他的则直奔海岸最软的地方，还有一些在殿后。[161A] 在它们中间的则是一个巨大的被大海托起的人形身影在被推着前进，但十分模糊，看不清楚；直到海豚们聚集到一起，在海岸上放下一个人，此人还有生命的气息，还有动的力气，然后，海豚们又再次推进到海岬，它们跳得比之前还要高，明显是因为高兴而玩乐嬉戏着。"我们许多人"，高尔戈斯说，"都很震惊，然后便逃离了海岸，但是少数人，包括我自己，胆子十分大，于是就靠近过去，然后便认出了基忒拉琴师阿瑞翁（Arion），[161B] 此人自报家门，通过他的衣着便可轻松地辨识出来，因为他刚好穿着节庆长袍，这是他在弹唱的时候穿的"。

"于是，我们将他带到了一个帐篷中，因为除了由于负载他的海豚又快又急而导致他似乎有些衰弱和疲倦之外，他并没有什么问题。我们从他那里听到了一个故事，这故事对所有人而言都难以置信，除了亲眼目睹了这个故事结局的我们。阿瑞翁说，他不久之前打算离开意大利，而收到珀里安德的信更刺激了他的渴望，当一艘科林斯商船出现在那里的时候，他立即上船，驶离那片土地。三天以来，他们都受到和风的眷顾；渐渐地，阿瑞翁觉察到 [161C] 水手们正图谋杀他。后来，他从舵手那儿私下得到了一个消息：他们正打算在当晚下手。在孤立无助且不知所措的情况下，他受到神启，决意装扮自己；他穿上比赛时所穿的精心制作的盛装，宛如活人穿寿衣，并且在生命结束之前为生命唱了最后一首歌，以表明自己在这方面和天鹅一样慷慨。他这样做好了准备之后，便首先宣称自己想要唱完他的一首歌——献给皮提亚的颂诗——作为对他自己、船只以及船上所有人安全的祈求，[161D] 他站到船尾的舷墙边上，在一段呼求海洋诸神的前奏之后，他开始吟唱颂诗。当太阳落入海中时，他甚至还没有完成一半，而伯罗奔尼撒半岛已经隐约可见了。因此，水手们不再等到晚上，而是将谋杀行动提前。当阿瑞翁看到匕首脱鞘，船长遮住了脸时，他便赶紧往回跑，尽量远地跳入海中。但是，在他的身体彻底沉没之前，海豚们从下面托住了他，然后他就被往上举起；他一开始充满疑惑、不确定和混乱。但是当他开始感到他被这样轻松地托住时，他看到了许多海豚正友好地［161E］聚在他的周围，一只接一只，就好像这种交替帮助是所有海豚的义务和责任一样，远离的商船使他知道了海豚的速度，他说，他脑海里此时泛起的既非面对死亡时的恐惧感，亦非对生的渴望，而是一种希望获救的骄傲渴望，以便证明自己显然是诸神所爱之人，并获得对诸神的确信。与此同时，他看到天空布满群星，月亮升起，光明而又清晰，［161F］海洋上处处浪涛皆无，就好像一条路已经为着他们的航行而打开了。他想到，正义女神的眼并非只是独眼，① 而是洞穿一切的许多只眼，神从四面八方看到了在每个地方做出的行为，包括地上和海上。想到这些，他说，他身体渐渐感到的疲倦和沉重顿然减轻；最后，当崎岖高耸的凸出海岬出现在眼前，海豚们极其小心地绕过它，沿着其边缘靠近大地，［162A］就像将一艘船安全地带进海湾一样；此时他完全意识到，他的获救乃是受到神的指引。"

"当阿瑞翁告知所有这些时"，高尔戈斯说，"我问他认为那条船应该在哪儿进港，他回答说是去科林斯（Corinth），但可能会很晚才到，因为他认为自己晚上跳船之后，他被托行的距离不少于五十或更多斯塔狄昂（stadion），然后立刻就平静下来了"。高尔戈斯接下去说到，他已经探知到了船长和舵手的名字和这艘船的徽章，并派出船只和士兵前往陆地严密监视，［162B］另外，他带着阿瑞翁，小心地隐藏他，这

---

① 可能指向了在普鲁塔克的《驳科洛忒》（*Adversus Colotem*）1124D 处一位佚名悲剧作家的一行诗。

样，有罪之人就不会提前获知他已幸免于难，也不会设法逃跑了；实际上，整个事情就像是神意指导的，因为当他到达的时候，他的人员就在这儿，他知道那艘船已经被捕，商人和水手们也被抓住了。

19. 于是，珀里安德要求高尔戈斯立即退下，去将那些人投入监狱，不让人接近并告诉他们阿瑞翁已经获救了。

伊索说："我说寒鸦和乌鸦彼此说话的话，你们就笑话我；然而，这些海豚却如此尽情胡闹！"

"我们说点别的吧，伊索"，[162C] 我对他说，"海豚的故事早在千年以前就被人们相信并记录了下来，甚至从伊翁（Ion）和阿塔玛斯（Athamas）时代就开始了"。①

梭伦此时插话说："好吧，狄奥克勒斯，这些事情近于诸神而超越于我们。但是赫西俄德所经历的是属人之事，在我们的理解范围内。你很有可能听过这件事。"②

"不，我没有听过"，我说。

"好吧，这确实值得一听，事情是这样的。一个米利都人——赫西俄德似乎曾在洛克里斯（Locris）和他一同食宿——[162D] 与款待他们的主人的女儿私下有染，当事情败露时，赫西俄德被怀疑从一开始就知道并帮助隐匿这种不端行为，尽管他肯定是无辜的，但他还是成了愤怒和偏见的无辜受害者。为此，这个女孩的兄弟们在洛克里斯的奈枚俄斯（Nemean）宙斯庙附近伏击并杀害了他，同时还杀死了他的仆人特洛伊洛斯（Troilus）。他们的尸体被投进海洋之中，而特洛伊洛斯的尸体流入达弗诺斯河（Daphnus）中，被挡在一块稍微凸到海平面上一点的拍浪礁石上，直到现在，这块石头还是被称作'特洛伊洛斯'。[162E] 当赫西俄德的尸体离开陆地时，被一群海豚托了起来，它们将

---

① 当发疯的阿塔玛斯准备杀死伊翁时，伊翁本人也跳到了海里，然后变成了海之女神莱科忒阿（Leucothea）。

② 这个故事最早是修昔底德（3.96）提及的，后来似乎经过润色。

尸体艰苦地运到了靠近墨吕克雷亚（Molycreia）[①]的赫伊俄姆（Rhium）。碰巧，洛克里斯人定期的赫伊俄姆献祭和节日聚会正在举行，他们甚至到现在都还以一种显著的方式在那个地方庆祝。当人们看到尸体正被带向他们的时候，他们自然充满了惊讶，然后跑到岸边，认出了这具依旧新鲜的尸体。由于赫西俄德的名声，他们一致把调查谋杀真相当成了头等大事。于是他们很快就发现真相，找到谋杀者，将之活活地沉入海中，把他们的房子夷为平地。在奈枚俄斯宙斯庙附近，人们埋葬了赫西俄德，但许多异方人并不知道他的坟墓，这是由于坟墓已经被隐藏起来了，[162F]因为，按照他们的说法，奥科迈诺斯人（Orchomenos）正在寻找这个坟墓，根据一则神谕，这些人希望找到遗体，然后将之葬于他们自己的土地上。由此看来，如果海豚对死人表现出一种温柔与仁慈的话，那么他们就更可能帮助活人，特别是如果它们被长笛或歌曲或其他声音迷住的话。我们所有人都知道这些动物喜爱并追赶音乐，喜欢与那些在海洋中伴随着唱歌吹笛而宁静划桨的人一道游泳，它们享受这样的旅程。[②] [163A]它们还喜欢孩子的游泳，与孩子们比赛潜水。为此，它们享有不被伤害的未成文法律，因为没有人猎捕或伤害它们，除非它们进入渔民的网中乱来时，才会像淘气的孩子一样受到鞭打和惩罚。我还记得听一些列斯堡人说过，某个女人从海洋里的获救也归功于一只海豚，但是，我并不是很确定有关细节；皮塔科斯很熟悉，他来讲述这个故事是合适的。"

20. 皮塔科斯于是说道，这是一个著名的故事，[③] 一个被许多人记起的故事。有一群打算在列斯堡寻找殖民地的人收到一个神谕，

---

① 参见普鲁塔克《野生动物使用理智》（*Bruta Animalia ratione uti*），984D。

② 正如许多作家证明的，在古代，这些都是共同的看法。可参看普鲁塔克《筵席会饮》，704F 和《水和火哪个更有用》（*Aquane an Ignis sit Utilior*），984A—985C。

③ 普鲁塔克的《论冷的原理》（*De primo frigido*）984E 简单地提到了这个故事，亚忒莱俄斯做了些修改并完整地讲述了这个故事，他援引雅典人安提克雷德斯（Anticleides）作为他的权威。

[163B] 当他们航行到一个被称作"大地中央"（Midland）的地方时，他们应该在那个地方向海中投下一头公牛作为波塞冬的献祭，投下一位活着的处女作为安菲忒里忒（Amphitrite）和涅瑞伊斯（Nemphs）的献祭。指挥官共有七个，都是国王，而第八个则是厄克劳斯（Echelaus），他被皮提亚神谕指派去主管殖民地，尽管他还是个未婚的小伙子。这七个人都有未婚的女儿，他们开始抽签，而签落在了斯米忒俄斯（Smintheus）的女儿身上。当他们穿过这个地方的时候，他们便以漂亮的衣服和金制的装饰装扮了她，打算一旦他们做完祷告，便将她投到海中。巧的是，船上一位出身似乎并不低微的年轻人与她相爱。人们回忆说，[163C] 他的名字叫作厄纳洛斯（Enalus）。他怀着毫无希望的渴望去帮助解救这位女孩，他匆忙地将她搂在手里，然后和她一起投入海中。随后，有关他们的安全和得救的传闻便传开了，虽然没有什么根据，但是还是说服了军队里的很多人。据他们说，后来厄纳洛斯出现在列斯堡，告诉他们如何被海豚拖着穿过海洋，毫发无损地被放在了岸边的陆地上。他讲述的其他事情比这还要令人不可思议，这让人们惊讶和着迷，[163D] 不过他用一个行动让所有人都相信了；因为当高耸的海浪落在这个岛屿的岸上时，人们都惊恐不已，而他只凭一人便迎着大海而去，乌贼跟着他，一直走到波塞冬的神殿，最大的乌贼带给他一块石头，① 而他将它献在那儿，我们称这块石头为厄纳洛斯。"一般来说"，他说，"如果一个人知道不可能之事与不熟悉之事之间的差异，以及错误的推理和错误的看法之间的差异，喀隆啊，此人将不会贸然相信或是不信，他这么做是在严格遵循'勿过度'准则，如你所命令的"。

21. 在他之后，阿纳喀西斯说，由于泰勒斯已经极好地提出[163E] 灵魂存在于宇宙所有最有权威和最为重要的部分之中，② 那么，

---

① 亚忒莱俄斯（466C）则说一只金杯被厄纳洛斯带出了大海。
② 参见 Diels《前苏格拉底哲人辑语》第 1 卷，第 12 页。

最好的事物经由神的意志而实现，就没什么值得惊讶的了。"因为身体是灵魂的工具，而灵魂是神的工具；① 正如身体有许多自身的运动，但是最大的和最好的运动是来自于灵魂，因此，灵魂出于自身而施行某些运动，但在其他运动中，灵魂服从神对她的使用，神指导她转向神所欲求的任何事情，因为灵魂是所有工具中最灵动的。"他说："一方面说火是神的工具，还有风和水，以及云和雨，[163F] 神用它们保存并养育许多事物，毁灭并摧毁另外许多事物，但另一方面又说神不会使用生物来实现他的目的，这样的看法是可怕的错误。不，更为可能的是：生物因为凭靠神的力量，当然会为神服务并回应其运动，这甚至超过了弓之回应斯库泰人，或里拉琴和长笛之回应希腊人。"

此时，诗人刻尔西阿斯援引了那些在无望之时获救的人们的例子，其中提及珀里安德的父亲居普塞洛斯（Cypselus）的故事，② 当他还是个新生儿的时候，他曾经对那些被派来杀他的人笑，他们于是就回去了；而当他们改变主意再次返回搜寻他时，却无法找到，[164A] 因为他已经被他的母亲藏在一个柜子中了。为此，居普塞洛斯在德尔斐建了一座神庙，他坚信是神在那个时候阻止他哭泣，才使他未被搜寻者发现。

皮塔科斯于是对珀里安德说："珀里安德，刻尔西阿斯提到这座神庙，太好了，因为我经常想问你这些青蛙的原因，它们为什么被如此多地刻在枣椰树的根部周围，③ 目的是什么，它们与神或与奉献者有什么关系吗？"

珀里安德要他去问刻尔西阿斯，他说，因为刻尔西阿斯知道，而且 [164B] 当居普塞洛斯奉献这座神庙时刻尔西阿斯也在场。"但是"，刻尔西阿斯笑着说，"我不会说的，除非我从我们的朋友那里了解到他们

---

① 参见普鲁塔克《论皮提亚的神谕》（*De Pythiae Oraculis*），404B。
② 这个故事见于希罗多德，5.92。
③ 青蛙和枣椰树亦见于普鲁塔克的《论皮提亚的神谕》399F。

赋予这些箴言的目的，即'勿过度'和'认识你自己'，特别是那个阻止了许多人结婚、信任甚至说话的箴言，即'担保一出，伤害便至'。"①

"这还要我们告诉你吗？"皮塔科斯说，"你不是一直在赞扬伊索编造的每个故事，它们看来都与这些箴言有关"。

伊索说："只有在刻尔西阿斯嘲弄我的时候才是如此；但当他严肃时他就说荷马是这些故事的发明者了；并且他还说赫克托耳 [164C] '认识他自己'，因为他攻击所有人，除了

> 埃阿斯，特拉蒙（Telamon）的儿子，他回避与之战斗。②

而奥德修斯（Odysseus）则赞扬了'勿过度'，因为他对狄奥墨德斯（Diomedes）提出要求道：

> 提丢斯的儿子，称赞和指摘我都不宜过分。③

至于担保，其他人认为荷马将之贬为毫无价值且无用之物，因为他说过：

> 不值得的人担保时，其担保毫无价值，不值得接受。④

---

① 关于这些著名的箴言的信息，可以提及的有柏拉图《普罗塔戈拉》，343b，以及《卡尔米德》，165a；亚里士多德：《修辞学》第2卷，12.14；泡赛尼阿斯，10.24.1；普鲁塔克：《慰妻书》（Consolatio ad Apollonium），116C，《论德尔斐神庙的E》（De E apud Delphos），385D，以及《论饶舌》（De Garrulitate），511B，还有《论荷马的生平与诗》，151。
② 荷马：《伊利亚特》第11卷，542行。
③ 荷马：《伊利亚特》第10卷，249行（普鲁塔克：《如何辨别朋友与谄媚者》，57E）。
④ 荷马：《奥德赛》第8卷，351行。

但是刻尔西阿斯在此插话说，宙斯将祸害女神（Mischief）从天上扔了下来，[164D]因为当宙斯在关于赫拉克勒斯①的出生之事上受骗并给出担保时，她就在现场。"

梭伦打断了他的话，"因此，我们都应该相信最智慧的荷马，他还说，②

　　夜色已降临，最好听从夜的安排。

因此，如果大家同意的话，让我们为缪斯、波塞冬和安菲忒里忒奠酒，然后各自散了吧。"

这样，尼卡科斯，会饮就结束了。

---

① 荷马：《伊利亚特》第14卷，91—131行。
② 荷马：《伊利亚特》第7卷，282行和293行。

# 论迷信

1. ［164E］对于诸神的无知和盲目最初可以分成两种，其中一种产生于顽固不化的性格，正如干燥坚硬的土壤一样，这就是无神论者（Atheism），另外一种则产生于软弱的性格，正如潮湿稀松的土壤一样，这就是迷信（superstition）。① 每一种错误的判断，尤其是在这些问题上的错误判断，都是有害的；而在激情介入之处，错误判断的危害最大，［164F］因为每一种激情都有可能是令人痛苦的幻想，正如伴随着撕裂的关节脱臼是最难以处理的，同样，伴随着激情的灵魂错乱也是最难以处理的。

有人认为万事万物最初产生自原子（atoms）和虚空（void）。② 他的看法是错误的，但这种看法不会产生疼痛，不会产生心悸，不会产生让人心烦意乱的痛苦。

有人认为财富就是最大的善。［165A］这种错误是有毒的，毒液以他的灵魂为食，使他分心，不让他睡觉，以各种刺痛的欲望充斥着他，把他推下悬崖，使他窒息，剥夺他的言说自由。

另外，有些人认为德性和邪恶都是物体性的（corporeal）。③ 这种无知或许是可耻的，但它并不值得悲叹和哀悼。不过，考虑到如下判断和假设：

---

① 普鲁塔克：《亚历山大传》（*Life of Alexander*），75，以及《卡米卢斯传》（*Life of Camillus*），6。
② 针对伊壁鸠鲁的理论，也有可能针对的是德谟克利特。
③ 针对斯多亚学派，他们认为所有的品质都是物体性的。参见普鲁塔克《论斯多亚学派的矛盾》（*De Stoicorum Repugnantiis*），1084A。

> 软弱的德性啊！虽然我发现你空有其名，
> 但我会就好像真的那样实践你！①

于是我便放弃了可以赚取财富的不义，放弃了产生各种享乐的放荡。［165B］我们在可怜这些快乐的同时厌恶它们，这当然是对的和恰当的，因为它们的出现就像蛆虫一样，在人的灵魂中产生各种病状和激情。

2. 现在，还是回到我们的主题。一方面，无神论错误地认为，没有什么东西是得到神佑的和不朽的；由于不信神，无神论似乎最终导致了一种彻底的漠不关心（indifference），它之所以不相信诸神存在，乃是为了不畏惧诸神。但是另一方面，迷信正如其名字（"畏神"）所暗示的，是一种激情性的看法和一种产生自恐惧的假设，这种恐惧让人卑微，使人被压碎，因为此人认为诸神存在，但他也认为，诸神［165C］就是痛苦和伤害的原因。实际上，对于神，无神论者显然无动于衷（unmoved），而迷信之人则过分受到其影响，他的心灵于是便受到了扭曲。因为，在前者当中，无知产生了对帮助者［神］的不信，而在后者心中却导出了附加的看法：帮助者［神］会造成伤害。因此，无神论是一种被歪曲的理性，而迷信是一种源于错误理性的激情。

3. 显然，灵魂的所有疾病和激情都是可耻的，但在它们一些中却能发现自负、傲慢和得意扬扬——归功于这些东西的浮升力。我们可以说，它们当中没有一种缺少活动的冲动（impulse）。但是也可以针对所有这些激情提出一般性指控，即它们以其强烈的冲动［165D］压迫并缚紧理性。但由于恐惧同样地缺乏胆量和理性，这就使其非理性也无能为力，无计可施。正是因此，束缚并惊醒灵魂的东西，就被同时称为"畏惧"（terror）和"惊骇"（awe）。

---

① 作者未知；参见 Nauck《古希腊悲剧辑语》，第 910 页，佚名，374。

在所有的恐惧中，人最无能为力和最无计可施的是对迷信的恐惧。没有航行过的人不会畏惧大海，不在军中服役的人不会畏惧战争，待在家里的人不会畏惧路匪，穷人不会畏惧敲诈者，不担任职务的人不会畏惧嫉妒，住在高卢（Gaul）①的人不会畏惧地震，住在埃塞俄比亚的人不会畏惧雷电；但是畏惧诸神的人却害怕一切：[165E] 大地、海洋、空气、天空、黑暗、光、声音、沉默、梦。奴隶在睡眠中忘记了他们的主人，睡眠减轻了囚犯的铁链，减轻了伤口的炎症和体内溃疡的凶猛疼痛，折磨人的痛苦也会远离沉睡之人：

> 啊，睡眠的可爱魔力，病人的救星啊，
> 在正需要的时候你来到我的身边，多么香甜呀！②

但迷信是不会让人说这话的；因为迷信不会与睡眠签订和约，也不会给灵魂机会，[165F] 让灵魂通过扔掉对神的苦涩和沮丧看法而缓过气来，恢复勇气；但是，就好像是身处饱受不敬折磨的地方那样，在迷信者的睡眠之中，他们的疾病唤起了可怕的幻影、怪异的幻象和各种各样的惩罚；而且，由于软弱的灵魂置身于拷架之上，其便再也无法入眠，饱受自己的鞭打和惩罚，就像受到别人的鞭打和惩罚一样，而且还被迫服从可怕和怪异的命令。后来，当这种人起床时，既不蔑视也不嘲笑这些事情，他们也没有认识到扰乱他们的事物没有一样是真实的；[166A] 相反，为了试图逃离其实毫无害处的幻影，他们便在醒着的时候欺骗、浪费、扰乱他们自己，落入江湖骗子的摆布之中，这些人说：

> 如果睡眠中的幻象让你畏惧，

---

① 参见亚里士多德《尼各马可伦理学》第 3 卷，第 7 节，以及普林尼《自然史》第 2 卷，80 (195)。
② 欧里庇得斯：《俄瑞斯忒斯》（*Orestes*），211—212。

47

感到一群可怕的赫卡忒（Hecate）就在附近，①

那你就去吁求专事净化巫术的老女人，将自己浸泡在海洋之中，并且整日坐在地上发抖。

希腊人啊，你们曾发现蛮族人的残忍！②

正是由于迷信，[希腊人也这么干，]比如往身上抹泥，在污秽中打滚，浸没自己，匍匐在地，对诸神纠缠不休，卑贱跪求，等等。[166B]那些旨在保存习传音乐的人命令基忒拉琴师正确地用嘴歌唱，而我们则认为应当正确且恰当地用嘴向神祈祷，而不是去检查牺牲献祭的舌头是否又净又直，同时也不应当叨念奇怪的名字和蛮族的说法来扭曲和弄脏自己的舌头，以免违背并羞辱我们神圣的、祖传的宗教的尊严。

喜剧诗人（comic）③ 在说到那些用金银铺床的人时也不乏幽默：

只有这个是诸神白白赐给我们的，
睡眠啊，为何你要如此昂贵呢？

[166C]但是，对迷信之人而言也可以这么说："诸神赐予我们睡眠，作为一段时间的遗忘，使我们从疾病中得到暂时喘息；为什么你要使之成为让你永远痛苦的拷问室，既然你不幸的灵魂无法避入另一段睡眠中去？"赫拉克利特（Heraclitus）说：醒着的人们共享一个世界，而每一个入睡者都漫步于私人世界中。但是迷信之人不和其他人共有一个世

---

① 作者未知，参见 Nauck《古希腊悲剧辑语》，第 910 页，佚名，375。
② 欧里庇得斯：《特洛伊妇女》（*The Trojan Women*），764。
③ 可能是一些新喜剧诗人；参见 Kock《阿提卡喜剧辑语》（*Comicorum Atticorum Fragmenta*）第 3 卷，第 438 页。

48

界，因为他在醒时不运用理智，入睡时却又无法摆脱不安，相反，他的理性总是长梦不醒，而他的畏惧则一直长醒不眠，他无法逃离畏惧，也无法除去畏惧。

4. 珀吕克拉忒斯（Polycrates）在萨摩斯（Samos）是一位令人畏惧的僭主，正如科林斯的珀里安德一样，[166D] 但是当他们进入一个由民众统治的自由城邦时却没有人畏惧他们。然而，对那些害怕诸神会像凶狠无情的僭主那样统治的人而言，他能避往何处，他能逃到哪里？他能发现哪片大地、哪片海洋没有诸神？软弱的人啊，你能偷偷溜进宇宙的哪个角落中躲起来并认为你逃离了神？对于已经完全放弃自由希望的奴隶而言，甚至也有这样一种法律，即他们可以要求出售自己，从而以更加温和的主人换掉目前的主人。但是迷信不允许有这样的交换；对于畏惧父辈和亲族的神的人而言，要找到一个他不畏惧的神是不可能的，他会害怕自己的救主，[166E] 甚至在面对那些温和的诸神时也颤抖不已，而人们正是用言行向这些神努力祈求财富、丰盛、和平、和谐与繁荣。

同样还是这些人会认为奴役是一种不幸，他们说：

> 对男人和女人来说，这种灾难是可怕的：
> 突然地被奴役，有了严厉的主人。①

但是你难道不认为，对那些无地可逃、无处可窜、无法抵抗的人而言，他们所遭遇的岂不是可怕得多呢？对奴隶来说，他可以逃到祭坛那里去，还有许多圣所，甚至抢劫者也会在那儿找到避难所；逃避敌人者一旦握住神像或是进入神庙，便立即鼓足勇气。这些［圣物］就是迷信者最为畏惧和害怕的东西，然而，那些害怕最恐怖命运的人恰恰把一切

---

① 源自一位佚名悲剧诗人；参见 Nauck《古希腊悲剧辑语》，第 910 页，佚名，376。

希望都放在它们之上。不要将［166F］迷信之人从神殿中拖出，因为他们正在其中受到惩罚和报应。

有何必要展开细说呢？"对所有人来说，死亡就是生命的终结"，① 但不是迷信的终结；因为迷信远超生命的限制，这使得恐惧要比生命更加持久，使得死亡与无止境的坏事的想法联系起来，并且在麻烦终止之际，却相信［167A］永无止境的麻烦现在刚刚开始。哈德斯那深不可测的大门突然打开，火河和斯提克斯（Styx）支流混在一起，黑暗中冒出了奇形怪状的幻影，这些幻影以可怕的容貌和凄惨的声音包围它们的受害者；除了这些，还有审判者和拷问者，以及张开大嘴的旋涡充满无数痛苦的深渊。因此，由于不幸的迷信过度小心地躲避所有可能的恐怖迹象，其不知不觉地便臣服于每一种恐惧。

5. 无神论不会有这类事情，但无神论的无知也是令人烦恼的；而且，［167B］忽视如此重要的事，这对灵魂来说是巨大的不幸；因为这就好像灵魂最明亮和最具权威的眼睛——也就是神的概念——已经遭受毁灭。但正如已经说过的，② 迷信从一开始便受到了激情、剧烈的疼痛和扰乱、心灵的奴役的滋养。柏拉图说，③ 音乐是和谐与匀称的创造者，诸神将之赐予人类，不是为了放纵人类或让人类的耳朵享受快乐，而是当人体内产生混乱和错误，影响了灵魂的循环与和谐时，还有在因缺少音乐和优美而常常让人由于放肆和错误而变得放荡时，［167C］音乐应当以自己的方式再次解开灵魂、将之引导和恢复到原先秩序之中。

无论何种宙斯所不喜欢的东西

---

① 源自德摩斯提尼《演说集》，18，97；普鲁塔克在《论亚历山大大帝的运气与德性》（*De Alexandri Magni Fortuna aut Virtute*）333C 再次引用。
② 参见前文，165B。
③ 随意改编自《蒂迈欧》47d。

品达①说：

> 一听到匹艾里德斯（Pierides，缪斯之一）的声音，
> 便会狂喊着逃走。

实际上，他们会变得激怒和愤怒；人们还说，当老虎被阵阵擂鼓声包围时也会彻底疯狂，然后狂野地撕碎自己来结束这一切。② 因此，那些由于耳聋和听力受损而对音乐冷漠（indifference）且毫无感觉（insensibility）的人会受到的伤害就要少一些。忒伊莱西阿斯（Teiresias）为厄运所苦，以致他无法看见他的孩子和朋友，但更大的厄运是阿塔玛斯（Athamas）和阿伽弗（Agave）的，他们把朋友看作狮子和鹿；［167D］而对于陷入疯狂的赫拉克勒斯③来说，看不到他的儿子，意识不到他们就在眼前，这毫无疑问要好于他将最亲近的人视作仇敌。

6. 你什么意思？难道你不认为，无神论者和迷信者的感受就在于这一差异：前者根本看不到诸神，后者则认为诸神确实存在且是恶的？前者不尊重他们，后者认为他们的善意是可怕的，他们那父亲般的关心是僭主式的，他们那充满爱意的关怀是有害的，他们缓慢的愤怒是未开化的、残忍的。然而，这些人却会相信铁匠、石匠和捏蜡者，他们按照人的形状制作神的样子，［167E］他们塑造这些神，捏造这些神，敬拜这些神。但是他们轻视认为神的力量在于善良、高尚、友好和关爱的哲人和治邦者。因此，无神论者感觉不到、也不相信帮助者［神］，而迷信者对帮助者［神］感到不安和惊恐。总而言之，无神论是对神的无

---

① 品达：《皮提亚赋》（*Pythian Odes*），1.13（25）；普鲁塔克的《筵席会饮》746B 和《伊壁鸠鲁实际上使快乐生活不可能》1095 亦引用。
② 参见普鲁塔克《婚姻谏言》（*Coniugalia praecepta*），144D。
③ 所有这些人都是神谴疯狂的受害者。

感（indifferent feeling），因为意识不到神，而迷信则感受众多且相信善是恶的。迷信者在畏惧诸神的同时又逃到诸神那里寻求帮助；他们对诸神既奉承又辱骂，既祈祷又责备。［167F］人的共同之处就是不会事事走运。

  他们［诸神］健康永生，不事辛劳，
  远离阿克昂（Acheron，冥河）喧闹的渡口。

品达①是这么说诸神的；但人类的遭遇和事务与运气有关，运气一会儿朝这个方向流动，一会儿朝另一个方向流动。

  7. 让我们首先看一下无神论者处境不利时的性情。如果他是节制的人，你会注意到他对目前的运气不置一词，而且努力寻求各种帮助和安慰；但是，如果他是个不耐烦的急性子的话，他就只会责备运气和［168A］偶然，并且喊叫说没有什么东西出于正义或者天意，相反，所有人类事务都处于混乱与无序之中。然而，迷信者并不是这么做的，相反，即便他碰上一点点坏事，他就会坐下来，以这点痛苦编制出难以对付的、巨大的、难以摆脱的经历，他会往自己身上加上恐惧和害怕、怀疑与烦恼，而且，他还会以全部的悲痛与呻吟来攻击所有这一切。他认为，不是哪个人，不是运气，不是时机，不是他自己，而是神［168B］导致了这一切，他说正是从神那里涌来的毁灭性邪灵之流压倒了他；他认为这不是因为他运气不佳，而是因为他被诸神憎恨，被诸神惩罚；而由于自己的行为，他所受到的惩罚，他所经受的一切都是应得的。

  当无神论者生病的时候，他会回顾自己吃得过饱或喝酒过多，还有日常生活的各种紊乱，或者是过度疲劳时的辛苦，抑或是天气反常或水

---

  ① 辑语143（Christ 编）。普鲁塔克在《爱之书》763C 和《论共同观念：驳斯多亚学派》1075A 再次引用。

土不服；还有，当他在政治中遭到冒犯，遇到民众的造谣或者统治者的中伤时，他就会在自身和环境中找原因：

> 我在哪里错了，我做了什么？我忽视了什么责任？①

但是，在迷信之人看来，身体的每一次不舒服，[168C] 财产的损失，孩子的死亡，或者政治方面的不幸与失败都可以说是神的折磨或者恶灵的攻击。② 因此，他没有勇气缓和这种情形，也不去设法取消其影响，不去寻找这种情形的补救之法，也不进行反抗，以免显得是在反抗神的惩罚，与神作对。相反，当他生病时，他将医生推出去，而当他悲痛时，他将前来劝慰和鼓励他的哲人挡在门外。"世人啊"，他说，"让神惩罚我吧，惩罚这个不敬之人、软弱之人，他受到诅咒，为诸神和诸精灵所恨"。③

[168D] 不相信诸神存在的人在陷入痛苦或其他悲哀中时，可以擦掉眼泪，剪掉头发，脱下外套；但是你能对迷信者说什么呢？或者你将如何帮助他呢？他坐在房子外面，身穿麻布衣服，脏兮兮的破布包裹着他；他经常赤裸裸地在泥淖之中打滚，以便承认他的罪状和错误，比如吃了这个或者喝了那个，或者踩踏过他的精灵禁止行走的道路。但如果他过得不错却被迷信温和地套住的话，他就会坐在家中，用烟熏自己，用泥弄脏自己，而一群老太婆则 [168E] 正如庞昂（Bion）说的："把找到的随便什么东西挂在他身上，拉紧，就像挂在木桩上一样。"

8. 据人们说，当波斯人逮捕提里巴佐斯（Tiribazus）时，这位身强力壮的人拔剑拼命抗击。但是当这些人大声宣称自己是奉国王的命令抓

---

① 亚历山大里亚的希耶罗克勒斯（Hierocles）：《毕达戈拉斯的金玉良言》（*Carmina aurea*），42；普鲁塔克的《论好奇》515F 再次引用。
② 西塞罗：《图斯库兰论辩集》（*Tusculan Disputations*）第 2 卷，29（72）。
③ 索福克勒斯的《俄狄甫斯王》1340 的语词或许暗示了此处的用语。

捕他时，他立即扔下剑，然后束手就缚。① 实际所发生的事难道不也如此吗？其他人拼命地反抗不幸的命运，他们强行突破各种困难，为自己谋划各种逃跑路线，避开不希望发生的事情；[168F] 但是迷信之人听不进任何人的话，总是自言自语："恶灵啊，由于天意和诸神的命令，这是你必须遭受的"，接着便扔掉了全部的希望，放弃自己，然后逃跑，拒绝那些前来帮助的人。

许多不那么严重的坏事都是由于迷信而导致的致命后果。老人米达斯（Midas）似乎是由于一些梦便心情沮丧和烦恼不安，最后居然喝了公牛血而自杀。② 在反抗拉刻岱蒙人的战争期间，美塞尼亚人的国王是阿里斯托德莫斯（Aristodemus），当时，狗像狼一样咆哮，茅草在他的祖先家灶周围长出，预言者们都被这些征兆吓到了，这位国王因为预兆而变得沮丧、[169A] 失去希望，最后居然自杀了。③ 对雅典人的将军尼基阿斯（Nicias）而言，最好的事情可能是摆脱米达斯或阿里斯托德莫斯那样的迷信，而不是在月食时被月亮上的阴影吓到，坐观敌人筑垒包围自己，再后来同四万士兵一起落入敌人之手，这些士兵或者被杀死，或者被活捉，而他自己则遭遇了不光彩的结局。④ 因大地运行于太阳与月亮之间而导致的光线阻碍不是什么让人害怕的事情，月亮旋转到恰当的时间遇到阴影，这也不是什么可怕之事，令人害怕的是 [169B] 迷信的黑暗降临在人身上，在最需要理性之际毁掉理性，使之失明。

---

① 普鲁塔克在他的《阿塔克塞尔克瑟斯传》（*Life of Artaxerxes*）29 中说提里巴佐斯反抗到底，但这可能是在另一个场合。

② 当试图成为灵魂的医生从而治愈迷信时，普鲁塔克在此不知不觉地变成了顺势疗法医师（homoeopath）。参见 B. Perrin 在《普鲁塔克的〈地米斯托克勒斯传〉和〈阿里斯提德传〉》（*Plutarch's Themistocles and Aristides*）（New York, 1901），第 256 页中对《地米斯托克勒斯传》31 的注释。对于那里所给出的文献，还应该加上尼坎德（Nicander），*Alexipharmaca*, 312。

③ 泡赛尼阿斯 4.13 讲述了其他令阿里斯托德莫斯沮丧的预兆。

④ 关于尼基阿斯的细节可见于修昔底德，第 7 卷，35—87，以及普鲁塔克《尼基阿斯传》（*Life of Nicias*），23 及以下。

> 格劳科斯（Glaucus），看啊，雄壮的海洋
> 已经巨浪咆哮，
> 绕着古莱山（Gyrian）顶
> 陡立在空气中的是乌云高耸，
> 这是暴风雨的迹象……①

当水手看见这些时，他祈祷他能逃离并呼求拯救之神，②但是他在祈祷的同时还猛推舵柄，降低帆桁端，并且——

> 收起巨大的主帆
> 匆忙逃离黑暗的大海。③

赫西俄德要求农民在耕地和播种之前应当手扶犁把：

> 向地下的宙斯，向神圣的德墨忒尔祈祷。④

[169C] 荷马说，当埃阿斯⑤打算与赫克托耳（Hector）单挑时，他要求希腊人向诸神为他祈祷，然后，当他们祈祷时，他则认真准备武器。阿伽门农祈求宙斯：

> 允许我毁灭普里阿摩斯（Priam）的宫殿；⑥

---

① 阿基洛科斯的辑语：参见 Bergk《古希腊抒情诗人集》第 2 卷，第 696 页，阿基洛科斯，54。
② 卡斯托尔（Castor）和珀鲁克斯（Pollux）。
③ 参见 Bergk《古希腊抒情诗人集》第 3 卷，第 730 页；普鲁塔克：《论静心》，475F，以及 Nauck《古希腊悲剧辑语》，第 910 页，佚名，377。
④ 赫西俄德：《劳作与时日》，465—468。
⑤ 荷马：《伊利亚特》第 7 卷，193 行及以下。
⑥ 改编自荷马《伊利亚特》第 2 卷，413—414 行。

同时又命令①战士们：

你们每个人磨尖矛头，理好盾牌。

因为神是勇敢者的希望，而不是懦夫的借口。但是犹太人（Jews）②呢，由于刚好是安息日（Sabbath day），他们便坐着一动不动，当敌人正在安放云梯并攻陷城防时，他们却并不起身，而是依旧坐在那儿，牢牢地受缚于迷信的罗网，就像落入一张巨大的樊笼之中。

9. [169D] 这些就是迷信在不利的和所谓"危机"处境和场合下的特点。但是在快乐的场景中，迷信也比无神论好不到哪儿去。对人们而言，最快乐的莫过于节庆日，神庙里的宴饮，加入秘仪之中，庆祝、祈祷并敬拜诸神。要看到，无神论者在这些场合会忍不住对这些仪式狂笑不已，并对他旁边的密友说：这些家伙一定是鬼迷心窍了才会认为这样就是在向诸神献祭；但除此之外他也不会干什么坏事。另一方面，迷信之人无论怎么希望，都既无法高兴也无法愉快：

城邦里香火缭绕；
[169E] 到处都是赞美祈祷和痛苦呻吟。③

这正是迷信之人的灵魂。他一戴上花环便脸色变白，他献祭牺牲并感到害怕，他以颤抖的声音祈祷，以颤抖的手撒下烟灰，一句话，他证明了

---

① 荷马：《伊利亚特》第 2 卷，382 行。

② 也许这里指的是庞培在公元前 63 年攻占耶路撒冷（参见狄奥·卡西乌斯 [Dio Cassius]，第 37 卷，16），或者指的是安东尼在公元前 38 年攻占耶路撒冷（参见狄奥·卡西乌斯，第 49 卷，22）。亦见约瑟夫斯（Josephus）《犹太古史纪》（*Antiquitates Judaicae*）第 12 卷，6.2，以及马卡比斯（Maccabees）第 2 卷，32 及以下。

③ 索福克勒斯：《俄狄甫斯王》，4；普鲁塔克的《论朋友众多》（*De amicorum multitudine*）95C，《论伦理德性》445D 和《筵席会饮》623C 再次引用。

毕达戈拉斯①的话是多么愚蠢,此人说当我们靠近诸神时,我们就能成为最好的人。因为,那就是迷信之人最悲惨和最可怜地行事之时,因为他们走进诸神的门廊或神殿,就像是走进熊洞,蛇穴,或者深处怪物的窝巢。

10. 因此,当我听到有人说[169F]无神论不虔敬却不这么说迷信时,我会感到惊讶。的确,阿那克萨戈拉(Anaxagoras)由于不敬而受审流放,因为他说太阳就是一块石头;但是,没有人会因基墨里人(Cimmerians)不相信太阳存在就说他们是不敬的。②你说什么?不相信诸神存在的人是不神圣的?像迷信者那样相信诸神的人,难道不更加是那些更不虔敬观点的同伙?至少,我更希望人们说我从未出生,从未有过[170A]普鲁塔克这个人,而非说"普鲁塔克是个反复无常的多变之辈,容易发怒,对偶然遭遇心怀怨恨,为琐事烦恼,如果你请人吃饭而不请他,或者如果你没有时间去拜访他,或者当你看到他时不与他说话,他都会咬住你的身体,将你的身体咬穿,或是把野兽赶进你的庄稼里,糟蹋你的收获"。③

在雅典的一首歌曲中,当提莫泰俄斯(Timotheus)说阿尔忒弥斯是

    疯狂先知的疯狂狂热者,④

作曲者基奈西阿斯(Cinesias)便从观众中站起来宣称,[170B]"愿你

---

 ① 参见普鲁塔克《论神谕的衰微》(*De Defectu Oraculorum*),413B。
 ② 参见荷马《奥德赛》第11卷,13—19行。
 ③ 这里或许暗指阿尔忒弥斯(Artemis),她派卡吕冬(Calydonian)野猪去踩躏田野;荷马:《伊利亚特》,第9卷,533行及以下。阿尔忒弥斯是月亮神和猎神,是宙斯与勒托(Leto)所生之女。
 ④ Bergk:《古希腊抒情诗人集》第3卷,第620页,提莫泰俄斯,1;参见普鲁塔克《论听诗》,22A。

也有个那样的女儿!"实际上,对于阿尔忒弥斯,迷信之人就是那样想的,甚至要比那个还糟糕:

> 如果你惊慌逃开一具吊死的尸体,
> 如果你碰到一位处于分娩痛苦中的妇人,
> 如果你来自一间哀悼死人的房子,
> 那你便是带着污染进入圣所了,
> 或者如果你来自三岔路口
> 要通过净化仪式才能来到这儿
> 因为你被有罪的东西纠缠住了。①

他们对阿波罗、赫拉(Hera)、阿芙洛狄忒的看法也并不比这更合宜,因为他们在所有这些神的面前颤抖害怕。的确,关于勒托(Leto),尼俄贝(Niobe)所说的话是十分不敬的,正如迷信者对这位女神所持的[170C]糊涂看法,即由于受到辱骂,勒托便射死可怜的女人

> 所生的六个女儿和六个风华正茂的儿子?②

她居然如此贪得无厌地伤害别人!因为,如果这是真的,这位女神心怀愤怒,疾恶如仇,为坏话所中伤,对他人的无知和盲目不是一笑了之,而是感到愤慨,那么她就应该要求那些编造她残忍恶毒的故事的人去死。无论怎样,我们认为赫卡柏(Hecuba)的恶毒是极为残忍的,当时她说:

---

① Bergk:《古希腊抒情诗人集》第 3 卷,第 680 页;Lobeck, *Aglaophamus*, 第 633 页,以及 Wilamowitz-Morllendorff:《选集》(*Lesebuch*)(Berlin, 1902),第 336 页。

② 改编自荷马《伊利亚特》第 24 卷,604 行。

[170D] 我希望我可以咬下他的肝，

在我的牙缝间咀嚼。①

而对于叙利亚人（Syrian）的女神②，迷信之人相信，如果任何人吃掉西鲱鱼或者鳀鱼的话，她就会咬断他的胫骨，让他痛彻全身，肝胆化尽。

11. 那么，错误地言说诸神是不敬的，难道对诸神持有错误观点就不是不敬的了？或者，难道恶意言说者的意见会因他的观点而成为荒谬的？实际上，我们认为说恶意言说是敌意的标志，而我们也将那些说我们坏话的人视为敌人，因为我们认为他们一定对我们怀有恶意。你看到[170E]迷信者是怎样看待诸神的：他们认为诸神是轻率的，无信的，反复无常的，报复的，残忍的和易对琐事发怒的。于是，迷信者一定会憎恨和畏惧诸神。这是当然的，既然他们认为自己遭到的厄运都归咎于诸神，而且将来还归咎于诸神。由于他憎恨和畏惧诸神，他就是诸神的敌人。然而，尽管他害怕诸神，但他却崇拜诸神，向诸神献祭，聚集在诸神的圣所旁；这不是什么让人惊讶的事；因为同样真实的是，人们欢迎僭主，对僭主献殷勤，还竖起金制雕像来纪念他们，但在心中却憎恨僭主并对僭主"摇头"。③ 赫墨劳斯（Hermolaus）④侍奉亚历山大（Alexander），泡赛尼阿斯⑤以护卫的身份侍奉[170F]腓力（Philip），

---

① 荷马：《伊利亚特》第 24 卷，212 行。
② 亚忒莱俄斯，246D，或者 Kock：《阿提卡喜剧辑语》第 3 卷，第 167 页，米兰德，544。
③ 索福克勒斯：《安提戈涅》，291。
④ 普鲁塔克：《亚历山大传》，55。
⑤ 据说泡赛尼阿斯后来帮助杀死了腓力。亚里士多德：《政治学》第 5 卷，第 10 节；西西里的狄奥罗洛斯（Diodorus Siculus）第 15 卷，94—95；埃利安（Aelian）：《历史杂录》（*Varia Historia*）第 3 卷，45；瓦勒里乌斯·马克西穆斯（Valerius Maximus）第 1 卷，8，ext. 9。

卡艾莱（Chaerea）① 侍奉盖乌斯（Gaius），然而，他们每个人一定都说过：

> 我肯定会报仇，只要我的力量足够。②

无神论者认为诸神不存在；迷信者希望没有神，却又违背自己意愿相信诸神；这是因为他畏惧不相信。然而，正如坦塔罗斯（Tantalus）会为从悬于头上的石头下脱离险境而感到高兴一样，迷信之人也会为摆脱恐惧而感到高兴，他因这种恐惧而受到的压迫并不少于坦塔罗斯因石头而受到的压迫，他会称无神论者的状况是有福的，因为这是一种自由的状态。不过，无神论者是不会迷信的，而迷信者从其偏好说想当一个无神论者，却因为过于虚弱而无法对诸神持有他所希望持有的观点。

12. [171A] 再者，无神论者并不会导致迷信，但迷信却为无神论的出现提供了种子，而当无神论扎下根时，迷信也为无神论提供辩护，虽然不是真正的也不是漂亮的辩护，但好歹也是个不乏借口的辩护。这不是因为这些人在天空中看到了什么该受指责的东西，也不是因为在星辰与时序中、月亮的循环运行中、太阳——"日与夜的制作者"③——绕着大地的运动中、动物的喂养与生长中、农作物的播种与丰收中看到了不和谐与无序，以至于他们决定反对宇宙中神的观念；但是迷信中的各种荒谬行为和激情，其言语和[171B]姿态，巫术与魔法，奔走与击鼓，不洁的净化与污秽的灵化，神殿前野蛮与不法的指责和侮辱——

---

① 卡西乌斯·卡艾莱挑起了谋反，结果导致了喀里古拉（Caligula）的死亡；参见塔西佗《编年史》，1.32；苏埃托尼乌斯（Suetonius），《喀里古拉》，56—58。
② 荷马：《伊利亚特》第22卷，20行。
③ 改编自柏拉图《蒂迈欧》，40c。普鲁塔克在《论月面》（De facie in orbe lunae）937F，938E 和《柏拉图问题》1006E 更精准地引用了这个说法。

所有这些都导致有些人说：诸神不存在，这要好于欣然接受这种崇拜的诸神的存在，这些神如此傲慢，如此小气，也如此轻易地就被冒犯。

13. 高卢人①和斯库泰人（Scythians）②对于诸神彻底没有观念、没有幻象、没有传统，这难道不比相信诸神存在且喜好人祭之血，并认为这是［171C］最完美的献祭和最神圣的仪式更好？另外，迦太基人（Carthaginians）让克里提阿斯（Critias）或狄阿戈拉斯（Diagoras）③从一开始便为他们制定法律，这样他们便不再相信精灵，也不再相信诸神，这岂不比他们曾经向科诺诺斯（Cronos）献祭那样进行献祭要好？④但这些都不是恩培多克勒（Empedocles）批评那些献祭活物的人时⑤所描述的样子：

虔敬之父的可爱儿子形神大变，
父亲将他放上祭坛亲手杀死。
真是愚昧之至！

不！他们是在完全知晓和理解之下亲自献出自己的孩子，那些没有孩子的人还会从穷人那里买来小孩子，然后将其杀死，好像他们就是羊羔或［171D］雏鸟；小孩的母亲这时站在一旁，却不流一滴眼泪，也不呻吟

---

① 凯撒（Caesar）：《高卢战记》（*Gallic War*）第6卷，16，以及斯特拉波（Strabo）第4卷，4.5。

② 参见希罗多德，第4卷，70—72。

③ 克里提阿斯和狄阿戈拉斯都是古代著名的无神论者。参见塞克斯都·恩皮里克《反博学家》（*Adersus Mathematicos*）第9卷，54；［普鲁塔克］：《哲学家们的学说》（*De placitis philosophorum*），880D，《论斯多亚学派的共同观念》，1075A。

④ 普鲁塔克说（《国王与统治者格言》175A和《筵席会饮》622A），叙拉古的僭主戈伦（Gelon）在公元前480年战胜迦太基人后便禁止了这种实践。但是，参见狄奥多洛斯，第20卷，14，此处暗示这种实践在后来复苏了。当然，这里的科诺诺斯相当于腓尼基的EI（希伯来的Moloch或Baal）。参见 G. F. Moore《〈圣经〉诸题》（*Biblical Notes*），刊于 *Journal of Biblical Literature* 第16卷，第161页，1897年。

⑤ 第尔斯：《前苏格拉底哲人辑语》第1卷，第275页。

一下；可是，倘若她哪怕只是呻吟一下或流下一滴眼泪的话，她就拿不到钱，① 即便她的孩子被献祭了；雕像前的整个区域充满笛鼓喧闹，这样人们就听不到悲痛的哀号了。然而，如果提丰（Typhon）和巨灵（Giants）赶走诸神并统治我们，他们会被什么样的牺牲取悦，或者他们会要求什么样神圣的仪式呢？克塞尔克瑟斯（Xerxes）的妻子阿迈斯忒里斯（Amestris）活活烧死了十二个人，② 以此作为她取悦哈德斯的献祭，而柏拉图说"哈德斯"的名称来自他是仁慈的，[171E] 智慧的和富有的，③ 以说服和理性控制着亡灵。自然哲人克塞诺芬尼（Xenophanes）看到埃及人在他们的节庆上拍打胸脯和悲叹时，他友好地提醒他们："如果这些东西是诸神"，他说，"那就别为他们悲伤；而如果它们是人，那么就别向他们献祭。"④

14. 但是，没有一种疾病会像迷信那样包含如此之多的错误和激情，会包括如此矛盾的，更准确说是敌对性的意见。因此，我们一定要以既安全又便捷的方式远离迷信，不要像那些人一样，为了逃离劫匪或野兽的攻击，或为了逃离火灾而鲁莽和盲目地四处乱跑，[171F] 结果却冲进了处处都是陷阱和绝壁的荒野之地。因为，正是像这样，一些试着逃离迷信的人冲进了粗糙而冷酷的无神论，而忽略了位于二者之间的 [真正] 虔敬。⑤

---

① 因为她的行为的坏征兆会取消此次献祭的好结果。
② 希罗多德，第 7 卷，114；但是比较《历史》第 3 卷，35。
③ 这指的可能是柏拉图的《克拉底鲁》，403a—404b，此处以重复了源自 πλοῦτος（富有）的普鲁托（Pluto）的常见词源，还有源自 πάντα τὰ καλὰ εἰδέναι（知道所有的善）的哈德斯（Hades）。
④ 这种说法还见于普鲁塔克的《论伊希斯与俄赛里斯》379B 和《爱之书》763C，《拉刻岱蒙格言》228E 也提到了这种说法，亦见亚里士多德《修辞学》第 2 卷，第 23 节和第 27 节。
⑤ 一种亚里士多德式学说的运用，即德性在于两个极端（恶）之间的中道。

# 论德尔斐神庙的 E

（对话参与者：阿莫里乌斯［Ammonius］，兰帕里阿斯［Lamprias］，普鲁塔克，忒昂［Theon］，欧斯忒罗弗斯［Eustrophus］，尼坎德［Nicander］以及其他一些未列名者）

1. ［384D］亲爱的萨拉皮昂（Sarapion）①，不久前，我得到了几行作得不差的诗句，狄凯尔科斯（Dicaearchus）认为这是欧里庇得斯②对阿凯劳斯（Archelaus）说的话：

> 我不会给富人送糟糕的礼物，
> 以免你认为我愚蠢，或者以为我
> 是在通过送礼来牟取回报。

因为一个家境贫困却要给富人送小礼物的人是毫无意义的；而且，既然没人相信他送礼毫无目的，［384E］他这么做还额外让人觉得心术不正和奴颜婢膝。同样要看到的是，就慷慨和高贵而言，金钱礼物是如何远逊于由言辞和智慧所给予的东西，后者既是高贵的礼物，也适宜于要求从接受者那里得到类似礼物的回报。故而，由于我送给你，并通过你送给你那边我们的朋友们一些皮提亚（Pythian）谈话——就像我们的初果奉献一样，我得说我正在期待来自你和你的朋友又多又好的谈话，因

---

① 一位在普鲁塔克的时代生活于雅典的诗人；参见普鲁塔克《论皮提亚的神谕》，396D及以下和《筵席会饮》，628A。
② Nauck：《古希腊悲剧辑语》，欧里庇得斯，969。阿凯劳斯是约公元前5世纪末时的马其顿国王。

为你不仅享有一个伟大城邦①的所有好处,而且还拥有大量闲暇沉浸于诸多书册和各种讨论中。

我们所敬爱的阿波罗(Apollo)似乎[384F]通过给那些询问他的人以神谕回答,从而为我们生活中的困惑提供了某种补救和解决办法;但是就与我们的理性相关的困惑而言,神似乎主动向那些天性爱智慧的人提出问题,以便在灵魂中产生导向真理的热望;② 这一点体现在许多其他方式中,而尤其体现在 εἶ(E)的献词中。③ 因为有可能既不是由于偶然,也不是由于拈阄挑选[385A]才使得这个字母在神面前独占鳌头并成为神圣献祭和值得观看之物;有可能那些早先寻求关于神的智慧的人要么在这个字母中发现了某种特殊的和不寻常的力量,要么将这个字母当作象征某种意义重大事物的符号,于是便采纳了它。

在许多其他时候,当人们在学校中提到这个主题时,我都默然不应绕过去。但是最近,我的儿子们出人意料地发现我与一些异方人进行了一场热烈的讨论,由于这些异方人打算很快离开德尔斐,回避这一讨论就不合适了;对我来说,同样不合适的是不参与讨论,因为他们都热切希望对这个[讨论主题]有所了解。因此,[385B]我在神庙附近请他们坐下,然后我开始寻求答案并向他们提问。由于受到这个地方和对话本身的影响,我回忆起当年尼禄(Nero)在这里时我听到的阿莫里乌斯④和其他人的讨论,当时,人们也以同样的方式提到了同样的困惑。

2. 这位神[阿波罗]不仅是预言者,而且是哲学家。阿莫里乌斯似乎向所有人提出并正确地证明了这一点,他诉诸的是这位神的几个头衔;对那些开始学习和探求的人而言,阿波罗被称为"皮提俄斯"

---

① 雅典在此时已经成为一个大城市许多世纪了。
② 参见普鲁塔克《筵席会饮》,673B。
③ 参见普鲁塔克《论神谕的衰微》,426E。
④ 他是在雅典讲学的逍遥学派哲人,但更是一位柏拉图主义者,普鲁塔克曾经受教其门下。——中译者注

(Pythian，探求者）；对那些逐渐明白和了解真理的某些部分的人而言，阿波罗被称为"德里俄斯"（Delian，清晰）和"法奈俄斯"（Phanaean，展示）；对那些有知识的人而言，阿波罗被称作"伊斯墨尼俄斯"（Ismenian，认知）①；对积极享受谈话和哲学对话的人而言，阿波罗被称作"莱斯克塞诺尼俄斯"（Leschenorian，谈话者）。"既然"，他说，"探求便是搞哲学的开端，而惊奇与困惑则是探求的开端，② 那么似乎自然的是，关于这位神的大多数东西都应当被隐藏于谜语之中，其意旨和原因都有待人们的解读和说明。比如，就不死圣火来说，为何松树是此处唯一用于燃烧的木材，而月桂树则被用来提供香味；为何此处有两座命运神（Fates）的雕像，③ 而三座则是其他各地的传统数字；［385D］为何妇女④不被允许进入占卜神坛；还有三脚鼎问题；以及这类性质的其他问题。只要一个人不是毫无理性和心智，遇到这些问题时就会被引诱去考察，去理解，去讨论它们。另外，也请注意到此处的这些铭文:⑤ '认识你自己'（Know thyself）和'勿过度'（Avoid extremes），它们激起了多少的哲学探求，产生了多少的言辞，就像丰产的种子一样！我认为，与它们每一个相比，我们目前的探求也会产生同样丰富的言辞"。

3. 当阿莫里乌斯说到这一点时，我的兄弟兰帕里阿斯说："实际上，我们听到的说法是简单的和非常简短的。因为这些说法认为，［385E］那些被有些人称作'贤哲'（Sophists）的贤哲（wise men）实际上有五个：喀隆、泰勒斯、梭伦、庇阿斯，以及皮塔科斯。但是当林狄俄斯（Lindians）的僭主克莱奥布洛斯，以及后来科林斯的珀里安

---

① 普鲁塔克试图将 Ἰσμήνιος 与 ἰδ-（οἶδα，知道）联系起来，这很难说是正确的。
② 参见柏拉图《泰阿泰德》，155d。
③ 参见泡赛尼阿斯，第 10 卷，24.4。
④ 参见欧里庇得斯《伊翁》（*Ion*），222。
⑤ 参见《七贤会饮》，164B，《皮提亚神谕》，408E，《论饶舌》511A。

德——他们毫无德性和智慧，但靠着权力、朋友和施惠而强行获得了名声——挤入了这一'贤哲'名号之中后，便也在希腊发布并传播某些非常类似于那些贤哲的说法。这些贤哲当然不乐意看到这一情形，却不愿去揭穿这种欺诈，[385F] 也不愿为了名声而引发公开的恨意，或是与这些强者对抗。贤哲们自己在此地聚集，彼此商议之后，他们奉上了一个字母，这个字母在顺序上是第五个，① 代表了数字五，以此在神前证明他们自己是五个人，否定和拒绝了第七个和第六个人，因为这些人与他们没有关系。这种说法不无道理，如果我们听到过命名凯撒（Caeser）之妻莉薇娅（Livia）的圣坛是金 εἶ，[386A] 命名雅典人的圣坛为铜 εἶ 的话；而第一个和最古老的那个圣坛是木制的，但人们迄今依旧称之为"贤哲之 εἶ"，就好像这不是一个人的，而是所有贤哲们的献祭。"

4. 阿莫里乌斯偷偷地笑了，他私下怀疑兰帕里阿斯沉迷于自己的意见中，对一件自己并不知晓的事情杜撰些历史和传闻。在场者中有人说，这些话类似于某些迦勒底（Chaldean）异方人不久前在这里胡扯的话：在字母中有七个元音，在天上有七颗独立自由运动的星辰；[386B] 从元音顺序看，第二个是 εἶ ② 而太阳则是月亮之后的第二颗行星；实际上几乎所有希腊人都认为阿波罗和太阳是同一个。③ "但是这些"，他说，"全都来自传闻闲聊而已"。

兰帕里阿斯显然无意间激起了那些与这座神庙有关之人来驳斥他的话。因为对于他说的话，没有一位德尔斐人听到过；相反，他们自己通常会提出向导说的一个普遍和传统的看法：不是这个字母的外表也不是其声音，而只是其名字本身包含了某些深奥含义。

5. "正如德尔斐人认为的"——[386C] 祭司尼坎德在此时代表

---

① 译者按：前五个古希腊语字母顺序依次是 α, β, γ, δ, ε。
② 译者按：古希腊语的元音，按照字母表顺序依次是 α, ε, η, ι, ο, ω。
③ 参见普鲁塔克《"不为人知的生活"是个好准则吗？》（*De latenter vivendo*），1130A，或者《论伊希斯与俄赛里斯》，381F，或者《德尔斐神庙的 E》，393C。

德尔斐人说——"因为它是询问这位神时的形态与格式,在咨询神谕的人的每一个问题中,这个字母都拥有首要的地位:人们求问自己'是否(if)会胜利','是否该结婚','是否有利航海','是否要耕种','是否要去外邦'。① 但智慧的神会愉快地忽视那些善辩证术之人,这些人认为,没有什么真实的东西会出自'εἰ'(是否)这个部分,求问者所考虑的行为与'εἰ'加在一起,才是真实的事情并欢迎这类求问。而且,由于像求问占卜者一样求问这位神是我们的私人事务,但像对神那样向这位神祈祷,这对所有人都是共同的,[386D]他们就认为这个字母所包含的祈愿力不弱于疑问力:'但愿我能'(if only I can)表达的就是祈愿,而且阿基洛科斯②也说:

但愿我能相信列奥布勒斯(Neobules)的话。

而在使用'但愿'(if only)的时候,他们说,加上去的第二个词是多余的,就像索弗罗洛斯(Sophronus)③的'当然'(surely):

当然也需要孩子。

还有荷马的话:④

当然,我会毁灭你的力量。

---

① Hunt 和 Edgar 主编的《纸草文献选》(Select Papyri)(Loeb 本)第 1 卷,第 436—438 页(编号 193—195)介绍了这份长长的问题清单。
② Bergk:《古希腊抒情诗人集》第 2 卷,第 402 页,阿基洛科斯,71;或者 Edmonds:《挽歌与扬抑格》(Elegy and Iambus)第 2 卷,第 134 页。
③ Kaibel:《古希腊喜剧辑语》,第 160 页,索弗罗洛斯,36。
④ 《伊利亚特》第 17 卷,29 行。

但是，正如他们说的，'是否'充分显明了祈愿的力量。"

6. 在尼坎德说了这些之后，我的朋友忒昂，我认为你是知道他的，他问阿莫里乌斯在听到这样的侮辱之后，[386E] 辩证术是否可以亮出自己的看法。阿莫里乌斯鼓励他畅所欲言并援助辩证术，于是忒昂说："这位神可是最善辩证术的，他的诸多神谕已清楚地显明这一点；因为这同一个神既解决问题又制造含混。此外，正如柏拉图说过的，当神谕指出应在德洛斯岛上扩建祭坛时（加倍；这是个在几何学上要求极高的任务），① 这位神其实并非如此命令，而是要求希腊人研究几何学。同样，当这位神给出含混的神谕时，[386F] 他是旨在提升并强化辩证术，这对于那些希望正确理解其意思的人而言是不可或缺的。也许，在辩证术中，这种连词有着最大的力量，因为它给予了我们最合乎逻辑的三段论形式。假言三段论的特征正是：我们承认甚至连野兽也认识到万物的存在，但是自然只赋予了人类观察和判断结果的能力。[387A] 狼、狗和鸟肯定能感觉到'现在是白天'和'现在天亮'。但是，'如果（εἰ）现在是白天，那么现在天亮'的命题除了人之外，没有什么动物能理解，② 因为只有人能理解前提和结论，理解这些事物彼此之间的内涵与关联，以及它们的性质与差异，由此我们的证明便获得了最有权威的起点。因为哲学是关于真理的，而阐明真理就是证明，证明的起点是假言三段论。于是，贤哲便由充分地将造成关联、产生假言三段论的这一强有力因素献给这位热爱真理的神。"

[387B] "此外，这位神还是一位预言者，而预言术关切的是源自于现在和过去的事情如何与将来的事情有关。因为，生成（origin）不是没有原因的，预知也不是非理性的；相反，由于所有现在的事情都与

---

① 参见普鲁塔克《论苏格拉底的精灵》，579B—D；对于立方体的加倍，参见 T. L. Heath《希腊数学指南》(*A Manual of Greek Mathematics*, Oxford, 1931)，第 154—170 页。
② 参见阿尼姆（von Arnim）《早期斯多亚学派辑语》第 2 卷，216（第 70 页）和 239（第 78 页）。

过去的事情密切相关，所有未来的事情都与现在的事情息息相关，都是根据某种常规程序使万物从始至终实现自身，故而只要一个人与自然一致，懂得如何找出诸原因之间的关联和相互关系，他就会知道并指出：

> 现在，将来和过去的一切事情。①

在顺序上，荷马很好地将现在放在第一位，然后是将来和过去，因为基于假设的三段论的来源就是事物之'是'（what is）；比如，'如果这是，则那已经先是'，还有［387C］'如果这是，则那也将是'。正如已经说过的，此处的技术性和理性的成分正是关于结论的知识；而感觉则为论证提供前提。因此，有个比喻尽管不那么贴切，但我还是要说：论证就是真理的三脚鼎，它建立了结论和前提的必然关系，然后，在假定前提存在之后完成整个证明。因此，如果皮提亚之神能在音乐、天鹅的歌唱和基忒拉琴的声音里都找到快乐的话，那么，由于他对辩证术的喜爱，［387D］他赞成并爱上他见到哲人们在交谈中经常使用的推理中的这个逻辑成分，这又有什么可惊讶的？"

"在赫拉克勒斯（Heracles）解救普罗米修斯（Prometheus）或者同克伊农（Cheiron）和阿忒拉斯（Atlas）周围的贤哲交谈之前，由于他当时还年轻且是个十足的波俄提亚人（Boeotian），② 他想要消灭辩证术；他嘲笑'如果首先，那么其次'的推理，并决定强行拿走三脚鼎，③ 与这

---

① 荷马：《伊利亚特》第 1 卷，70 行。
② 译者按：Boeotian 在古希腊语中代表"愚蠢、迟钝之人"。
③ 参见普鲁塔克《论神谕的衰微》，413A，《论神的惩罚的延迟》（《De Sera Numinis Vindicta》），557C，560D；泡赛尼阿斯，第 10 卷，13.4. 阿波罗多洛斯（Apollodorus）：《书藏》（Bibliotheca），第 2 卷，6.2（对观 Frazer 在 Leob 本中的注释）；Roscher：《古希腊和罗马神话辞典》（Lexikon der Griechischen und Römischen Mythologie），第 1 卷，第 2213 页；Baumeister：《古典时代的遗迹》（Denkmäler Der Klassischen Altertums）第 1 卷，第 463 页及以下。描写赫拉克勒斯拿走三脚鼎的尝试的画见于德尔斐博物馆的西福诺斯库藏中（treasury of the Siphnians）。

位神的技艺一较高低。不过,随着年龄增长,他似乎最终也变得最善于预言和最善于辩证术了。"

7. 当忒昂停下来的时候,我认为是雅典人欧斯忒罗弗斯回答我们说:"你们看到[387E]忒昂是多么热情地为辩证术进行辩护吗,只有他穿上了狮皮?在这些情况下,我们这些在数论(Theory of Number)中安排所有事务,安排自然的和原初的,属神的和属人的事情,并且首先让这种理论在美和价值方面作为我们的引导和权威的人,就不能一言不发了;相反,我们倒是要为这位神献上我们所钟爱的数学作为初献,因为我们确实相信,就这个字母本身而言,εἶ的能力与形状与其他字母并无太大区别,εἶ之所以被荣耀,是因为它被认为是一个伟大的和权威性的数字'五'的标志,因此贤哲以'用五指计数'来[387F]称呼数数。"

欧斯忒罗弗斯并不是开玩笑地对我们这么说的,因为我当时正怀着极大的热情投身于数学,尽管我不久之后加入学园派,并注定很快全身心服膺"勿过度"这条箴言。①

8. 于是我说,欧斯忒罗弗斯以他的数极好地解决了这个难题。"因为",我接着说,"所有的数都可以被分为偶数和[388A]奇数,就其潜在力量而言,元一(unity)对偶数和奇数都是共通的,因为当元一加到[奇数和偶数]上去的时候,奇数就变成了偶数,偶数就变成了奇数,②而且,既然二是首个偶数,三是首个奇数,而五是这两个数的结合,那么五就非常自然地被尊崇为由首个数字产生的;此外,五还被称作'婚姻'③之数,因为偶数与女人相似,奇数与男人相似。④ 由于

---

① 参见普鲁塔克《论神谕的衰微》,431A。
② 同上书,429A。
③ 参见普鲁塔克《罗马问题》,263D,《论柏拉图〈蒂迈欧〉中灵魂的诞生》(*De anime procreatione in Timaeo*),1012E、1018C,以及亚历山大的克莱门式(Clement):《杂篇》(*Stromateis*)第5卷,第14章,93.4(第702页,Potter编)。
④ 参见普鲁塔克《罗马问题》,288C—E。

在数被分成的两个相等部分中，偶数彻底分离，并在其自身中留下一个接受性的开放空间；［388B］而在奇数中，当其被分离开时，总会因为划分而留下一个生产性的中间部分。所以，奇数比其他数更有生产性，在进行结合的时候，奇数总是支配而从未被支配。① 这两个数［偶数和奇数］的任何结合都不会从二者中产生一个偶数，但在它们的所有结合中却都会产生一个奇数。此外，当每个数加到自身上并与自身合并时就会显示出这两个数的差异。因为，偶数与偶数结合不会产生奇数，因为偶数由于软弱和缺少产生其他数的力量，是无力完成任何工作的，所以这个结合不会违背偶数本来的性质。但是，由于奇数无所不在的生产作用，奇数与奇数结合就会产生偶数的诸多后裔。［388C］此刻或许不是列举数的其他能力和差异的时候；我们只要说：毕达戈拉斯学派之所以称五为'婚姻'之数，是因为五是第一个男性数字和第一个女性数字的结合"。

"在此外的一种看法中，数字五被称为'自然'（nature），因为当其与自身相乘时，五就再次结束于自身之中。当自然接受了尚处于种子形式中的小麦并对其施加作用时，自然会在其生长期间产生许多形状和样式，从而完成小麦成熟的整个过程，在其终点上再次展现小麦，由此便在整个过程结束时将开端表现为自然的结果。同样地，其他数字的每一次自乘［388D］会由于增加而终止于不同的数中；而只有五和六，当它们自乘时会重复出现并保留它们的同一性。因为六乘以六是三十六，五乘以五是二十五；另外，六只有一次会是这样，这唯一的例子就是六与自身所产生的正方数；但是，对于五来说，五的任意次自乘都能产生这个结果。五还有个独一无二的特点：当五加到自身上时，五要么产生自身，要么产生十，② 只要这个相加持续下去，这样做便是无限

---

① 参见普鲁塔克《论荷马的生平与诗》（*Life and Poetry of Homer*），145（Bernardakis，第 7 卷，第 416 页）。

② 即是说，以 5 或 0 结尾的数。

73

的，因为这个数模仿了安排整全的本原。这个本原从自身之中创造宇宙，[388E] 然后又从宇宙中创造自身，正如赫拉克利特说的：'火交换整全，整全交换火，正如金子交换商品，商品交换金子'，① 同样，数字五与自身的结合自然不会产生什么不完满的和异质的东西，而是具有受限的变化，它所产生的要么是自身，要么是十，就是说，要么是自身本来的性质，要么是完满的整全。"

9. "如果有人问：'这与阿波罗有何关系？'我们则应该回答说，这不仅与阿波罗有关，还与狄奥尼索斯有关，他与德尔斐的关联并不比阿波罗少。② 我们听到当今的神学家们 [388F] 有时候在诗中、有时候在散文中宣称并吟唱说，这位神 [阿波罗] 就其本性而言是不死的和永恒的，但显然是由于一些命定的目的和原因，他本身会经历转化。有时，他使他的本性燃烧成火并使万物大同，有时，他又在形状、情绪和力量方面发生各种改变，就像宇宙现在所展现的那样；不过，人们通常以他最广为人知的名字称呼他。③ 然而，在那些贤哲向众人隐藏他转变为火 [这种情况] 之际，就因他的独存性而称他为阿波罗，因他的纯洁无染而称他为弗埃波斯（Phoebus）。[389A] 而至于他变成风和水、大地和星辰，变成植物和动物并采用这些外形，他们则以骗人的方式把他在转化中的遭遇说成是撕扯和肢解。他们称他为狄奥尼索斯，扎格莱俄斯（Zagreus）、吕克忒里俄斯（Nyctelius）和伊索岱忒斯（Isodaetes）；他们还讲到了他的毁灭和消亡，随后的复苏与重生——与前面说到的转化一致。这些说法都是谜语和毫无根据的故事。他们还向这位神吟唱激情饱满的酒神颂，伴以漫游与离散变形。[389B] 实际

---

① 第尔斯：《前苏格拉底哲人辑语》第 1 卷，第 95 页，赫拉克利特，B90。
② 参见普鲁塔克《论伊希斯与俄赛里斯》，365A，以及卢坎（Lucan）《论内战》（*De Bello Civili*），第 5 卷，73—74；对于这个谚语，参见普鲁塔克《罗马问题》，280D。
③ 参见斯托拜俄斯《古语汇编》第 1 卷，21.5（第 1 卷，页 184.11，Wachsmuth 编）。

上，埃斯库罗斯①说：

> 混杂的号叫所伴随的酒神颂，
> 最适合出现在狄奥尼索斯的纵酒狂欢中。

但是对于阿波罗，他们则吟唱赞歌，这是有度而节制的音乐。"

"阿波罗在艺术家的画作和雕像中都是青春永驻的，相反，这些艺术家会以多种样式和多种形状来描述狄奥尼索斯；他们将整体上的一致、有序、单纯的严肃归于阿波罗，而将结合了嬉戏、肆心、严肃和疯狂的某种无常易变归于狄奥尼索斯，他们这样呼唤他②：

> 哎哟，鼓动妇女的狄奥尼索斯啊，你喜欢
> 纪念你时的疯狂。

对于他的每种转化的特性，他们的理解并无不当。"

[389C] "但是，由于这些转化中的周期时间并不相等，那个他们称作'盈满'的周期要长一些，称作'缺乏'的周期要短一些，③ 于是他们便遵循这一比例，在为一年中的较长部分献祭时使用赞美歌；而在冬天开始的时候，他们则唤起酒神颂，让赞美歌安静下来，在祈祷这位神的时候使用酒神颂而不是赞美歌；因为他们认为，有序宇宙与本原大火（conflagration）的时间关系是三比一。"

10. "不过这些探讨已经超过这个场合所要求的。然而，人们明显

---

① Nauck：《古希腊悲剧辑语》，埃斯库罗斯，355。
② 参见 Bergk《古希腊抒情诗人集》第 3 卷，第 730 页，佚名，131；普鲁塔克再次引用在《论放逐》（*De exilio*）607C 和《筵席会饮》671C。
③ 参见阿尼姆《早期斯多亚学派辑语》第 2 卷，616（第 186 页）；斐洛：《论特别法》（*De Specialibus legibus*），1.208。

让'五'成为这位神的标志，他在某个时刻用自身创造自身，就像火一样；[389D] 在另一个时刻用自身产生十，就像宇宙一样。而且，在尤其能取悦这位神的音乐中，难道我们认为这个数就没有作用了？因为人们可以说音乐的主要功用与和声有关。这些和声恰好有五种，没有更多的了。理性可以向那些不愿使用理性而只用感觉在琴弦和音柱上探讨这些问题的人证明这一点①；因为这些和声都源自数字比例。四度音阶（第四个和声）的比例是四比三，② 五度音阶的比例是三比二，八度音阶的比例是二比一；八度音阶加五度音阶的比例是三比一，③ 双八度音阶的比例是四比一。[389E] 音乐家们还引入了其他和声，即所谓八度音阶加第四个和声的'额外音步'。但这是不应当接受的，因为这就是在听觉中偏好与理性相反的非理性成分了，这些成分甚至也可以说是与礼法相反的东西。现在，如果我不把关于四弦琴的五个音柱，④ 以及关于第一组五音调（tones，也可以称作'转调'或'和声'）的变化的讨论放在通过大小张力变化而产生的低音和高音的变化的讨论中，那么我就要问一下，虽然音程（interval）有很多种，准确地说有无限种，然而，是否曲调（melody）不止有五个，⑤ [389F] 即 1/4 调（quarter tone），1/2 调（half tone），1 调（tone），$1\frac{1}{2}$（a tone plus a half tone），以及双调（double tone）？还有，在音调的全域中，是否在受高音或低音所设定的限制之中，不可能再产生其他曲调了？"

11. "在这方面还有许多其他的例子"，我说，"我就不谈了。我仅只引证柏拉图，⑥ 他在谈到单一世界的时候说，如果除了我们的世界之

---

① 参见柏拉图《理想国》，530d—531c。
② 参见普鲁塔克《论柏拉图〈蒂迈欧〉中灵魂的诞生》，1018E。
③ 参见普鲁塔克《论神谕的衰微》，429E。
④ 同上书，430A，《论〈蒂迈欧〉中灵魂的诞生》，1021E 和 1029A。
⑤ 同上书，430A。
⑥ 柏拉图：《蒂迈欧》，31a。

外还有其他世界，而我们的世界并非唯一的话，那么就总共有五个世界，没有更多的了。① 然而，即便我们的这个世界是曾经被创造的唯一一个世界，正如亚里士多德②认为的，他说甚至我们的世界在某种程度上［390A］也是通过五个世界的结合而创造出来的，这五个世界中，一个是土，另一个是水，第三个是火，第四个是气，第五个是天——有些人称之为光，有些人称之为以太（aether），有些人称之为第五种存在（第五元素）；在各种形体中，只有第五种存在才自然地拥有圆周运动，这种运动并非出于外力的必然驱使，也不是出于其他偶然的原因。为此，柏拉图显然注意到了自然中五种最漂亮和最完美的形状，即三棱锥、立方体、八面体、二十面体和十二面体，他恰当地将每一个［形状］指派给一个［形体］"。

12. ［390B］"有些人将感觉能力与这些最初的元素联系起来，因为它们都有相等的数。他们看到，触觉是坚硬的东西，这就是土，而味觉则通过被尝食物中的潮湿来吸收这些食物的品质。当气受到震动的时候，就变成了声音和声响。至于剩下的两种感觉，味道是嗅觉接受来作为其一部分的，因为嗅觉是一种散发，由热产生，与火相似；而在因为跟以太和光有亲族关系而能够反射其目标的视觉中，以太和光会结合为一体，使视觉得以运作。生命物没有其他感觉了，这个世界也没有任何其他单一的和未结合的本性了；奇妙的分配与两两对应，已经在这种'五'与'五'［五种元素对五种感觉］的关联中［390C］完成了。"

13. 我在此时停了下来，过了一会儿之后，我说："欧斯忒罗弗斯，让我们不安的是，我们居然都忽视了荷马③，好像他不是第一个把世界划分为五个部分的人？因为他的确将中间的三种东西指派给了三位神，而两个极端，即天和地——一个是下面事物的边界，另一个是上面事物

---

① 参见普鲁塔克《论神谕的衰微》，421F，422F，430B，《哲人们的学说》，887B。
② 亚里士多德：《论天》（*De Caelo*），1.8—9（276a18）。
③ 荷马：《伊利亚特》第15卷，187行。

的边界——则是大家共享的,未作分配。"

"'但我们的讨论应当倒回去',正如欧里庇得斯①说的。那些赞扬'四'的人不无有益地教导我们说,所有固体都因这个数字才会生成。因为,既然每种固体都是由于长和宽获得了[390D]高才存在的,而且,由于长一定要以被分配给元一的单点为前提,而没有宽的长——被称作线——是二,线的横向运动产生了面,这是三,那么,当加上高时,这种增加便通过这四种因素而发展为固体。然而,对所有人而言明显的是,当四推动着自然完成一个固体并产生一个有形而坚硬的物块时,四却是自然[390E]缺少最重要的东西。简单地说,无灵魂之物是孤独的,不完美的,对什么东西都毫无益处,除非灵魂使用它。于是,在无灵魂之物中便出现了灵魂的工作,这是灵魂这一第五种元素在万物中所产生的变化,它赋予自然应有的完美,这可比四更加有力,因为生命之物在价值上远高于无灵魂之物。"

"此外,五——而不是其他任何数的——的匀称及其能力强大有力,不允许有生命之物堕入无限度的事物之中,而是产生了所有有生命之物的五种样式。因为正如我们所知的,存在着神、精灵、英雄,以及此后的第四种,即人②;第五种也是最后一级生物是无理性的[390F]动物。"

"再者,如果你要根据自然来划分灵魂的话,第一个也是最模糊的部分是灵魂的营养部分(nutritive),其次是感觉部分(perceptive),然后是欲望部分(appetitive),此后是血气部分(spirited),但是当灵魂达到理性能力时,就完成了其本性,停留在其最高的第五元素之中。"③

14. "这个数拥有如此多方面的强大力量,其出身也是高贵的。它

---

① Nauck:《古希腊悲剧辑语》,欧里庇得斯,970;重现于普鲁塔克的《论神谕的衰微》431A。
② 参见普鲁塔克《论神谕的衰微》,415B。
③ 同上书,429E。

不是像我们前面说过的由二和三组合成，而是由开端与第一个正方数结合而产生。[391A] 因为，元一是所有数的开端，四是第一个正方数①；从这两个数，就像从完美的形式和质料那样产生了五。如果将一作为第一个正方数的看法是正确的话，那么，既然一自身便有能力产生自身，作为最初两个正方数的后代的五，就不缺少极其高贵的出生。"

15. "但是"，我说，"我所担忧的最重要之事，一旦说起来或许会让我们的柏拉图苦恼，就像他曾说阿那克萨戈拉（Anaxagoras）苦恼于月亮的名字，因为后者曾试图声称某种关于月亮发光的非常古老的看法是他自己的。难道柏拉图没有在他的《克拉底鲁》（Cratylus）中说过这些吗？"②

"当然说过"，欧斯忒罗弗斯说，"但是我看不出这有什么相似之处"。

"好吧，你当然知道，在《智术师》（Sophist）③ 中，柏拉图证明了最高的第一原理有五个：存在（Being），同（Identity），异（Divergence），除此之外的第四个和第五个是运动（Motion）和静止（Rest）。但是在《菲丽布》（Philebus）④ 中，他却运用了另外一种划分方法并认为，第一种是无限（Infinite），第二种则是有限（Definite），从这两种的结合中则出现了所有的生成物。使这二者结合的原因，他认为是第四种东西。他让我们[391C] 猜测第五种东西，由于这第五种东西，结合的事物便再次产生分离和裂解。我推断，这些东西意欲成为与前一种划分得出的东西相对应的比喻性表达，生成对应于存在，无限对应于运动，有限对应于静止，结合对应于同，分离对应于异。但是，即便这两种分类讲的并非一回事，他的划分法总是把存在分成五个

---

① 参见普鲁塔克《论神谕的衰微》，429E。
② 柏拉图：《克拉底鲁》，409a。
③ 柏拉图：《智术师》，256c。
④ 柏拉图：《菲丽布》，23c。

种类。"

"显然,由于有些人在柏拉图之前就已经看到这一点,他们为此献给神 εἶ,以之作为所有元素的数的证明和象征。"

"此外,柏拉图观察到善显露于五个范畴之中①,[391D] 即,首先是尺度,其次是恰当比例,第三是理智,第四是灵魂的知识、技艺和正确意见,第五是纯粹而不混杂痛苦的快乐,——他停在此处,并说了俄尔甫斯(Orphic)的一句话:

在第六代的时候停止目前的歌唱。②"

16. "在我对你们说了所有这些之后",我说,"为了尼坎德的朋友,'我会再歌一曲短诗'。③ 因为在新月的第六天,当皮提亚女祭司下到议事厅时,你们最初的三次抽签中的第一次要投五下,皮提亚投三下,你们投二下,每一下都关系到了另一下。事实上不是这样吗?"

[391E] "是的",尼坎德说,"但其中原因,不可为外人道"。

"那么",我笑着说,"直到我们成为圣人的时候吧,那时神会允许我们知道真相的;我们也应该将这一点加到为了五所说的话里去"。

于是,我记得,对 εἶ 数的和数学的赞美的讨论就这样结束了。

17. 由于阿莫里乌斯明确认为哲学的重要部分并不包含在数学中,他对这些说法感到高兴,他说:"然而,与年轻人过于精确地辩驳这些问题是不值当的;其实,所有的数 [391F] 都可以获得许多赞美和吟唱。我们有必要对其他的数说点什么呢?因为,即便是讲述阿波罗的神圣之七(the sacred Seven)的所有能力就将会耗掉一整

---

① 柏拉图:《菲丽布》,66a—c。
② 《俄尔甫斯辑语》,14。
③ 《俄尔甫斯辑语》,334;普鲁塔克再次引用在《筵席会饮》636D。

天的时间。接着，我们还要批评贤哲'敌视'共同的礼法以及'长久岁月'，① 如果他们打算将七从其荣誉地位中驱逐，然后将五献给这位神，就好像五要更近于他一样的话。因此，我的看法是，这个字母所暗示的不是数，不是秩序，不是连词，也不是言说的任何从属部分，［392A］不，这个字母是自足的，是对这位神的致献和问候，说出这个字母的人会由此而想到这位神的力量。因为，当我们靠近这位神的时候，他会对我们每个人说出'认识你自己'② 这样的话来表示欢迎，这肯定不比'你好'（Hail）差；而我们反过来回答：'您是'（Thou art，您永在），就好像我们正在称呼他，这是一种诚实的，毫不虚伪的称呼，而且是唯一适合他的，即对他的存在的肯定。"

18. "实际上，我们并不分有存在；③ 相反，有死者本性的每一方面都位于生成和消亡之间，④ 只是存在的一种暗淡不明的表象和相似者；［392B］你在试图理解它的时候如果运用思想的话，这就像是在用力抓水，当紧握的时候，水却从指间流走了；⑤ 同样，当理性追求搞清楚这些容易受到影响和改变之物时，会迷惑于表象的生成方面或是消亡方面；因此，要理解一个真正存在不变的事物是不可能的。"

"'要两次踏入同一条河是不可能的'，正如赫拉克利特所说，⑥ 要两次抓住有死者的永恒存在也是不可能的；由于变化的突然和迅速，有死的存在［392C］'一会儿消散，另一会儿聚集'，或者相反，不是一

---

① 参见 Bergk《古希腊抒情诗人集》第 1 卷，第 522 页，西蒙尼德，193，以及 Edmonds《古希腊抒情诗》（*Lyra Graeca*）第 2 卷，第 340 页（Loeb 本）；普鲁塔克还在《论伊希斯与俄赛里斯》359F 和《忒修斯传》（*Life of Theseus*）10（4F）提到这一点。
② 参见柏拉图《卡尔米德》，164d—f。
③ 参见斐洛《论约瑟》（*De Iosepho*），125（第 22 章）。
④ 参见第尔斯《前苏格拉底哲人辑语》第 1 卷，第 15 页，阿那克西曼德，9；柏拉图：《斐多》，95e；阿尼姆：《早期斯多亚学派辑语》第 2 卷，594（第 183 页）。
⑤ 参见普鲁塔克《论共同观念：驳斯多亚学派》，1082A。
⑥ 参见第尔斯《前苏格拉底哲人辑语》第 1 卷，第 96 页，赫拉克利特，91。普鲁塔克还在《论神的惩罚的延迟》559C 提到了这则名言。

81

会儿也不是之后,而是同时聚合和分散,'来了又去'"。

"因此,有死的事物所产生的东西绝不会获得存在,这是生成的永无止境的过程性所导致的:从精子中产生胚胎,然后是婴儿,接着是孩子,青少年,年轻人,成年人,中年人,老人,以及这不断消解前面的生成和年龄。但我们居然会对一个人的死亡有一种荒谬的恐惧,我们这些人可是已经死过多次并正在死去的啊!因为正如赫拉克利特曾说过的①,气生于火之亡,水生于气之亡[392D],不仅这是清楚的,我们从自身中看到的东西更加清楚:当老年人出现时,壮年人便消亡了;青年人消亡成壮年人,小孩子消亡成青年人,婴儿消亡成小孩子。昨天的人已经死去,因为他已经进入了今天的人;今天的人正在死去,因为他进入了明天的人。没有人能保持自身,或是'是'这同一个人;相反,我们成为许多人,其实就是质料因无法察觉的运动而被刻上了某人的外表和模子。②另外,倘若我们能够保持这同一个人的话,那我们怎么会以现在的事物为乐,但之前我们却以其他事物为乐呢?我们怎么会爱或者恨相反的事物,惊讶和责备也不同了,[392E]我们使用其他的话语,感受其他情绪,不再拥有这同一个人的外貌,不再拥有相同的外形或者思想?因为如果没有变化的话,一个人有不同的经历和情感便是不合理的;而如果人变化了的话,他就不是这同一个人了;而如果他不是同一个人,他就不'是'[存在]了,相反,他改变了他自己,因为他里面的一个人取代了另一个人。我们的感觉由于对实在的无知,错误地告诉我们显现之物'是'[存在]。"

19. "那么,到底什么是真正的'存在'呢?存在是永恒的,没有生成也没有消亡,不会被时间引发改变。因为时间是某种处于运动之中的东西,出现在与运动着的质料的关联之中,永远流动,不保持任何东

---

① 参见第尔斯《前苏格拉底哲人辑语》第 1 卷,第 93 页,赫拉克利特,76。
② 参见柏拉图《蒂迈欧》,50c。

西，就像是消亡与生成的容器；时间词'之后'（afterward）和'之前'（before），'将是'（shall be）和'已是'（has been），一旦说出它们，它们［392F］就成为对非存在（Not Being）的承认。因为，说出那种还没有出现（为存在）的，或者就像在说存在的东西那样说那些已经不再存在［是］的，这都是愚蠢荒谬的。而那种我们赖以支持时间观念的东西——正如我们说这样的话'现在在这儿'（it is here），'现在在手边'（it is at hand）以及'现在'（now）——所有这些尤其会被理性所拒绝和推翻。因为当我们将现在视作顶点时，'现在'就被挤入未来和过去中，［393A］这是由于'现在'必然会遭遇划分。而且，当自然被度量时，如果自然也像度量者一样经受这同一过程的话，那么，自然中便没有任何东西是持久的甚至是'存在'的，相反，所有事物都根据它们所分到的时间而处于生成和毁灭之中。因此，就'存在'［是，ontos］而言，说其'曾是'（was）或者'将是'（shall be），都是不敬的；因为这些说法说的都是某种派生、转换和改变，本质上属于那些缺乏持久存在的事物。"

20. "但是，神'是'（is，存在）（如果有必要这么说的话），而且不仅只是在某一段时间中'是'，而是在无运动、无时间和无变化的永恒中'是'［存在］，在此当中，没有'之前'也没有'之后'，没有'将来'也没有'过去'，没有'更老'也没有'更年轻'；相反，由于是一（One），神只要以一个'现在'便可以完全充满'永恒'；［393B］只有以这样的形式'是'［存在］，才是真正的存在，而非'已是'或者'将是'，既不会有开始，也不会有结束。因此，当我们向神表达敬意的时候，我们应该以'您是'这句话向其致意；或者凭宙斯之名，正如一些古人所做的，说'您是一'（Thou art One）。"

"实际上，这位神不是多，并不像我们每个人那样由各种经历产生的繁多成分所构成，是随意组合起来的异质聚合物。相反，存在一定是

83

一，就像一一定是存在一样。'异'因为偏离了存在，便进入非存在的生成之中。[393C] 因此，这位神的第一个名字十分符合这位神，第二个和第三个名字也是如此。这位神是'阿波罗'，那就是说否认'多'①和避免多样性；是'伊埃伊俄斯'（Ieius），②即一和唯一；是'弗埃波斯'③，这是古人经常赋予所有纯洁无染者的名字；我认为，甚至是现在的忒萨利人（Thessalians）在斋戒的日子里，当他们的祭司在神庙外面独处时，他们也说这些祭司在'守弗埃波斯'（are keeping Phoebus，自我洁净）。"

"元一是单纯和纯净的。因为，正是通过一物与另一物的混合才会产生污染，正如荷马④在一些地方说的，象牙染上红色就是受到了'污染'，染色的人也说混合的颜色是'变质'的；⑤ 他们称混合为'使其变质'。⑥ [393D] 因此，一和非混合者从本性上说就是不朽的和纯洁的。"

21. 有些人认为阿波罗和太阳是同一个。⑦ 我们应当欢迎并喜欢他们，因为他们在颂扬中将这位神的观念置于他们所知的和渴望的最受尊崇之事中。但我们也看到，他们这么做只是在最美的梦中朦胧地见到这位神；让我们叫醒他们，鼓励他们登得更高，以便清醒看到这位神的存在本身。他们可以尊崇这位神之太阳形象并崇拜与这个形象 [393E] 相关的生育能力；因为这样做的话，经由感觉所认识到的东西就有可能获得理智认识对象的形象，并通过运动物体而获得不动者的形象。这一形象多多少少反映出这位神的仁慈和福祉。至于人们所说的⑧这位神释

---

① 参见普鲁塔克《论伊希斯与俄赛里斯》，354B，382F，《论德尔斐神庙的E》，388F。
② 毫无疑问，'Ἤιος 源于 'Ἴη，这是一种在祈求阿波罗时的哭喊声，但普鲁塔克却让 'Ἤιος 源于 ἴα，ἴης，这是一个史诗语词，意为"一"。
③ 参见上文，388F 及普鲁塔克，《论神谕的衰微》，421C。
④ 荷马：《伊利亚特》第4卷，141行。
⑤ 参见普鲁塔克《罗马问题》，270F 及《论神谕的衰微》，436B。
⑥ 参见普鲁塔克《筵席会饮》，725C。
⑦ 参见上文，386B 及普鲁塔克《"不为人知的生活"是个好准则吗？》，1130A。
⑧ 参见上文，389C。

放火焰并随之变化转换，燃烧下来，蔓延到大地、海洋、风、动物上，给动物和植物带来可怕的灾难等等，这些故事即便听听也是不敬的；否则的话，这位神就会比诗人①笔下在沙里玩堆东西，然后又推倒的游戏的小孩还差劲；如果这位神一直在和宇宙玩这个游戏的话，那他就是在制造出一个［393F］不存在的世界，并在其被造出来之后又将之摧毁。因为相反，只要这位神以这种或那种方式出现在这个世界之中，那他的出现就总是将世界的存在与他自己绑在一起，使世界战胜其身体倾向于毁灭的弱点。我认为，我们完全应该对这位神说"您是"，这么做就是反对并否定了上述说法，因为我们相信这位神不会有任何变形和变化，相反，这些行为和经历乃是属于别的某位神，或者准确说是某个精灵，他们负责管理的就是处于毁灭和生成之中的自然；这一点，可以从那些似乎正相反对的名字中明显看出来。因为，这一位神被称作"阿波罗"（Apollo，非多），另一位神则被称作"普鲁托"（Pluto，多）；这一位神被称作"德里俄斯"（Delian，显现），另一位神则被称作"埃多莱俄斯"（Aidoneus，不可见）；这一位神是"弗埃波斯"（Phoebus，光明），另一位神则是"斯科提俄斯"（Scotios，黑暗）；这一位神与缪斯（Muses）和记忆（Memory）有关，另一为神则与遗忘（Oblivion）和沉默（Silence）有关；这一位神是"忒奥里俄斯"（Theorian，可见）和"法莱俄斯"（Phanaean，揭露），另一位神则是

黑暗之夜与空虚之眠的王②；

而且是

---

① 参见荷马《伊利亚特》第15卷，362行。
② 参见普鲁塔克《"不为人知的生活"是个好准则吗？》，1130A；Bergk《古希腊抒情诗人集》第3卷，第719页，佚名，92；或者Edmonds《古希腊抒情诗》第3卷，第452页。

诸神中最恨有死之人的。①

[394B] 而对于阿波罗，品达②高兴地说

> 他被认为是诸神中对有死之人最温和者。

欧里庇得斯③也恰当地说

> 为已经逝去的死者奠酒悲歌，
> 是金发的阿波罗所不为的。

而甚至在品达之前，斯忒西科洛斯（Stesichorus）④说，

> 竖琴、运动与歌唱
> 是阿波罗的最爱
> 悲伤与哀号则为哈得斯所拥有。

显然，索福克勒斯⑤在下面的话里向这两位神各自分派了一种乐器：

> 十弦琴与里拉琴
> 不受悲痛的待见。

---

① 荷马：《伊利亚特》第9卷，159行。
② 品达，辑语149（Christ编），普鲁塔克在《论神谕的衰微》413C和《伊壁鸠鲁实际上使快乐生活不可能》1102E 也有引用。
③ 欧里庇得斯：《祈援人》，975。
④ Bergk：《古希腊抒情诗人》第3卷，第224页，斯忒西科洛斯，50；或者 Edmonds《古希腊抒情诗》第2卷，第58页。
⑤ Nauck：《古希腊悲剧辑语》，索福克勒斯，765。

"事实上，直到非常晚近，长笛才敢于对［394C］'快乐之事'发出声音，但在很早的岁月里，长笛是用在悲痛哀悼中为这些场合服务。这种用处既不荣耀，也不令人开心。后来，长笛才一般来说与所有的事情都有关了。那些将诸神的性质与诸精灵的性质相混同的人，尤其使自己陷入混乱之中。"

"但对此还可以多说一点：'认识你自己'似乎与'您是'相反，不过似乎又以某种方式与之一致，因为前者是敬畏而虔敬地献给这位贯穿永恒而存在的神的，而后者则提醒必死之人自己的自然本性和弱点。"

# 论伦理德性

1. ［440D］我的目的是讨论一下关于被称作也被认为是"伦理"（moral）的德性，这种德性尤其不同于沉思性德性之处在于：伦理德性以激情为质料，以理性为形式；我将探求其本质，以及它如何因其本质而存在；我还要讨论灵魂接受伦理德性的这个部分是否具有自身的理性，或是分有了某些其他部分的理性；如果是分有了其他部分的理性的话，其方式是否就像元素与比自身更好的东西相混合，还是灵魂的这个部分受到另一部分的引导和统治，从而在这个意义上也可以说是分有了那个统治部分的能力。因为，德性有可能［440E］完全独立于质料而生成且持存，与其不发生任何关系，我认为这是十分明显的。然而，我最好是扼要检查别人的（不同）看法，这倒不是为了探究它们，而是为了通过呈现这些相关观点，使我自己的看法拥有更清晰和更坚固的基础。

2. 埃莱忒里亚（Eretria）的默涅德莫斯（Menedemus）否认德性的多样和差异。他认为，尽管德性有许多名字，但其实只有一种：正如有死者和人是同一种事物，审慎（temperance）、勇敢（courage）、正义（justice）也可以说是同一种事物。同样，凯俄斯（Chios）的阿里斯通（Ariston）[①]认为德性在本质上只有一种，他称之为"健康"；［440F］但是就诸德性的关系而言，他提到了不同和多样的德性，就好像当我们的视觉运用在白色物体上时，我们就愿意称之为白色视觉，当其运用于黑色物体上时则称之为黑色视觉，如此等等。比如，当德性思虑什么应

---

[①] 阿尼姆：《早期斯多亚学派辑语》第1卷，第86页。

做和不应做的时候,就被称为明智;① ［441A］当德性控制欲望,为快乐安排合适且恰当尺度时,就被定义为节制;当德性与我们同别人的交易和契约有关时,就被称为正义;德性就像一把刀,尽管它一会儿将此物切开,一会儿将彼物切开,但还是这同一把刀;或者就像是火,尽管火在不同的物质上燃烧,但火只有一种本性。另外,基提乌姆(Citium)的芝诺(Zeno)②似乎在某种程度上也倾向于这种看法,他将分配时的明智定义为正义,将选择时的明智定义为节制,将忍耐时的明智定义为勇敢;那些为芝诺辩护的人认为,在这些定义中,芝诺是在知识的意义上使用明智一词的。［441B］然而,克吕西波(Chrysippus)③认为,每一种品性都会形成一种相应的独特德性,用柏拉图④的话来说,他的这种说法会无意间唤起"一大堆德性",它们是人们所不熟悉的,甚至是不知道的。因为,正如克吕西波从"勇敢的"得出了"勇敢",从"温和的"得出"温和",从"正义的"得出"正义",因此,他从"有魅力的",得出了"魅力",从"善良的"得出"善良",从"伟大的"得出"伟大",从"高贵的"得出了"高贵",类似的,他还提出了许多其他品质:敏捷、平易近人、灵巧;他最终使得不需要这些东西的哲学充满了许多奇怪的名字。

3. 然而,这些人全都同意,⑤德性是［441C］灵魂统治部分的品性和理性所产生的能力,或者准确地说,德性本身就是理性,这种理性与德性一致,是坚固而不可撼动的。他们还认为,灵魂的激情和非理性部分并不因差异和自然［本性］而区别于理性,相反,它们是同一部

---

① 参见亚里士多德《尼各马可伦理学》第 6 卷,6.1:明智"与可变的事物有关"。
② 阿尼姆:《早期斯多亚学派辑语》第 1 卷,第 48 页;参见普鲁塔克《论运气》(*De fortuna*),97E 和《论斯多亚学派的矛盾》,1034C。
③ 阿尼姆:《早期斯多亚学派辑语》第 3 卷,第 59 页。
④ 柏拉图:《美诺》,72a;参见普鲁塔克《论朋友众多》,93B。
⑤ 参见阿尼姆《早期斯多亚学派辑语》第 1 卷,第 49 页和第 50 页;第 3 卷,第 111 页。

分，他们称这部分是理智部分和统治部分；他们说，当灵魂处于激情之中，或处于习得品性或状态所产生的变化中时，这个部分就被彻底转变和改变了，就会产生邪恶或德性；灵魂本身之中并没有什么非理性的东西，但是，当我们难以抑制的冲动变得强大压倒一切时，灵魂便会冲向那些违反理性的反常事物，此时就会被称为"非理性的"。[441D] 在他们看来，激情实际上是一种堕落和不节制的理性，① 它来自变得狂暴强大的错误判断。

但这些人似乎都没有注意到我们每个人在何种意义上是双重的和混合的，② 因为他们没有认识到其他双重性，而只认识到了灵魂与身体的混合这一较为明显的双重性。然而，在灵魂本身之中还有某种两个相异的双重本性的混合，因为非理性就像是另一个实体，由于某种自然的必然性同理性相混合 [441E] 结合在一起。甚至连毕达戈拉斯也知道这一点，如果我们从此人对音乐的热情研究来看的话：他用音乐来迷惑和平息灵魂。③ 他认为，并非灵魂的每个部分都会服从于教育和学习，而且不是每个部分都会被理性改邪归正，相反，有些部分需要某种别的说服来相互配合，塑造和驯服这些部分，否则它们就会变得彻底难以管教，对哲学的教诲冥顽不化。

然而，柏拉图清晰、坚定且毫无保留地认为这个宇宙的 [441F] 灵魂不是纯粹的，不是非混合的，也不是同一的，相反，由于灵魂由同（Sameness）与异（Otherness）的能力混合而成，在一些地方，灵魂永远被"同"所统治，按照进行控制的同一种秩序旋转，而在另一些地方，灵魂则分化为彼此不同且不规则的运动与循环，于是就在那些生成

---

① 对于这个说法，参见柏拉图《巴门尼德》，141d；马尔库斯·奥勒留《沉思录》第 2 卷，5。

② 参见普鲁塔克《论月面》，943A；《论共同观念：驳斯多亚学派》，1083C。

③ 参见柏拉图《欧蒂德谟》，290a。

和消亡于大地上的事物中产生了区别、变化和相异的开端;① 他还认为，由于人的灵魂②是宇宙灵魂的一个部分或者模仿，并且就像统治宇宙的那些东西那样③按照理性和比例构成，[442A]那么人的灵魂也不可能是纯粹的，也不可能遭遇相同的激情，相反，灵魂的一部分拥有理智和理性，这个部分自然地适合于管理和统治世人，另一部分则拥有激情和非理性，多变和无序，这个部分需要一位指导者。这第二部分又可以再分为两个部分，其中一个部分自然地希望永远与身体同在并侍奉身体，这被称为欲望部分（appetitive），另一个部分有时将力量和能力与欲望部分结合，有时则为理性提供力量和能力，这被称为血气部分（spirited）。柏拉图④主要是通过理性和理智部分与欲望和血气部分之间的对立来说明它们之间的不同的，因为，由于后面这两个部分不同[于前面的部分]，它们经常不服从那更好的部分，[442B]还与更好的部分争吵。

亚里士多德⑤开始时也广泛运用这个原理，这在他的作品中很明显。但是，他后来⑥将血气归于欲望部分，因为他认为血气也是一种欲望，渴求在报复中导致痛苦;⑦ 然而，总体而言他将激情和非理性部分视作不同于理性的部分，这不是因为这个部分就像灵魂的感觉部分

---

① 柏拉图：《蒂迈欧》，35a 及以下；亦见于普鲁塔克《论〈蒂迈欧〉中灵魂的诞生》，1012B 及以下。
② 参见柏拉图《蒂迈欧》，69c 及以下。
③ 参见忒米斯提乌斯（Themistius）《亚里士多德〈论灵魂〉章句》（*Paraphrasis Aristotelis de Anima*）第 1 卷，5（第 59 页，Spengel 编）。
④ 柏拉图：《理想国》，435a 及以下。
⑤ 参见下文 448A。
⑥ 参见亚里士多德《论灵魂》卷 3，9（432a25）；《大伦理学》（*Magna Moralia*）第 1 卷，1（1182a24）；《优台莫伦理学》（*Ethica Eudemia*）第 2 卷，1.15（1219b28）；《尼各马可伦理学》第 1 卷，13.9（1102a29）；扬布里柯（Iamblichus）《劝勉篇》（*Protrepticus*），7（41 页，Pistelli）。
⑦ 参见亚里士多德《论灵魂》第 1 卷，1（403a30）；塞涅卡《论愤怒》（*De Ira*）第 1 卷，3.3。

（perceptive），或者营养部分（nutritive）和植物性部分（vegetative）那样是完全非理性的（这些部分完全不明白、不听从理性，几乎可以说就是肉体的延伸，与身体浑然无分），[442C] 相反，尽管激情部分缺乏理性，且没有自身理性，但本性上宜于听从理性和理智部分，转向、屈服于这个部分并与之一致，如果激情部分还没有被愚蠢的快乐和无节制的生活所完全败坏的话。

4. 我认为，那些惊讶于这个部分没有理性却服从于理性的人并未认识到理性的能力，

> 它是如此伟大，如此宽广，①

理性并没有通过严酷和顽固的方法，而是通过各种灵活的方法进行控制和引导，因为这可以带来对那种比任何强制和暴力都更有效的权威的服从。其实，甚至我们的呼吸，我们的肌肉和骨头，[442D] 以及身体的其他部分，尽管它们都是非理性的，然而当某种冲动到来时，随着理性抖动缰绳，它们全都被拉紧，然后便靠拢服从。比如，当一个人想要奔跑时，他的双脚便充满力量；如果他想扔或者抓的话，他的双手便准备好要行动。诗人②以如下诗句极好地表述了非理性对理性的协同（sympathy）与一致：

> 于是她的眼泪沾湿了美丽的脸颊，她
> 为他的丈夫哭泣，尽管他就坐在一旁。在心里
> 奥德修怜悯她悲伤的妻子，
> [442E] 可他的眼睛在睫毛中一动不动

---

① Nauck：《古希腊悲剧辑语》，第 648 页，欧里庇得斯，辑语 898。
② 荷马：《奥德赛》第 19 卷，208—212 行；参见普鲁塔克《论静心》，475A，《论饶舌》，506A—B；《论荷马的生平与诗》，135（Bernardakis，第 7 卷，第 409 页）。

> 有如牛角雕成或铁铸：他狡狯地隐藏了眼泪。

通过这样服从于判断，他屏住了呼吸、血液和眼泪。

对此的明显证据还有私处的畏缩和退回，当有靓女和帅哥在场时，私处可以保持平和、保持安静，因为理性和法律禁止我们触碰。对于坠入爱河后才知晓自己无意间爱上的其实是妹妹或者女儿的人来说，情形尤其如此；当理性主张自己时，欲望就会俯首听命，与此同时，身体就会使其各部分与判断一致。的确，就谷物和肉食而言，经常可以看到畅快用餐的人如果发现或了解到自己吃了既不纯洁也不合法的东西时，他们的这种判断不仅会伴随着不满和自责，而且身体本身也同样会陷入恶心和厌恶，接下来便是激烈的反胃和呕吐。

为了免得被人视为我只是在用肉身诱惑［443A］的例子来完成我的论述，我将考察竖琴和里拉琴、排箫和长笛，以及其他发出和谐一致之音的乐器，这些乐器都是被音乐技艺制作出来的，尽管它们缺乏灵魂，但是却能与人类一起经历欢乐和痛苦，一起歌唱和放荡，再现演奏者的判断、经验、品性。因此他们说当阿莫伊拜俄斯（Amoebeus）[①]伴着基忒拉琴唱歌时，甚至是前往剧院的路上的芝诺[②]也向他的弟子说："来吧，让我们看看，内脏和肌肉，木材和骨头，当它们分有理性、比例和秩序时，会发出什么样的和谐之音。"

不过，这些就说到这里吧。我会很乐意从反对者那里知道：当他们看到［443B］狗、马和家养的鸟由于习惯、喂养和教育而说出可以理解的声音，听从理性进行运动和展示姿态，以合宜和对我们有益的方式活动时，以及当他们听到荷马宣称阿喀琉斯：

---

[①] 参见普鲁塔克《阿拉图斯传》（*Life of Aratus*），17（1034E）；亚忒莱俄斯，第14卷，623d；埃里安：《历史杂录》第3卷，30。

[②] 阿尼姆：《早期斯多亚学派辑语》第1卷，第67页；参见普鲁塔克《论柏拉图〈蒂迈欧〉中灵魂的诞生》，1029E。

激励战马和众人①

前去战斗时，他们是否依旧惊讶并怀疑我们之中的血气、欲望、痛苦和快乐部分从本性（自然）上说就能服从理智，被理智影响和安排，不在理智之外，不与理智分离，不从[443C]外界形成，也不因任何外力或击打而形成，相反，它们自然地就依赖理智，永远与理智为伴，同理智一起成长且受到熟悉的交往的影响。

因此，人们恰当地将这种德性称为"伦理德性"（ethos），② 因为，简略而言，伦理德性是非理性部分的一种品质，之所以如此称呼它，是因为非理性部分在理性的塑造之下，通过习惯而获得这种品质和区别。理性并不希望彻底消除激情（因为那既不可能，③ 也不会更好），而是对其施加限制和秩序，形成各种伦理德性，这些伦理德性不是"毫无激情"（absence of passion），而是[443D]激情的恰当比例与尺度；而且，理性通过使用明智形成这些伦理德性的方式是使激情部分养成一种好习惯。因为灵魂据说有三个部分：能力，激情，习惯。④ 能力⑤是激情的起点和质料，比如易怒、害羞、鲁莽。激情是能力的某种运动，比如愤怒、羞愧、大胆。而习惯是非理性部分的能力的稳定力量和状态，这种稳定状态是由于习惯而养成的；如果激情受到糟糕教育的话，它就是邪恶，而如果激情得到理性的良好教育的话，它就是德性。

5. 但是，由于他们并不认为德性总体上是"中道"（mean），[443E]也不将其全部称为"伦理德性"，我们必须从最初原理开始讨

---

① 改编自《伊利亚特》第16卷，167行。
② 参见普鲁塔克《儿童的教育》，3A，《论神的惩罚的延迟》，551E；亚里士多德《尼各马可伦理学》第2卷，1.1（1103a17）。
③ 见下文，452B。
④ 参见亚里士多德《尼各马可伦理学》第2卷，5（1105b19）；斯托拜俄斯：《古语汇编》第2卷，7.20（第2卷，第139页，Wachsmuth 编）。
⑤ "能力就是德性中的功能，对此，我们可以说能力倾向于激情，比如，感受到愤怒，或者害怕（抄件中读作'痛苦'），或者遗憾。"（亚里士多德，前引，采用 Rackham 的译文）

论其中的差别。存在着两种事物，其中一些是绝对存在的，另一些则相对于我们而存在。绝对存在的事物是大地、天空、星辰、海洋；相对于我们而存在的是善的和恶的，可欲的和要避免的，以及愉快的和痛苦的事物。理性①对这两种事物都进行沉思，当理性仅仅只关注绝对存在之物时，就被称作科学的（scientific）和沉思的（contemplative）；当其关注那些相对于我们而存在的事物时，就被称作审慎的（deliberative）和实践的（practical）。后一种活动的德性是明智，而前者的则是智慧；明智不同于智慧之处在于，当沉思能力处于某种与实践和［443F］激情的关系中时，明智就会按照理性而出现并存在。因此，明智②需要机运来实现恰当的目的，但是智慧就不需要机运了，也不需要审慎；因为智慧关注的是永远同一的和不变的事物。［444A］而且，正如几何学家并不考虑三角形是否有等于两个直角的诸内角，而是知道这是真的（因为，审慎所关注的是那些一会儿这样，一会儿那样的事物，而非那些必定的和不变的事物），同样，沉思性的理智的活动总是关注第一性的、永恒和永远拥有无法改变的本性的事物，这就完全超出了审慎之上。但是明智一定会经常卷入满是错误与混乱的事务之中；一定会经常涉及机运；一定会经常考虑可疑的情况；最终会将审慎化为各种活动实践，在这些活动中，非理性［444B］伴随且影响着决断，实际上，这些决断需要非理性的冲动。这种激情的冲动源自品格（ethos），但这种冲动需要理性来将之限制在适当的尺度之内并且不让其过度和违背恰当的时机。因为，激情和非理性有时确实会剧烈且迅速地运动，有时又会比恰到好处的运动还要虚弱和迟缓。因此，我们所做的所有事情都只有一种成功方式，却会有多种失败方式：③因为只有一种并不复杂的方法

---

① 参见亚里士多德《尼各马可伦理学》第6卷，1.5（1139a7）。
② 参见亚里士多德《尼各马可伦理学》第3卷，3.4—9（1112a21），第6卷，5.3—6（1140a31）；比较普鲁塔克《论运气》，97E—F。
③ 参见亚里士多德《尼各马可伦理学》第2卷，6.14（1106b28）。

可以击中目标，却有许多方法偏离目标，这取决于我们是否超出或不及中道。于是，实践理性（practical reason）的［444C］任务自然就是消除激情的不足和过度。因为，无论冲动何时由于软弱和虚弱或恐惧与犹豫而迅速地屈服并提早放弃了善，[1] 实践理性便在哪儿出现，激发冲动使其重新振作；而当冲动超过了恰当范围无序汹涌之时，实践理性就会去除冲动的剧烈并抑制它。于是，通过限制激情的运动，理性便在非理性之中注入各种伦理德性，它们是不足与过度之间的中道。我们不应宣称每种德性都是由于遵守了中道而存在的；而应该看到，一方面，由于智慧不需要非理性且出现在纯洁和不受激情污染的理智活动之中，所以，智慧［444D］就是理性的一种自足的完美和能力；[2]由于这种智慧，知识的最神圣和最受福佑的部分对我们而言就成为可能；另一方面，由于我们的身体限制，凭宙斯之名，由于为了实践目的而需要将激情用作工具，与此相关的德性就不是对灵魂中的非理性要素赶尽杀绝，而是对其命令和规范。这样的德性就其能力和品性而言是一种极端，但是就其数量而言，是一种中道，因为它去除了过度和不足。

6. 但是，对"中道"有着各种各样的解释[3]（比如混合物是未混合之物的中间，又如灰色是白色和黑色的中间；而既包含又被包含的东西是［444E］包含者和被包含者的中间，八是十二和四的中间；那种并不分有极端的东西也是居中者，正如中性者位于善与恶之间），这些说法的"中"都不是德性，因为德性并非诸种恶的混合，也并非由于包含了不及者或被包含过度者之中；德性也并非全然摆脱存在着过度与不及的激情冲动。相反，只有在某种类似于乐声与和谐的意义上，德性

---

[1] 这种善就是中道。
[2] 有人会更为自然地将之译为"极端和可能性"，但是，在普鲁塔克看来，"极端"和"可能性"都不能被称作"自足"。
[3] 参见亚里士多德《尼各马可伦理学》第 2 卷，6.4—9（1106a24）。

才是、也被称作"中道"。中音是一种就像低音和高音①一样的恰当音调②，[444F] 但是避开了高音的刺耳和低音的沉重；同样地，由于德性是一种和非理性有关的活动与能力，德性消除了冲动的松弛与紧张及其过度与不及，[445A] 将每种激情都变成中道和无过错。因此，举例而言，他们宣称勇敢③是血气中的懦弱与鲁莽的中道，前者是不足，后者是过度。同样，慷慨是吝啬与挥霍的中道，温和是无感觉和残忍的中道；节制和正义本身都是中道，后者在订立合同中对自己所分配的利益比应得的不多不少，前者则将欲望规制为一种介于缺乏感觉和放荡之间的中道。

的确，在最后这个例子中，非理性似乎以其独特的清晰性 [445B] 让我们观察到其自身与理性之间的区别，还显示出激情在本质上是非常不同于理性的。因为，如果非理性 [和理性] 属于灵魂的相同部分，我们就像 [通过理性] 形成判断那样自然使用 [非理性] 来渴求的话，那么，就快乐与欲望而言，节制（temperance）④ 就无法与自制（self-control）相区别，不能自制（incontinence）也无法与无节制（intemperance）区别。但事实上，节制属于理性引导和管理激情部分的领域，就像一只温和的动物顺从于缰绳一样，在激情的各种欲望中，理性使欲望中的激情顺服，自愿地接受尺度和规范；相反，虽然自制者以理性的力量和控制来引导他的欲望，但是他这么做并非毫无痛苦，也不是靠说服，而是当欲望冲入歧途时，他就像用殴打和抑制那样 [445C] 硬性地制服欲望，控制住它，他在这么做的时候，自身之中充满了争斗

---

① 七弦琴的最高音和最低音；*mesē* [中音] 有可能是七音音阶的第四音调。因此，A（*mesē*）相对于其上的 D（*nētē*，高音）就好像 A 相对于其下的 E（*hypatē*，低音）一样。

② 参见普鲁塔克《柏拉图问题》，1007E 及以下，《论柏拉图〈蒂迈欧〉中灵魂的诞生》，1014C，以及下文 451F。

③ 参见亚里士多德《尼各马可伦理学》第 2 卷，7.2—4（1107a33）；斯托拜俄斯：《古语汇编》第 2 卷，7.20（卷 2，页 141，Wachsmuth 编）。

④ 参见亚里士多德《尼各马可伦理学》第 7 卷，9.6（1151b33）。

和混乱。柏拉图①在他灵魂之马的比喻中刻画了这种冲突，在这个比喻中，糟糕的马反抗较好的同轭之马，同时还让驭车者惊慌，使其不断与这匹马较劲，竭尽全力勒住它——

> 以防他深红色的皮鞭从手中掉落，

正如西蒙尼德（Simonides）②所说的。因此，他们不在绝对意义上将自制称作德性，③相反，他们认为自制比德性要弱。因为自制并非是由较差部分和较好部分的和谐所产生的中道，自制中的激情过度也没有被消除，灵魂的欲望部分也还没有顺从和服从于理智部分，[445D]而是被惹怒并导致恼怒，受到必然的限制，就像是与理性共处于充满敌意和敌视的内乱之中：

> 城邦里香火缭绕；
> 到处是赞美祈祷和痛苦呻吟。④

这就是自制者的灵魂，因为他的灵魂反复无常，满是冲突。基于同样的理由，他们认为，不能自制是一种比恶要轻的东西，而无节制则是彻底的恶。因为无节制拥有糟糕的激情和糟糕的理性；在前者的影响下，无节制受欲望刺激，做出可耻的行为；在后者影响下，无节制由于糟糕的判断而会支持欲望，[445E]其甚至还感觉不到错误之处。但

---

① 柏拉图：《斐德若》，253c及以下。
② 西蒙尼德，辑语17（Bergk与Diehl编）；辑语48（Edmonds：《古希腊抒情诗》第2卷，第311页）。
③ 参见亚里士多德《尼各马可伦理学》第4卷，9.8（1128b33）：自制毋宁说是"德性与恶的混合"。
④ 索福克勒斯：《俄狄浦斯王》，4—5；同样引用在普鲁塔克《论朋友众多》，95C，《论迷信》，169D，《筵席会饮》，623C。

是，不能自制①会以理性来保证正确的判断，但由于不能自制的激情要强于其理性，其会被激情带去反对其判断。这就是不能自制不同于无节制的原因，因为在不能自制中，理性被激情损坏了，而在无节制中，理性甚至都不反抗一下；就不能自制而言，当人追随欲望时，理性还会反对一下欲望，而在无节制中，理性则引导并支持欲望；无节制的特征就在于，理性愉快地参与放纵的犯罪，就不能自制来说，理性虽然也参与其中，却很不乐意；对无节制而言，理性自愿地被席卷而去做出可耻行为，而就不能自制而言，理性是在不愿意中背叛高尚事物。

它们之间的差异在言辞中和在行动中一样明显。比如下面这些关于[445F]无节制者的说法：

> 如果没有了金色的阿芙洛狄忒，怎么还能有快乐和享受？
> 当这些事情都不再让我感到惬意时，还不如让我去死。②

还有人这么说：

> 吃吧，喝吧，纵情声色吧；③
> 我称其他的一切事情为多余，

[446A]就好像他全副身心投入快乐，被其毁灭。还有人说的话也一样夸张：

---

① 参见《筵席会饮》，705C—E。
② 弥姆勒莫斯（Mimnermus），辑语 1，55.1—2（Bergk 与 Diehl 编）；Edmonds：《挽歌与扬抑格》第 1 卷，第 89 页。
③ 阿勒克西斯（Alexis），辑语 271，Kock 编，55.4—5；完整的辑语引用位于普鲁塔克的《论听诗》21D。

论伦理德性

> 让我死吧,因为那对我最好,

说这话的人①让自己的判断和激情饱受相同的折磨。

但关于不能自制者的说法却是不同的:

> 尽管我有理智,但本性却驱使着我;②

以及

> 啊!这种恶从神那里降临于人,
> 虽然他们知道什么是善,却无法照着做③;

以及

> 血气臣服,不再抵抗,
> 就像起浪时的沙中锚勾。④

诗人在这里用"沙中锚勾"来描述不在理性的控制之下,没有牢牢地固定,而是向灵魂的软弱部分投降的判断,应当说非常贴切。[446B]与这个比喻非常相近的还有这些著名的说法:⑤

---

① Kock:《阿提卡喜剧辑语》第 3 卷,第 450 页,佚名,217。
② Nauck:《古希腊悲剧辑语》,第 634 页,欧里庇得斯,辑语 840;埃斯库罗斯,辑语 262,Smyth 编(Loeb 本)。
③ 欧里庇得斯,辑语 841;普鲁塔克同样引用在《论听诗》33E,参见圣保罗《罗马书》,7.19,詹姆斯王本;奥维德:《变形记》第 7 卷,21。
④ Nauck:《古希腊悲剧辑语》,第 911 页,佚名,397;普鲁塔克同样引用在《致没有教养的君主》(Ad Principem Ineruditum)782D。有人将这句和下一句归给欧里庇得斯。
⑤ 同上书,第 911 页,佚名,380。

103

> 我就像船只一样，被绳索缚于岸边，
> 当大风吹来，我们的缆绳便松开了。

在此，诗人称判断为"缆绳"，这些判断反对可耻行为，却被激情所粉碎，就像被一阵强风所损坏一样。的确，无节制者被他的欲望以全速之帆带向他的各种快乐，直接向着它们驰去；而不能自制者的航程则处处曲折，尽管他尽力摆脱并避开激情，但他却会遭到突袭，撞上可耻行为的礁石而遇难。正如蒂蒙（Timon）① 曾经讽刺阿那克萨库斯（Anaxarchus）的：

> 阿那克萨库斯的犬儒般力量，
> 无论他想要在何处，似乎都会既坚定又大胆地出现；
> 人们说他十分了解真理，然而
> 他却是个坏人：因为自然用欲望窒息了他，
> ［446C］让他远离真理——这是自然之镖，
> 面对此镖，智术师们无不心寒胆战。

因为智慧之人不是自制的，而是节制的，愚蠢之人不是不能自制的，而是无节制的。智慧之人对荣誉之事感到快乐，而愚蠢之人却不会因羞耻而恼怒。所以，不能自制标志着智术师般的灵魂，这种灵魂具有理性，却不是那种因其正确判断而岿然不动的理性。

7. 这些就是不能自制与无节制之间的区别；而在自制与节制之间，也有相应的区别。因为自制之人不是没有自责、痛苦和愤怒；而节制之人的灵魂在［446D］所有时刻都保持平静、没有骚乱、神智健全；当

---

① 辑语 9（Wachsmuth，第 106 页）；部分引用在普鲁塔克的《论羞愧》（*De Vitioso Pudore*）529A 和《筵席会饮》705D；亦见第尔斯《前苏格拉底哲人辑语》第 2 卷，第 238 页。

节制配上能说善道和难得的温和时，就能令非理性同理性相和谐与相混合。当你看到这种人的时候，你会说：

> 顷刻间风平浪静，海面呈现
> 一片寂静；某位精灵让咆哮的波涛平息下来。①

这是因为欲望的剧烈、愤怒和激烈的运动都被理性压制，而且这些自然的必然运动已经变得同情（sympathetic），顺从和友好，那么，当此人选择了行动方向时，这些运动就会和他合作，这样它们就不会凌驾于[446E]理性之上，也不会缺乏理性，不会行为不端，也不会违抗，于是每一种冲动都会轻易地得到引导：

> 如同刚断奶的小马驹在母马旁驰骋，②

这还证实了克塞诺克拉底（Xenocrates）③ 关于真正的哲人的说法：只有真正的哲人会自愿做所有其他人因为法律而不得不做的事情，后者就像狗受到殴打，或者猫听到声响而停下享乐，警惕注视着那些威胁。

很明显，灵魂中有一种感觉认识到了欲望上的这些区别和差异，就好像有某种[446F]力量正抵抗这些欲望，反驳这些欲望一样。但是有些人认为，④ 激情与理性并无不同，二者之间也没有争吵和冲突，有的只是这同一个理性向其两个方面的转变；[447A] 由于这种变化的突然和迅速，我们注意不到它，因为我们没有认识到，我们正是以灵魂的

---

① 荷马：《奥德赛》第 12 卷，168 行。
② 西蒙尼德，辑语 5；参见普鲁塔克《论德性进步》（*De Profectibus in Virtue*），84D，《健康谏言》，136A，《老年人是否应当参与政治》（*Ad Seni sit Gerenda re Publica*），790F，997D，Bernardakis，第 7 卷，第 150 页（亦见斯托拜俄斯，第 5 卷，第 1024 页，Hense 编）。
③ 辑语 3，参见普鲁塔克《驳科洛忒》，1124E。
④ 阿尼姆：《早期斯多亚学派辑语》第 3 卷，第 111 页。

这同一部分来自然地欲求、后悔、愤怒、恐惧、被快乐带向可耻的行为，接着，当灵魂本身被卷走之后又重新恢复自己。他们说，欲望、愤怒、恐惧以及所有这类东西实际上只是错误的观点和判断，它们并不出现在灵魂的某个专门的部分，相反，它们是整个"统治部分"［即灵魂］的意愿、顺服、赞成、冲动，一句话，它们是某些以这种或那种方式在须臾之间发生变化的活动，正如小孩①的攻击虽然狂野和剧烈，但由于小孩体弱，这个攻击是不稳定的和不连续的。

但是，这种说法首先便违背了清晰的证据和［447B］感觉。因为没有人会在他自身之中感觉到从欲望到判断的变化，也不会感觉到从判断到欲望的变化；当爱者推理出他必须限制他的爱且必须与之抵抗时，爱者也不会停止去爱，接着，当他因欲望而变得柔软，服从于爱时，他会再次放弃推理和判断；但是，即便他继续以理性反对激情，他也还处于激情之中，而且当他被激情主宰时，他也能通过理性来清楚地看到自己的错误；他既不会因为激情就抛弃理性，也不会因为理性而抛弃激情，而是从一个被带到另一个，处于二者之间并分有二者。有些人认为一会儿是欲望［447C］变成了统治部分，一会儿是理性奋起反抗激情，他们与如下这些人的看法一致：这些人认为，猎人和野兽不是两个，而是一体，它由于变化而一会儿是野兽，一会儿又是猎人。正如那些人忽略了某些相当明显之事一样，这些人同样也违背了我们感觉的证据，这种感觉告诉我们，在这些情况下，发生的并非同一个事物的"改变"，相反，是彼此争斗与不和的两种事物。

"什么？"他们说，"关于什么东西有用，难道人的审慎能力（deliberative faculty）不会经常遭到分裂，在思考利益时被撕扯为各种对立的观点，［447D］难道这样的能力依然是同一个能力？""说得不错"，我们应该说，"但这与［我们所说的］情况不同"。因为，此处的

---

① 参见普鲁塔克《论制怒》，458D。

灵魂的理智部分并非是在反对自身，而是在把同一个理智能力运用到不同的推理上；或者更准确地说，只有一种理性，这种理性处理着不同的事务，就像是作用于不同的质料。因此，痛苦不会出现在没有激情的推理之中，人们也不会"被迫选择违背理性之事"，凭宙斯之名，除非某种激情趁人不注意附着于权衡天平的一端之上。事实上，这种情况经常发生：如果反对推理的不是推理，而是爱荣誉，或者爱争论，或者喜欢，或者嫉妒，或者恐惧的话，[447E] 我们认为这就是两种理性之间的区别，正如诗中所说：①

> 拒绝的话感到可耻，接受的话又感到恐惧。

以及：

> 去死是可怕的，但会带来好名声；
> 不去死则是懦夫，但自有其乐子。②

而且，在涉及商业诉讼的判决中，激情的潜入会导致巨大的延误。同样，在御前咨询中，那些为了获得恩宠而发言的人并非在主张两个决定中的这个或那个，而是顺从于某种违背利益考虑的激情。因此，在贵族制中，执政官不会允许演说家发表激情洋溢的演说，[447F] 因为，如果理性不受激情影响的话，理性就会使天平倾向正确的那一端；但如果激情干预理性的话，灵魂感受快乐和痛苦的部分就会抵抗和反对进行判断和审慎的部分。不然的话，为什么在哲学沉思中，当我们受到持不同观点之人的影响而不断改变自己的看法时，痛苦感不会出现，[448A]

---

① 荷马：《伊利亚特》第 7 卷，93 行。
② Nauck：《古希腊悲剧辑语》，第 638 页，欧里庇得斯，辑语 854。

107

而且亚里士多德①本人和德谟克利特，以及克吕西波也会毫不难过和痛苦地——甚至还快乐地——放弃他们过去持有的看法？这是因为激情没有反对灵魂中的沉思部分和科学部分，非理性部分保持着沉默，没有干涉这些事务。因此，一旦真理出现，理性就会放弃错误，愉快地倾向于真理，这是因为服从说服的能力位于理性之中，而不在其他事物之中，这种能力通过说服来改变人的观点。但是，对大多数人而言，行动的考虑、判断、决定都受到激情的影响，所以会阻碍和刁难理性，理性会被非理性俘获，受非理性困扰，[448B] 这种非理性会以快乐、痛苦和恐惧的激情来反对理性。在这种情况下，感觉就是判断的标准，因为感觉与理性和非理性这二者都有关联；实际上，如果二者中的一个占优势的话，[占优势者] 并不会消灭另一个，而是强行使之服从；如果它不服从，则强行将之拖走。自我警醒的爱者②是在用理性抵抗激情，因为它们同时存在于灵魂之中，就好像他用手压住身体膨胀的部分，充分认识到灵魂中存在着两股相互冲突的不同力量。另一方面，在没有激情的审慎与思考（这些是沉思能力所尤其拥有的）之中，如果各种观点平衡的话，[448C] 就不会有判断发生，却会出现困惑，这种困惑是理智活动因相反观点而产生的静止或悬置。但是，如果平衡倾向于一方的话，获胜的观点就会消灭另一方，结果就是不再有痛苦和抵抗。一般说来，当理性反对理性时，我们感觉不到它们是两种不同的事物，而只会感觉到出现在不同印象之中的同一个事物。然而，当非理性与理性冲突时，非理性因其本性而既不会征服理性，也不会毫无痛苦地被理性征服，相反，非理性的抗争将直接将灵魂撕裂为二，清晰地彰显出这两部分之间

---

① 参见 W. Jaeger, Aiiaxpai, 刊于 *Hermes*，第 64 卷，第 22 页及以下；尤西比乌斯 (Eusebius)：《福音的预备》(*Praeparatio Evangelica*)，14.6.9，此处的科菲索多洛斯 (Cephisodorus) 借抨击柏拉图的理念论来批评年轻的亚里士多德，οἰηθεὶη κατὰ Πλάτωνα τὸν Ἀριστοτέλην φιλοσοφεῖν（他认为亚里士多德的哲学与柏拉图的一致）。亦见上文，442B。

② 参见普鲁塔克的《如何辨别朋友与谄媚者》71A 所引用的欧里庇得斯，辑语 665。

的区分。

8. 然而，人们认识到激情的来源本质上不同于理性的来源，这不仅是由于理性和非理性之间的冲突，[448D]而且还由于它们之间的一致。因为人们都有可能会爱上德性优良的高贵青年，同样，也可能爱上一个邪恶放纵的青年；还因为人们有可能会非理性地对孩子或父母愤怒，也会为了父母和孩子对敌人和僭主义愤填膺；正如在一种情况下，人们可以感觉到激情与理性之间的冲突与不和，同样，在另一种情况下，人们也会感觉到激情中存在着说服和服从，这会使天平倾斜，从而支持理性，增加理性的力量。当一个男人合法娶妻时，[448E]他打算要宽厚地待她，正当且节制地与她生活；随着时间飞逝，他们之间的亲近便产生了激情，因为他意识到理性的运用使自己的爱和感情都增加了。还有当年轻人碰巧遇到儒雅的老师时，他们先是会由于老师的益处而追随和仰慕他们；但他们后来对这些老师有了爱意，他们不再是熟悉的友伴和学生，而是被称作爱者，实际上也正是如此。在城邦中，这同样的事情也会发生在人们与好执政官、好邻居、好姻亲之间的关系中；因为他们一开始是考虑到有用性而尽职地与他人来往，但是他们后来在不经意间产生了真正的爱意，[448F]理性吸引并说服了激情部分。有人说：①

> 还有羞耻。羞耻又分两种，一种
> 不坏，一种却是家庭的祸害。

此人认识到他里面的激情经常跟随理性的引导，是理性的盟友，但激情也经常违背理性，[449A]通过犹豫和拖延来毁掉机会与行动。这难道

---

① 斐德拉（Phaedra）正是这位说这话的人，见欧里庇得斯《希波吕托斯》（*Hippolytus*），385—386。

不是很明显吗？

9. 尽管他们因为这些清晰的论证而多少会被迫同意，但他们还是坚称［他们的］羞愧是"贞然"，① 快乐是"愉悦"，恐惧是"谨慎"。可是，如果他们只是在用温和的术语称呼遵从理性的激情，用更为严苛的术语称呼剧烈违抗理性的激情的话，没有人会指责他们的这种委婉说法。然而，当人们在感到流泪、颤抖、面色改变时，他们却称这些激情为"悔恨"和"困惑"，而不是"痛苦"和"恐惧"，还以"渴望"来雅称各种欲望，他们这么做似乎就是在搞些诡辩性的［449B］而非哲学性的小转换，靠新奇的名字来远离现实。

然而，当这同一些人②称人们的"愉悦"（joys）、"愿意"（volitions）、"谨慎"（precautions）为"恰当激情"（right sensibilities to emotion）而非"无激情"（insensibilities）时，他们可以说是正确地使用了这些名称。因为当理性没有消灭激情，而是在节制之人的灵魂中安排激情并使之有序时，"恰当激情"便出现了。但是，发生在邪恶与不能自制之人身上的又是什么呢？虽然当他们的判断告诉他们要爱父亲和母亲，而不是爱情郎和情人，他们却无法做到；然而，当他们的判断要求他们爱妓女和谄媚者时，他们就径直去爱了？因为，如果激情就是判断的话，爱与恨就会［449C］服从我们应该爱什么与恨什么的判断；但是，真实情况恰好相反：激情会服从一些判断，但也会忽视另一些判断。因此，即便是这些人迫于事实宣称③并非所有的判断都是激情，相反，只有激发剧烈的和过度的冲动的东西才是激情，这样一来他们就承认了我们的判断能力不同于感受激情的能力，就好像一个是使动的，另一个是受动的。克吕西波本人在许多地方将忍耐和自制定义为服从于理

---

① 参见普鲁塔克《论羞愧》，529D；阿尼姆：《早期斯多亚学派辑语》第 3 卷，第 107 页。
② 阿尼姆：《早期斯多亚学派辑语》第 3 卷，第 105—108 页。
③ 同上书，第 93 页。

性选择的习惯,这显然是迫于事实而承认,在我们身上,服从者不同于[449D]被说服时所服从者(或者,当未被说服时所抵抗者)。

10. 因此,如果他们断定所有的错误(errors)与过错(faults)都是一样的话,他们就是在以某种别的方式忽视真相。目前的讨论并非是反驳他们的恰当场合;但是,就激情而言,他们肯定是在反对理性,违背明显的证据。因为他们认为每种激情都是错误,每个痛苦之人,或者恐惧之人,或者欲望之人都是在犯错。然而,人们还是从激情的强弱看到了激情之间的巨大差异。谁会宣称多隆(Dolon)①的恐惧②同"不断环顾"且缓缓从敌人中[449E]"一步一步"撤退的埃阿斯的恐惧是一样的?或者宣称因克雷托斯(Cleitus)而试图自杀的亚历山大的痛苦③和柏拉图在苏格拉底死亡时的痛苦是一样的?因为,不可预知的事情会过分增加痛苦,④意料之外的事情要比很有可能发生的事情让人更痛苦;比如一个人本来期待某人一切顺利,结果他惊讶地了解到此人受到残酷折磨,正如帕蒙尼翁(Parmenion)对斐洛塔斯(Philotas)⑤那样。谁又能断言尼科克莱昂(Nicocreon)对阿那克萨库斯⑥的愤怒与玛伽斯(Magas)⑦对斐勒蒙(Philemon)的愤怒是一样的呢,尽管他们都遭到对手辱骂?因为,尼科克莱昂用铁杵将阿那克萨库斯捣磨成粉,而玛伽斯只不过命令刽子手把[449F]脱鞘的刀刃放到斐勒蒙的脖子

---

① 参见荷马《伊利亚特》第10卷,374行及以下;普鲁塔克:《论德性进步》,76A。
② 参见《伊利亚特》第11卷,547行;普鲁塔克:《论荷马的生平与诗》,135(Bernardakis,第7卷,409页)。
③ 关于亚历山大杀死克雷托斯,参见普鲁塔克的《亚历山大传》,51;对于亚历山大的悲痛,前揭,52(694D—E)。
④ 参见普鲁塔克《论制怒》,463D,474E—F(卡尔涅德斯)。
⑤ 斐洛塔斯是亚历山大的将军帕蒙尼翁的儿子,他突然间因谋反嫌疑而被判死刑;参见普鲁塔克《亚历山大传》,49(693B)。
⑥ 亚历山大的一位朋友,他侮辱尼科克莱昂,是塞浦路斯的僭主,因此明显的是,他在亚历山大死后报了仇,参见欧根尼·拉尔修,9.58—59。
⑦ 参见下文458A;关于这个比较的荒谬,参看哈特曼(Hartman):《论普鲁塔克》(De Plutarcho),第205页。

111

上，然后便释放了他。这就是柏拉图①称血气为"灵魂的肌腱"的原因，因为灵魂能被严厉拉紧，也能被温和放松。

因此，为了远离这些以及诸如此类的难题，他们②否认激情的强烈和剧烈是［450A］根据可能犯错的判断所形成的；而认为刺痛、肌肉收缩、体液扩散由于非理性部分的运作而可以增加和减少。然而，在各种判断之间也存在着明显的差异；因为有些人判断贫穷不是坏事，其他人则判断贫穷是严重的坏事，另一些人则认为是最严重的坏事，他们甚至会因为这种判断而跳崖③投海。有人认为死亡是坏事，这只是因为死亡夺走了他们生命中的好事，其他人认为死亡是坏事，则是因为在地下存在着永恒的折磨和可怕的惩罚。有些人珍惜身体的健康，因为健康是符合自然且是有用的，对其他人而言，健康似乎是此世中最大的善；因为，他们既不看重

　　　　［450B］财富或子孙的愉悦，

也不看重

　　　　使人像诸神一样的君主统治。④

最终，假如没有健康的话，他们甚至会认为德性也是无用无益的。因此，在判断当中，有些人显然犯下更大的错误，有些人犯下较小的

---

① 柏拉图：《理想国》，411b；比较普鲁塔克，《论制怒》，457B—C。
② 斯多亚学派，贯穿于本文全篇之中；参见阿尼姆《早期斯多亚学派辑语》第 3 卷，第 119 页。
③ 参见普鲁塔克《论迷信》，165A，《论斯多亚学派的矛盾》，1039F，《论斯多亚学派的共同观念》，1069D；忒奥格尼斯（Theognis），173—178。
④ 阿里弗隆（Ariphron）：《健康颂》（*Paean to Health*），55.3—4（Bergk：《古希腊抒情诗人集》第 3 卷，第 597 页，或者 Edmonds《古希腊抒情诗》第 3 卷，第 401 页）；参见普鲁塔克《论子孙之爱》（*De Amore Prolis*），497A。

错误。

然而，目前还不用驳斥这种说法。我们从这个讨论中可以得出的是：他们也承认非理性部分不同于判断，他们认为激情乃是由于非理性而变得更加过度和更加剧烈的；他们就激情的名称和表达进行争论，但实际上将实质问题交给了那些主张激情和非理性不同于理性和判断的人。［450C］克吕西波在他的《论无法过一致的生活》（*On the Failure to Lead a Consistent Life*）① 中说："愤怒是盲目的：它经常不让我们去看清那些明显的问题，也经常模糊那些已经理解了的问题"；过了不久，他说："因为激情一旦出现，它就会驱赶理性，并且赶走一切不想看到的事物，强迫人们做出有违理性的行为。"接着他使用米兰德②的话作为证据：

啊，痛苦的我啊！
当我决定做这件事而非那件事时，
我的灵魂在身体中哪儿游荡呢？

［450D］此外，克吕西波接着说："自然安排每一种理性动物用理性处理事情，被理性所统治；然而，当我们处于其他更剧烈之力的冲动之下时，理性通常都会被弃绝。"因此，他在这段话中已经承认激情和理性的不同所带来的后果。

如果一个人说他比自己好，然后又说比自己差，有时候他主宰自己，有时候又不主宰自己；那么，这就像柏拉图③所说的那样，是荒谬的。

---

① 阿尼姆：《早期斯多亚学派辑语》第 3 卷，第 94 页；克斯兰德（Xylander）将之译作 *De Dissensione Partium Animi*。
② 辑语 567，Kock：《阿提卡喜剧辑语》第 3 卷，第 173 页（Allinson 编，第 497 页）。
③ 柏拉图：《理想国》，430e。

11. 因为，如果每个人从本性上说都不可能是某种双重性存在，不可能同时拥有更好和更差，[450E] 这同一个人怎么可能既比自己好又比自己差，或者在主宰自己的同时又被自己主宰？在这种情况下，让更差部分服从于更好部分的人是自制者和比自己更好的人，而让更好的部分服从于灵魂中的不能节制和非理性部分的人，就被称作"比自己差"的不能自制者，并且还处于有违自然的状态之中。

因为，按照自然，神圣的理性宜于引导和统治非理性，这种非理性直接源于身体，自然使之与身体相似，分有身体的激情并被激情污染，因为非理性已经进入身体之中，与身体混为一体；可以用我们的冲动说明这一点①：冲动出现且向着物体性的东西运动，随着身体的变化而变得剧烈或缓和。故此，[450F] 年轻人的欲望由于充满了疯狂而激动的血液而是急躁、渴求和热望的；但是在老年人中，位于肝脏②周边的欲望源头正处于熄灭之中，变得微小虚弱；同时，当激情部分随着身体逐渐衰弱时，理性则越来越强。毫无疑问，这种情况也决定了野兽在激情本性上的变化。[451A] 因为，有些动物并不是由于观点的正确或错误才以它们的勇猛和冲动抵抗明显的危险，而其他动物的灵魂中则只有无用的纷扰和恐惧；相反，控制血液、呼吸以及总而言之的身体的能力造成了其激情上的差异，因为激情部分从肉体生出，就像从根部生出一样，并且还携带了肉体的特征和品性。但是，在人之中，人的身体随着激情部分的冲动而受到影响故而运动，这体现在他的脸色苍白③和发红，心脏颤动和跳动，[451B] 还有他希望和期待快乐时的愉悦和放松表情。相反，无论理智在什么时候行动，如果它不与激情为伴，而只是独处的话，身体就会保持平和与静止；而且，只要身体不影响激情部分

---

① 参见柏拉图《蒂迈欧》，86b。
② 柏拉图：《蒂迈欧》，71a。
③ 参见普鲁塔克《论欲望与痛苦》（*De Libidine et Aegritudine*），6（Bernardakis，第 7 卷，第 5 页）。

或将非理性纳入理智活动之中，身体就不会参与或介入理智活动。因此，这一事实同样也说明我们之中有两个彼此能力不同的部分。

12. 总而言之，正如他们①承认的，同时也很明显的是：有些事物由习惯管理，其他事物由自然管理，有些由非理性的灵魂管理，有些由理性的和理智的灵魂管理；实际上，人分有所有这些事物，受以上所提到的所有区分的影响。[451C]因为人被习惯控制，被自然天性教养，使用理性和理智。因此，人拥有某些非理性部分，自然地就有激情之端，这不是外在的，而是他的存在的必然部分；激情无法被彻底消除，相反，应当得到培养和教育。因此，理性的作用不是色雷斯式（Thracian）的，也不是像吕库古②那样将激情的有益部分和有害部分一并剪除，③ 而是像照看庄稼的神④和守卫葡萄藤的神⑤所做的那样，砍掉疯狂生长的植物，剪去过于茂盛的植物，然后栽培和维护那些可资利用的植物。那些害怕醉酒的人不会把酒倒掉，⑥ [451D]那些害怕激情的人也不会根除这个扰乱的部分，而是勾兑⑦他们所害怕的东西。事实上，人们除掉的是牛和马的乱踢乱跳，而非它们的运动和活动；同样，当激情温顺驯服时，理性就会使用激情，既不阻拦⑧也不消除这个为灵魂服务的部分。因为：

---

① 斯多亚学派；参见阿尼姆《早期斯多亚学派辑语》第2卷，第150页。

② 参见普鲁塔克《论听诗》，15D—E。忒萨利国王吕库古对狄奥尼索斯发怒，于是砍倒了葡萄藤；参见阿波罗多洛斯《书藏》第3卷，5.1，以及Frazer的注释（Loeb本，第1卷，第327页及以下）。

③ 参见普鲁塔克《论羞愧》，529B—C。

④ 波塞冬：参见普鲁塔克《七贤会饮》，158D，《筵席会饮》，730D。

⑤ 狄奥尼索斯：参见普鲁塔克《论食肉》，994A；在《筵席会饮》675F，波塞冬和狄奥尼索斯被说成是 τῆς ὑγρᾶς καὶ γονίμου ἀρχῆς（潮湿与生殖之开端）的主人。波塞冬作为植物之神的作用可能源自他作为清溪和清泉之神的地位；参见Farnell《古希腊城邦的祭仪》(*Cults of the Greek State*) 第4卷，第6页。

⑥ 参见柏拉图《法义》，773d。

⑦ 关于省略部分的批评，参见Hartman《论普鲁塔克》，第203页及以下。普鲁塔克的意思是，以水来勾兑酒，以理性来勾兑激情。

⑧ 参见上文，449F。

115

　　　　　马就适合马车，

正如品达①所说：

　　　　　牛是用来耕地的；
　　　　　但如果你要猎杀野猪的话，你必须要找到一只
　　　　　勇猛的狗。

然而，当激情帮助理性，增强德性时，那一大帮德性都会比这些野兽更加有用：［451E］如果血气得到节制的话，它就会有助于勇气，对恶的憎恨有助于正义，义愤②会反对与应得不配的那些发达人士，这些人的灵魂被愚蠢和肆心③所鼓动，应当受到压制。因为一个人是无法将友谊与某种亲善倾向分隔开的，也无法将仁慈与怜悯相分离，或者将真正的慷慨与同喜同悲之情完全分开，即便他想要这么做的话。如果那些因情爱会导致疯狂而彻底抛弃情爱的人是错误的话，那些因为商业会导致贪欲而谴责商业的人也不会是对的；相反，他们所做的有点类似那些因为可能会被绊倒就废除跑步，或者是因为可能脱靶就废除射击的人的行为，④他们也因为有人会唱跑调而不喜欢任何歌曲［451F］。正如在声音中，音乐术并不是通过去除低音和高音⑤来产生和音；在身体中，医术并不是通过去除热和冷来产生健康，而是通过这二者合乎数比的混合来产生健康；同样地，在灵魂中，当理性在激情部分的能力和运动中造成适宜与节制时，伦理德性便产生了。［452A］因为，过度痛苦、过度

---

① 辑语 234，Bergk 编；辑语 258，波埃克（Boeckh）编（第 611 页，Sandys 编）；完整的引用在普鲁塔克《论静心》，472C。
② 参见阿尼姆《早期斯多亚学派辑语》第 3 卷，第 100 页，1.37。
③ 参见柏拉图《法义》，716a。
④ 参见普鲁塔克《论制怒》，459D。
⑤ 参见前文，444E—F。

愉悦、过度恐惧的灵魂就好像膨胀和化脓的身体；然而，如果愉悦、痛苦、恐惧得到节制的话，灵魂就不会这样了。荷马①说得很好：

> 勇敢者脸色不变，
> 也不会过分惧怕。

他去除的并非恐惧，而是过度的恐惧，这是为了让勇敢者勇敢而非疯狂，大胆而非莽撞。因此，就快乐而言，一个人一定要抛弃过度的欲望，就惩罚错误而言，一定要抛弃过度的恨意：因为在前一种情况下，一个人就会因此而是节制但又非无情，而在后一种情况下，他就会是正义的，而非野蛮残酷。[452B] 但是，倘若激情真的被彻底消除的话，②俗众的理性就会过于怠惰迟钝，就像是海风平息下去时的水手。毫无疑问，立法者们也认识到了这一点，于是便在政制中植入邦民之间的争胜好强，而在面对敌人时，立法者们则用喇叭笛声唤起并增强邦民们的血气和好战之心。③ 因为正如柏拉图所说，④ 不仅在诗里，被缪斯启发和附体之人证明了仅仅依靠理论知识的手艺人是可笑的，而且在战场上，激情所焕发的如有神助者 [452C] 是不可抵抗和不可战胜的。荷马说，这种品质是神注入人之中的：

> 阿波罗这样说了后，将巨大的力量
> 注入士兵的牧者中⑤；

---

① 荷马：《伊利亚特》第 13 卷，284 行；参见普鲁塔克《论荷马的生平与诗》，135（Bernardakis，第 7 卷，第 408 页）。
② 参见前文，443C。
③ 对比普鲁塔克《论制怒》，458E。
④ 柏拉图：《斐德若》，245a；参见柏拉图《伊翁》，533a 及以下。
⑤ 荷马：《伊利亚特》第 15 卷，262 行：阿波罗对赫克托耳说话。

以及：

> 他做这些疯狂行为①，
> 
> 不会没有神的帮助；

就好像诸神将作为刺激和工具的激情放到理性之中一样。

的确，我们看到他们经常以赞美来鼓励年轻人，以警告来惩罚年轻人；前者带来快乐，后者带来痛苦，因为警告和责备产生后悔与羞耻，前者是某种痛苦，后者是某种恐惧；② 他们主要是使用这些方法来进行纠正。[452D] 当有人赞美柏拉图时，第欧根尼③说道："用如此多的时间谈论哲学，却从未让任何人感到痛苦，这样的人有什么了不起的？"因为正如克塞诺克拉底④说的，一个人的研习不能被称作是对年轻人的羞耻、欲望、后悔、快乐、痛苦、野心这样一些激情的"哲学把握"。对于这些激情，如果理性和法律进行恰当和有益的把握的话，就能有效地让年轻人走上正道。因此，拉刻岱蒙人⑤的教师说得不错：他说他打算让孩子对高尚之事感到快乐，对羞耻之事感到讨厌。其实，除此之外，适合于自由民的教育便没有更大和更高贵的目的了。

---

① 荷马：《伊利亚特》第5卷，185行，说的是狄奥墨得斯。

② 参见阿尼姆《早期斯多亚学派辑语》第3卷，第98页及以下。

③ 参见阿基达莫斯（Archidamus）对卡里鲁斯（Charillus）的评价，普鲁塔克：《如何辨别朋友与谄媚者》，55E，《拉刻岱蒙格言》，218B，《论妒与恨》（*De Invidia et Odio*），537D。

④ 参见第欧根尼·拉尔修，4.10。

⑤ 参见《德性可教吗？》（*An Virtus Doceri Possit*），439F；柏拉图，《法义》，653b—c。

# 论制怒

1. 苏拉①：[452F] 方达洛斯（Fundanus）②，对我而言，我认为这些画家做得很好：在结束他们的作品前，他们会时不时地检查一下。他们这样做是因为，通过经常收回他们的目光，检查他们的作品，他们便会形成一个新的判断，这种判断极有可能抓住由于熟视无睹而隐匿不见的细微差异[453A]。（对自己的熟视无睹尤其使人在自我评判时不称职）因此，既然一个人不可能通过远离自己和打断自己的感觉连续性来一再注视自己，那么，次好的方式就是不时检查他的朋友，同时也让他的朋友来检查自己，不是请他们看看他是否突然间长大，或者身体变好或变糟，相反，对他们来说，他们要检查他的行为和品性，以便了解时间是否在他身上增加了某些优点，或者拿走了某些缺点。对我来说，由于我在离开一年之后才回到罗马，而现在是我与你连续相处的第五个月，我对你在天赋德性上的飞速成长[453B]和进步已经不是那么惊讶了；但是，当我看到你的愤怒（anger）的剧烈和暴躁已经变得如此温和、服从于理性时，我就要来说说你的怒气（temper）。

多么惊人，它已经变得如此温文尔雅！③

然而，这种温和带来的并非懒散，也非软弱，而是就像深耕细作后的土

---

① 塞克斯提乌斯·苏拉（Sextius Sulla），普鲁塔克的朋友（参见《筵席会饮》，636A，以及《罗马帝国人物学》[*Prosopographia Imperii Romani*]，第3卷，第239页）。

② C. 米尼基乌斯·方达洛斯，小普林尼的朋友（《书信集》第5卷，16），参见《罗马帝国人物学》第2卷，第377页。

③ 荷马：《伊利亚特》第22卷，373行。

地一样，变得平整与深厚，更宜于有效行动而非怒气的暴躁盲动。因此，显然你的灵魂的怒气部分并非因年龄增长精力不济而衰减，也并非自动衰减，而是得到了某些有益训诫的治疗。[453C]然而（因为我会对你实话实说），当我们的朋友爱若斯①（Evos）告诉我所有这些时，我曾怀疑他是因为心地善良而看到了许多你实际上没有的品质，因为这些品质应当属于既美且好之人的，尽管如你所知，他毫无疑问不是那种让自己的意见听从自己对人的喜好的人。但是如今，爱若斯已经不再被指为做伪证了。就你而言，由于我们的旅程②让我们拥有闲暇，请你给我们详细谈谈，就好像讲述某次医学治疗那样：告诉我们你使用了什么样的治疗方法来让你的怒气服从于缰绳，变得柔软、温和，听从理性。

方达洛斯：最热心的苏拉啊，你会不会正是因为对我的好意和友谊而忽视我的某些真实品质？因为，[453D]甚至是爱若斯本人也无法经常让他的怒气处于那种荷马式（Hemeric）③的顺从之中，相反，当他的怒气因恨意变得最为粗暴时，我们就会合理地推断，相比于他，我已经表现得很温和了，正如在调式的转换中，相比于其他的高音，某些高音占据了低音的位置。

苏拉：这些推测没一样是真的，方达洛斯。按我说的做，告诉我们吧！

2. 方达洛斯：苏拉，我所记得的缪索尼俄斯（Musonius）④的有益训诫之一便是："一个想要安全度过一生的人，必须终其一生接受治疗。"因为在一个人的治疗中，我认为我们不应像使用黑藜芦那样使用

---

① 普鲁塔克在《论静心》464E再次提到了这个与方达洛斯有关系的朋友。
② 参见 Hirzel《对话集》（*Der Dialog*）第2卷，第168页，注释4。
③ 荷马：《奥德赛》第20卷，23行，完整地引用见普鲁塔克，《论饶舌》，506B。
④ 辑语36，Hense 编。译者按：缪索尼俄斯·鲁弗斯（Rufus）是公元1世纪的斯多亚哲人，爱比克泰德的老师。

理性，让理性随着疾病一道被清除出身体，相反，[453E] 理性必须留在灵魂之中，监管和守护各种判断。因为理性的力量不同于药物，而是类似于有益健康的食物，在那些习惯于理性的人身上产生好的习惯和充沛的精力。但是，如果在情绪正如日中天且不断膨胀时，对其使用劝诫和警告就几乎无法发挥作用，或是困难重重。此时的劝诫和警告并不比那些芳香药剂更好，这些芳香药剂会在癫痫患者伏地而躺时唤醒他们，但并不清除他们的疾病。而其他情绪即便在如日中天时，当理性从外面进入灵魂来帮助时，它们也多少还是会服从且承认理性。但怒气就不这样，它并非如墨兰提俄斯（Melanthius）① 所说的那样，

    挣脱心智，然后做出可怕的行为，

而是相反，怒气将理性彻底清除，关在外面，[453F] 正如那些在家中大动肝火的人那样，怒气使得内部的一切都充满着混乱、烟雾和噪声，这样，灵魂就既看不见也听不见任何有益的东西。因此，[454A] 一艘在远海风暴②中被水手遗弃的船可以接受一位外来的舵手，而一个在怒气和愤怒之浪中上下摇晃的人是不会承认别人的推理的，除非他自己已经拥有准备好接受别人推理的理性。但正如那些面对围攻的人一样，如果他们放弃了外援的希望的话，他们就会搜集并储存有用的东西；故而最重要的是，我们应当提前获得哲学提供的抵抗怒气的援助，将其输入灵魂之中，因为要知道，等到使用这些增援的时机到来时，我们已经无法轻松地引入这些增援了。因为灵魂会由于其自身的骚动而听

---

  ① Nauck：《古希腊悲剧辑语》，第760页；普鲁塔克的《论神的惩罚的延迟》551A再次引用。根据 Wilamowitz 的《罗德岛的悲剧作家墨兰提俄斯》（Der Tragiker Melanthios von Rhodos）（*Hermes*，第29卷，第150页及以下），这位诗人（大约在公元前150年）不是雅典悲剧诗人，而是罗德岛的一位悲剧诗人。

  ② 参见普鲁塔克《伊壁鸠鲁实际上使快乐生活不可能》，1103C。

不到外界任何东西，除非灵魂内部就有理性，[454B] 它就像指挥桨手的水手长一样敏捷地抓住并理解收到的命令。然而，如果灵魂听到的是轻柔的建议，其就会轻视它们；但如果其面对的是以更加粗暴的方式固执到底之人，灵魂又会被激怒。实际上，怒气是傲慢和顽固的，除了它自己，谁也难以推动它，其就像个防守坚固的僭主体制一样，只能由同一屋檐下出生和成长的人来摧毁。

3. 显然，当愤怒持续存留且频繁爆发时，灵魂中便会出现一种坏习惯，这被称为"易怒"，① [454C] 当因怒气患病，对小事生气、爱挑刺儿时，"易怒"就会导致勃然大怒，发火暴躁；就像又软又薄的铁的上面总会留下抓痕一样。但是，如果判断立即抵制和镇压愤怒的话，判断就不仅在目前治愈了它们，而且就未来而言也使得灵魂精力充沛，不会受到情绪的进攻。无论怎样，就我自己而言，当我两次或三次抵制愤怒之后，便体会到了底比斯人（Thebans）所经历过的东西，底比斯人在首次②击败有着不可战胜之名声的拉刻岱蒙人之后，从此就在任何战斗中都不再会被拉刻岱蒙人击败；我也同样获得了一种自豪的意识，即理性是有可能征服愤怒的。我不仅看到愤怒在浇了冷水之后便停止了，正如亚里士多德③所说的，[454D] 我还看到当恐惧这种糊药用在愤怒之上的时候，愤怒便熄灭了。凭宙斯之名，如果快乐出现的话，许多人的怒气就会迅速地"融化"和消散，如荷马④所言。因此，我得出的看法是，至少是对那些希望治愈情绪的人来说，这种情绪并非完全不

---

① 参见柏拉图《理想国》，411b—c。
② 在琉克特拉战役中（公元前371年）。
③ 这明显来自一篇遗失的作品，尽管并没有包括在罗斯（Rose）的辑语全集中。然而，亚里士多德在《问题集》（*Problemata*），10.60（898a4）观察到，恐惧是一个冷却的过程；亦参亚里士多德《论动物部分》（*De Partibus Animalium*），2.4（651a 8 及以下）。
④ 荷马：《伊利亚特》第23卷，598，600等行；关于普鲁塔克对 ἰαίνεσθαι（加热、融化）的解释，见《论冷的原理》（*De Primo Frigido*），947D：ἀλέαν τῷ σώματι μεθ' ἡδονῆς, ὅπερ Ὅμηρος ἰαίνεσθαι κέκληκεν（就会愉快地加热身体，荷马将之称作发热），亦见《筵席会饮》，735F。

可治愈。

这是因为愤怒并不总是拥有强大有力的开端，相反，甚至某个笑话，一句调侃、一声发笑或者某人的一个点头以及许多此类的事情，都会引发许多人的愤怒；比如海伦（Helen）对她侄女说：

厄勒克忒拉（Electra），当了那么多年的老姑娘了，

被激怒的厄勒克忒拉回答说：

你的聪明太迟了，只是等到你羞辱家门出走时。①

同样，亚历山大也被喀里斯忒涅斯（Callisthenes）② 激怒，[454E] 当大酒杯正在传递时，他说："我不愿意喝亚历山大的酒，然后叫阿斯克勒皮德斯（Asclepius）进来。"③

4. 因此，正如扑灭野兔毛④点燃的火焰，或者灯芯的火焰，或者垃圾里的火焰是很容易的，但是如果火焰抓住了又硬又厚的事物的话，它就迅速地进行摧毁和消灭，

以匠人的高贵辛劳中的旺盛精力，⑤

正如埃斯库罗斯（Aeschylus）说的；因此，从一开始便留心其怒气的

---

① 欧里庇得斯：《俄瑞斯忒斯》，72，99。
② 参见普鲁塔克《筵席会饮》，623F—624A；亚忒莱俄斯，第10卷，434D。
③ 这是在嘲弄亚历山大自认的神圣性，此处的"亚历山大"取代了酒神狄奥尼索斯，直到不得不召入医神阿斯克勒皮德斯；关于这个故事的真实性，参见 H. Macurdy《喀里斯忒涅斯对亚历山大祝酒的拒绝》（The Refusal of Callisthenes to Drink the Health of Alexander），刊于 The Journal of Hellenic Studies，第50卷，第2部分（1930），第294—297页。
④ 参见普鲁塔克《婚姻谏言》（Coniugalia Praecepta），138F。
⑤ Nauck：《古希腊悲剧辑语》，第107页，辑语357。

人，当怒气因某些谣言和粗俗的下流笑话这些小事而冒烟和燃烧时，他无须对怒气太过在意，相反，他只要通过保持沉默并忽视怒气，便可以成功［454F］消除怒气。因为不给火添加燃料的人会将火扑灭，同样，从一开始便不滋养愤怒，不随着愤怒而膨胀的人便保护了自己，消灭了愤怒。因此，尽管希耶罗吕莫斯（Hieronymus）① 的其他说法和建议是有用的，但我并不满意他在一些文段中所说的，他说：当愤怒生成时，我们感觉不到愤怒，而只有当愤怒已经生成并存在时才能觉察，因为愤怒的行动迅速。因为，当情绪聚集并开始行动时，其生成和［455A］增加确实并非显而易见。② 的确，正如荷马熟练地教诲的，他让阿喀琉斯在听到消息③时突然被痛苦压倒，荷马在诗中说：

　　他一听便陷入了痛苦的黑云中。

但是，荷马也刻画了阿喀琉斯对阿伽门农④的怒气是慢慢出现的，只有在听到阿伽门农的喋喋不休后才最终勃然大怒，然而，如果这两人中的任何一个从一开始就忍住自己的话不说，争吵就不会变得如此严重，也不会如此剧烈。正是因此，每当苏格拉底⑤发觉自己有对他的朋友凶巴巴的冲动时，他就让自己，

　　像海角一样阻断风暴，⑥

---

　① 罗德岛（Rhodes）人，公元前 3 世纪的漫步学派哲人。
　② 但是，参见普鲁塔克《爱之书》（*De Amore*），4（Bernardakis，第 7 卷，第 134 页）。
　③ 安提洛科斯（Antilochus）带来了帕特罗克洛斯（Patroclus）之死的消息；荷马：《伊利亚特》第 18 卷，22 行。
　④ 荷马：《伊利亚特》第 1 卷，101 行及以下。
　⑤ 参见塞涅卡《论愤怒》第 3 卷，13.3。
　⑥ 作者未知：Bergk：《古希腊抒情诗人集》第 3 卷，第 721 页；Diehl：《古希腊抒情诗选》（*Anthologia Lyrica*），第 163 页；Edmonds：《古希腊抒情诗》第 3 卷，第 473 页；更完整地引用见于普鲁塔克《健康谏言》（*De Tuenda Sanitate Praecepta*），129A，《论饶舌》，503A。

[455B] 他会降低声音，在脸上舒展笑容，让眼神更加温和，通过在心中建立对自己的情绪的抵制，让自己避免犯错，不可战胜。

5. 朋友，如果你去除怒气就像打倒一位僭主的话，那么你的首要方法并不是在怒气命令我们大声哭喊、面露凶相并捶打胸脯时服从和听话，而是保持沉默，不去强化情绪，就像不要用辗转反侧和大声喊叫强化疾病一样。的确，爱者的各种活动，比如独唱或群歌，以及给爱人的门戴上花环，都能以这种或那种方式缓和情绪，而且不失风雅，又不粗俗：

  我来了，但没有呼叫你的名或姓；
  [455C] 我只是亲吻了门。如果这也有罪，
  那我就已经犯罪了。①

同样，悲伤者对哭泣和哀号的投降以眼泪带走了他们的痛苦。但是怒气却会因人们在怒气状态中所常做的和说的而更容易点燃。

因此，对我们来说，最好还是保持安静，或者逃走藏起来，进入一个宁静的港湾，就好像我们感觉到癫痫病就要发作一样，② 这样我们就不会倒下，更准确地说是不会倒在别人身上，尤其是我们会经常倒在朋友身上。因为我们虽然不会不分青红皂白地去爱、嫉妒或害怕所有人，但怒气却会触及和攻击一切：[455D] 我们对敌人和朋友发怒，对孩子和父母发怒，凭宙斯之名，甚至是对神发怒，对野兽和无灵魂的用具大发雷霆，正如塔米里斯（Thamyris）：

---

 ① 喀里马科斯（Callimachus）：《警句》（*Epigram*），43（42），vv. 5, 6（《帕拉丁古希腊诗句与警句选》[*Anthologia Palatina*] 第 12 卷，118）。参见普罗佩提乌斯（Propertius）《挽歌集》（*Elegiae*）第 2 卷，30.24：Hoc si crimen erit, crimen amoris erit（如果这也是犯罪的话，那么爱就是犯罪）。

 ② 参见塞涅卡《论愤怒》第 3 卷，10.3。

> 砸掉黄金镶嵌的角杯,
>
> 砸掉动听紧绷的里拉琴;①

还有潘达罗斯(Pandarus),如果他没有"用手砸断"② 并烧毁他的弓的话,他就会诅咒自己。克赛尔克瑟斯不仅侮辱和鞭打海洋,③ [455E] 也给山写信:④ "上及苍穹的高贵的阿索斯山(Athos),别在我行动的途中掉落难以挪动的巨石。要不然,我就会将你劈下,扔进大海。"怒气能做许多可怕的事情,但也能做许多可笑的事情;因此,它是情绪中最可憎的,最让人看不起。从这两方面考察这种情绪,将会是有用的。

6. 至于我,我不知道这是否正确。我是这样开始治疗我的愤怒的:正如拉刻岱蒙人曾经观察希洛人(Helots)⑤ 醉酒的状况那样,我也先观察一下别人的愤怒。首先,正如希波克拉底(Hippocrates)⑥ 说的,最为严重的疾病就在于 [455F] 患者面目全非,同样,我观察到那些被愤怒改变的人也在面容、脸色、步态、声音上改变得最多,⑦ 这样我就形成了那种情绪的一个画面;一想到我如果对朋友、妻子、女儿显出这副疯狂的模样,就会感到极度不舒服,不仅看起来凶残和陌生,还发出粗暴刺耳的声音,正如我曾经遇到的某些亲密朋友一样,当时愤怒已经让他们完全无法维持他们的心性、外形、优雅言辞,以及交谈时的可爱与温和。[456A] 演说家盖乌斯·格拉科斯(Gaius Gracchus)⑧ 的情形可作为例证。他不仅性情严厉,而且在说话时也过于激动;因此他做

---

① Nauck:《古希腊抒情诗》,第 183 页,索福克勒斯,辑语 223(辑语 244,Pearson 编)。参见荷马《伊利亚特》第 2 卷,594—600 行。
② 荷马:《伊利亚特》第 5 卷,216 行。
③ 参见希罗多德,7.35。
④ 参见希罗多德,7.24。
⑤ 参见普鲁塔克《希腊问题》(*Quaestiones Graecae*),293A。
⑥ 希波克拉底:《预兆》(*Prognosticon*),2(第 1 卷,第 79 页,Kühlewein 编)。
⑦ 参见塞涅卡《论愤怒》第 2 卷,35。
⑧ 参见普鲁塔克《格拉科斯传》(*Life of Gracchi*),2(825B)。

论 制 怒

了个定调管，音乐家们用这种定调管来上下调节声音找到合适的音调，当他发表演说时，他的仆人手拿定调管，站在他的后面，给他高雅的和温和的声调，这使得格拉科斯能够缓和自己的大声叫喊，从他的声音中排除那些刺耳和激昂的部分；正如牧羊人的

> 加了蜡的乐管，声音清响，
> 低吟出令人昏昏欲睡的乐曲，①

同样，这位演说家也迷住并缓解了自己的愤怒。但是就我来说，如果我有留心的和聪明的伴友的话，我不会对他在我愤怒时用镜子②照我而感到愤怒，[456B] 尽管他就像有些人为了毫无用处的目的而为别人在浴后照镜子一样。因为，如果我们看到自己处于违背自然的状态中时的品性全都是扭曲丑陋的话，这就会十分有助于痛恨这种情绪。实际上，那些开玩笑的人就说，当雅典娜演奏长笛时，萨图尔（satyr）就责备她：

> 这个样子与你不相配，放下长笛，
> 拿起武器，摆正你的脸！③

可她并未留心他的话，但是当她看到她在河中倒影的脸时，她便感到恼火并扔掉了长笛。可是音乐技艺也可以用曲调来抚慰某种难看景象。马尔苏阿斯（Marsyas）④ 似乎会以口套和面颊缠带压住自己剧烈的呼吸，[456C] 掩饰和隐藏他脸上的扭曲：

---

① 埃斯库罗斯：《普罗米修斯》，547—575。
② 参见塞涅卡《论愤怒》第 2 卷，36.13。
③ Nauck：《古希腊悲剧辑语》，第 911 页，佚名，381。
④ 参见普鲁塔克《筵席会饮》，713D。

> 他以光芒四射的金子配上鬓角的流苏，
> 而贪婪的嘴，他则配以绑在后面的带子。①

但是愤怒却会让脸部以难看的样子鼓起并张开，发出更加丑陋的难听声音，

> 搅动往常安静的心弦。②

因为，当海洋被风扰乱、掀起海藻和海草时，人们就说海洋正在被净化；但是，当灵魂受到扰乱时，怒气所掀起的放纵、尖酸和废话首先污染的是说话者，［456D］让他们满是恶名，好像他们心中一直拥有并充满的这些特征如今因为愤怒而暴露出来了。因此，如柏拉图所说，③他们只是由于一句话，以及"最微不足道的事"便遭致了"最严厉的惩罚"，即被人看作有敌意的、诽谤的和歹毒的。

7. 因此，当我观察到这些事情并将它们仔细地记在心里时，我想我应该为了自己的好处而将它们储存起来并彻底记住它们，就像在发烧时保持舌头松软平滑是好的，同样，在愤怒时这样做甚至会更好。因为，如果发烧者的舌头处于不自然的状态的话，这就是人们疾病的噩兆，而非其原因；而当愤怒之人的舌头变得又糙又脏，［456E］从中爆出不得体的言辞时，舌头就会导致傲慢，这种傲慢会导致无法补救的敌

---

① 根据策策斯，出自西蒙尼德《千行诗》（*Chiliades*）第 1 卷，372（辑语 177，Bergk 编，160，Diehl 编，115，Edmonds 编）；被 Schneidewin 归于西米阿斯·罗德狄乌斯（Simias Rhodius）（参见 Powell《亚历山大里亚诗集》［*Collectanea Alexandrina*］，第 111 页）。

② Nauck：《古希腊悲剧辑语》，第 907 页，佚名，361；普鲁塔克的《论听》43D 和《灵魂或者身体的遭遇是否都是糟糕的？》501A，502D 再次引用。

③ 对柏拉图《法义》935a 和 717d 的结合，正如《如何从敌人那里获益》（*De Capienda ex Inimicis Utilitate*），90C，《论饶舌》，505C，《筵席会饮》，634F，参见 Schlemm《普鲁塔克的作品〈论制怒〉的起源》（Ueber die Quellen der Plutarchishen Schrift περὶ ἀοργησίας），刊于 *Hermes*，第 38 卷（1903），596。

意，并且证明了身体中愈益恶化的狠毒。因为未混合的酒不会像愤怒那样产生如此放纵和可憎的东西：随酒流淌出的言语可用于嬉笑与消遣，而从愤怒中流淌出的言语则与怨恨混合。喝酒的人不喜欢、反感在酒席上保持沉默之人，可是愤怒的人如果保持安静，那就高贵无比了，正如萨福（Sappho）[①] 建议的：

> 当愤怒在胸中膨胀时，
> 遏住愚蠢叫骂的舌头。

8. 但是，对愤怒者的持续关注不仅让我们明白了这些，[456F] 而且理解了怒气的一般本性——它出身低贱，缺少男子气概，没有任何值得骄傲或者伟大的品质。然而，大多数人认为怒气的扰乱是活动，其威胁就是大胆，其不服从就是力量，有些人甚至认为其残酷就是行动中的伟大，其无情就是决心的坚定，其不满则是仇恨邪恶。但是他们在这一点上都错了，因为 [457A] 愤怒者的行动、举止以及全部的态度都反映了他们的渺小与软弱，愤怒之人不仅撕扯小孩，对女人发怒，认为应当惩罚狗、马、骡，正如角斗士克忒西丰（Ctesiphon）所做的，他认为应当回踢骡子；而且，这还体现在僭主们所犯下的屠杀当中，他们行为的残忍和堕落状态展示了他们的卑劣灵魂，这就像毒蛇咬人一样，当人们被愤怒和痛苦灼烧时，就会对那些伤害过他们的人喷射过于激烈的情绪。因为正如击打会让身体肿起来，同样，对于那些最软弱的灵魂，[457B] 别人的加害迹象会导致怒气的突然大爆发，与灵魂的虚弱恰好相称；这也是为何妇女比男人，病人比健康者，老人比年轻人，不幸者比好运者更易愤怒的原因。最容易发怒的例子有：贪婪者对他的管家发怒，暴食者对厨师发怒，妒忌者对他的妻子发怒，以及虚荣者听到坏话

---

[①] 辑语 27，Bergk 编，126，Diehl 编，137，Edmonds 编。

时发怒；但是最糟糕的是：

> 过于渴望在城邦里出名的人：
> 他们带来的明显是痛苦，

正如品达①说的。同样，在通常由于软弱而导致的灵魂痛苦和受难之中[467C]也会出现怒气的爆发，这种怒气并非像有人②说的那样像是"灵魂的肌腱"，而是像当灵魂为了保护自己而过于激烈地发作时的扭曲与抽搐。

9. 的确，这些丑陋的例子看起来令人不悦，但只是不可避免而已；但在讨论那些以温柔、温和的方式处理愤怒的人时，我会提出那些无论听上去和看上去都非常美好的例子；让我以批评如下说法开始，

> 你在冤枉人：难道一个人应当忍受冤枉？

以及

> 用脚踩他，踩在他的脖子上，
> 踩，把他踩倒在地！③

---

① 辑语 210，Bergk 编，229，Boeekh 编，第 609 页，Sandys 编。
② 柏拉图：《理想国》，411b；对比《论伦理德性》，449F。当普鲁塔克不得不与柏拉图矛盾时，普鲁塔克似乎不愿提及柏拉图，但是，参见 Pohlenz《普鲁塔克的作品〈论制怒〉》(Ueber Plutarchs Schrift περὶ ἀοργησίας)，刊于 Hermes，第 31 卷，332 (1896)（关于斐洛德莫斯 [Philodemus] 的《论愤怒》[De Ira] 31.24）。
③ Bergk：《古希腊抒情诗人集》第 3 卷，第 694 页；Diehl：《古希腊抒情诗选》第 1 卷，第 265 页；Edmonds：《哀歌与抑扬格》第 2 卷，第 304 页：Meineke 认为这部佚名的四音步诗是阿基洛科斯（Archilochus）所做。

以及其他一些挑衅的表达，有些人通过这些表达错误地将怒气从妇女的内室带入男人的住所。[457D] 因为，尽管勇敢在其他方面都与正义一致，但是我认为，唯有勇敢才要努力争取温和，因为温和更多地属于正义。但是，尽管通常看到的是更差的人统治更好的人，然而，在灵魂中树起针对怒气的胜利纪念碑（赫拉克利特①说与之相搏是很难的："不论它希望什么，都会以灵魂为代价去争取"）则是伟大的胜利力量的证明，这种力量用以抵抗情绪的是判断，它们确实就像是灵魂的腿筋和肌腱一样。②

因此，我总是努力搜集并阅读的不仅有哲人们——愚蠢者说他们体内并无胆汁③——的言行，而且更多的是 [457E] 那些国王和僭主的言行。比如安提戈诺斯（Antigonus）对他的士兵说的话。当时，这些士兵在他的帐篷旁骂他，以为他没有听到，但他只是伸出王杖并喊道，"怎么？难道你不会走远一点再骂我吗？"还有阿开亚人（Achaean）阿卡狄昂（Arcadion），他总是说腓力（Philip）的坏话，建议人们逃走

    直到一个无人知道腓力的地方；④

后来，当他某次去马其顿（Macedonia）时，腓力的朋友们认为不应放过他，而应惩罚他。然而当腓力遇到他时却善意地招待了他，还赠送他礼物；后来，腓力要求他的朋友们 [457F] 打听一下阿卡狄昂是如何对希腊人说他的。当大家都证实这个人已经变成了国王的奇妙赞美者

---

 ① 第尔斯：《前苏格拉底哲人辑语》第 1 卷，第 170 页，辑语 85；参见普鲁塔克《科里奥拉鲁斯传》（*Life of Coriolanus*），22（224C），以及《爱之书》，755D。但是，赫拉克利特所说的顽固激情可能是爱，而非愤怒。

 ② 或许是对柏拉图《理想国》411b 的修改（正如上文 457C）（亦参见《论伦理德性》，449F）。

 ③ 即是说"没有胆量"，参见阿基洛科斯，辑语 131，Bergk 编，以及卡普（Capps）对米兰德《割发女》（*Perikeiromenē*）259 的注释。

 ④ 参见普鲁塔克《国王与统治者格言》，182C；塞涅卡：《论愤怒》第 3 卷，22.2。

时，腓力说，"那么，我就是比你们更好的医生"。同样，当腓力在奥林匹亚遭到诽谤时，有人说希腊人应当受到惩罚，因为尽管腓力待他们很好，他们却说了腓力的坏话，但腓力却说："如果我对他们很差的话，他们还会做什么呢？"

同样美好的还有佩西斯忒拉图（Peisistratus）对忒拉绪布洛斯（Thrasybulus），[458A] 珀尔西纳（Porsenna）对穆基俄斯（Mucius），以及玛伽斯（Magas）对斐勒蒙（Philemon）的所作所为。因为玛伽斯在剧院的喜剧中被斐勒蒙公开地嘲笑：

A. 玛伽斯，国王给了你信；
B. 不幸的玛伽斯啊，你不识字！

后来，当斐勒蒙被帕莱托尼乌姆（Paraetonium）的暴风雨扔到了岸边时，玛伽斯抓住了他。但他只是命令士兵拔剑碰了一下斐勒蒙的脖子，然后就彬彬有礼地离开了；玛伽斯还送给斐勒蒙一些骰子和一个球，就像是送给一个无理智的孩子一样，然后就送他上路了。同样还有托勒密（Ptolemy），当他嘲笑一位学者的无知时，他问谁是佩莱俄斯（Peleus）的父亲，这位学者说："我会告诉你的，[458B] 如果你首先告诉我谁是拉戈斯（Lagus）的父亲的话。"① 这是对这位国王的可疑出生的嘲笑，在场的每个人都对其不当和不合时宜感到愤怒，但托勒密却说，"如果不能容忍被开玩笑的话，那么国王也就不会开玩笑了"。但是亚历山大对喀里斯提尼和克雷托斯（Cleitus）的行为却比平常还要严厉，② 于是，当珀洛斯（Porus）③被抓住的时候，他要求亚历山大"像

---

① 正规来说，这是托勒密一世的父亲，然而，他一般被认为是马其顿的腓力的私生子。
② 参见普鲁塔克《亚历山大传》，55（696D—E）；《论伦理德性》，449E，塞涅卡：《论愤怒》第3卷，17.1。
③ 参见普鲁塔克《国王与统治者格言》，181E，332E；《亚历山大传》，60（699C）。

个国王那样"对待他。当亚历山大问："还有什么请求吗？""在这句话'像个国王那样'中"，珀洛斯回答道，"就有一切"。因此，人们称诸神之王为梅里基俄斯（Meilichios，温柔者），而我认为雅典人称之为迈玛克忒斯（Maimactes，仁慈者）；[458C] 但惩罚是复仇神和精灵们的事情，而不是诸神和奥林匹亚天神的。

10. 那么，正如当腓力①将奥林修斯（Olynthus）夷为平地时有些人说的那样，"但是他再也不可能再建一个如此大的城邦了"，同样，一个人会对怒气说，"你能够倾覆、摧毁和推翻，但是，恢复、保存、饶恕和坚持则是温和、宽恕和情绪适度的事情，是卡米卢斯（Camillus）、墨忒卢斯（Metellus）、② 阿里斯忒德斯（Aristeides）和苏格拉底的事情，而一门心思伤害和叮咬，则是蚂蚁和马蝇的事情"。③ 然而，当我检审愤怒自我防卫的方法时，[458D] 我发现其大部分是无效的，因为愤怒总是在紧咬双唇④和咬牙切齿，进行无用的进攻和伴随愚蠢威胁的抱怨，最终，愤怒就像赛跑的小孩一样，⑤ 他们由于缺乏自控的力量，在跑到目标之前便可笑地跌倒在地。因此，罗德岛人（Rhodian）对罗马将军手下叫喊骂人的仆人所说的话并非没有道理："我毫不关心你所说的，我关心的是你的主人在沉默中所想的。"当索福克勒斯⑥让列奥普托勒莫斯（Neoptolemus）和欧吕皮洛斯（Eurypylus）披挂上阵时，他说：

---

① 参见普鲁塔克《论听》，40E，《拉刻岱蒙格言》，215B。对于这种想法，参见品达《皮提亚赋》（*Pythian Odes*），4.484。

② 普鲁塔克指的可能是 Q. Caecilius Metellius Macedonicus；参见普鲁塔克《国王与统治者格言》，202A。

③ 参见塞涅卡《论愤怒》第 2 卷，34.1；在柏拉图《苏格拉底的申辩》30e 中，苏格拉底将自己比作牛虻。

④ 参见塞涅卡《论愤怒》第 1 卷，19.2—3。

⑤ 参见《论伦理德性》，447A。

⑥ 辑语 210.8，9，Pearson 编，第 1 卷，第 152 页及以下，此处参见他对这个文段与奥克西林库斯纸草（*Oxyrhynchus Papyri*）第 9 卷 1175 之间关系的详细讨论；Nauck：《古希腊悲剧辑语》，索福克勒斯，辑语 768。

> 没有吹嘘，没有辱骂，他们
> 直接冲进了铁甲铜阵中间。

　　因为，尽管野蛮人给他们的武器涂上毒药，[458E] 但真正的勇敢是不需要苦胆汁的，① 因为勇敢已经被理性浸泡过了，而发怒和发疯则是容易折断的和无力的。至少，拉刻岱蒙人②会使用长笛来消除战士的怒气，他们在战前向缪斯献祭，是为了让理性能一直与他们同在；而当他们击溃敌人时，他们并不追击，③ 而是召回怒气，就像匕首一样，④ 大小合适，收放自如。然而，愤怒在完成复仇之前会杀死无数的人，就像居鲁士（Cyrus）⑤ 和底比斯人派罗皮达斯（Pelopidas）⑥ 那样。但是，阿伽托克勒斯（Agathocles）⑦ 却温和地忍受住他所包围之人对他的辱骂。当有人说，"陶匠，[458F] 你将如何支付给你的雇佣兵呢？"阿伽托克勒斯笑着说，"如果我拿下这座城池的话"。还有安提戈诺斯⑧，当有人在城墙上嘲笑他的残疾时，他对他们说："怎么，我认为我的脸蛋挺不错的！"但是当他拿下这个城邦时，他将那些嘲笑他的人卖为奴隶，他说如果他们再辱骂他的话，他将与他们的主人谈话。

　　我还看到，辩护律师和演说家们都因愤怒而犯下严重的错误；亚里

---

① 愤怒之毒。
② 参见普鲁塔克《拉刻岱蒙习俗》（*Instituta Laconia*），238B。
③ 参见泡赛尼阿斯，第4卷，8.11。
④ 参见塞涅卡《论愤怒》第2卷，35.1。
⑤ 可能是小居鲁士，参见色诺芬《上行记》（*Anabasis*）第1卷，8.26—27；但也可能指老居鲁士，参见塞涅卡《论愤怒》第3卷，21，然而这也不很恰当；同样不是希罗多德1.205及以下。
⑥ 参见普鲁塔克《派罗皮达斯传》，32（296A）。
⑦ 参见普鲁塔克《国王与统治者格言》，176E；狄奥多洛斯，第20卷，63，阿伽托克勒斯是陶匠的儿子。
⑧ 独眼的；参见塞涅卡《论愤怒》第3卷，22.4—5；在普鲁塔克的《国王与统治者格言》175E—F，其与阿伽托克勒斯有关。

士多德说到，① ［459A］萨摩斯人萨提洛斯（Satyrus）的朋友在他要进行辩护时用蜡堵住了他的耳朵，这样他就不会在对手辱骂时发怒而毁掉他的案子。至于我们自己，难道我们不是经常没有成功惩罚犯错的奴隶吗？因为奴隶会由于威胁性的话而害怕并逃走。因此，保姆们对小孩子说的话——"你只有不哭才能拿到！"——也完全可以用于怒气："别急，别叫，别忙，你就能更多更好地获得你想要的东西！"因为如果一位父亲看到他的儿子正尝试用刀将某样东西一分为二，或者在里面刻痕的话，他就会拿起刀亲自去做；［459B］同样，如果理性在执行怒气想要施加的惩罚的话，理性就会安全、无害、有益地惩罚那个值得惩罚的人，而不是像怒气通常所做的那样，反过来惩罚到自己。②

11. 然而，尽管所有的情绪都需要一个习惯的过程，这就像驯服一样，以严格的训练来减少灵魂中的非理性和顽固成分；但是与怒气相比，没有什么情绪是可以更好地通过练习对付仆人来学着更好地加以控制的。因为，嫉妒，恐惧，或者爱荣誉并不会进入我们与仆人的关系之中，倒是愤怒会经常导致许多冲突和错误，而且由于主人拥有大权，没有人能反对或阻止我们，这些冲突和错误就会让我们滑倒，因为我们就好像是站在光滑的地面上。因为，受情绪影响的不负责任的权力不可能不会出错，除非使用权力的人以温和来约束权力，［459C］能顶住妻子和朋友的各种要求——他们总是指责他宽松待人。由于这些指责，我自己曾被家奴彻底激怒，并认为这帮家伙不打不听话。然而，过了很久以后我才明白，首先，即便宽容使仆人变得更差，这也要好过为了纠正他们而用严厉和怒气来扭曲我自己；其次，我看到许多人恰好是由于没有受惩罚而耻于继续为恶，并把宽恕而非惩戒当作改过自新的起点。而且，凭宙斯之名，他们更愿意为了默默点头发布命令的主人、［459D］

---

① 亚里士多德：《问题集》，3.27（875a34及以下）；斯托拜俄斯（第3卷，第551页，Hense编）也引用。

② 参见色诺芬《希腊志》（*Hellenica*）第5卷，3.7。

而非动用殴打和烙铁的主人热心履行责任。看到这一切时，我开始相信，理性要比愤怒更适合于统治。因为这不像诗人①所说的：

> 恐惧所及之处，敬畏随之而来；

而是相反，敬畏之人才会产生对纠正行为的恐惧，连续和残酷的打击所产生的不是对犯罪行为的悔意，而是对隐蔽作恶的狡猾预谋。再次，我一直在回忆和思考：教我们使用弓箭的人并未禁止我们射击，而是禁止我们脱靶，② 教我们在恰当的时间、以恰当的方式、以有用且合适的方式施行惩罚，这也并非是在阻止施行惩罚。在记住这些之后，[459E] 我尝试着去除我的愤怒，如有可能的话，不是通过剥夺受罚之人说话的权利，而是倾听他们的请求。因为时间的流逝会让情绪暂缓和推迟，这有助于消解它，而且判断也会找到一种合适的惩罚方式和数量。另外，遭到惩罚的人也不会有什么借口来反对纠正，如果我们不是在愤怒中，而是在他被证明有罪之后施行惩罚的话。最后，可以避免最可耻的事情，即奴隶反而显得比他的主人更有道理。

因此，正如在亚历山大死后，当弗基昂（Phocion）努力不让雅典人过早起义或者过快地相信这个说法时，他对他们说，[459F]"雅典人啊，如果他今天死了，他明天也是死的，后天也一样"。同样，我认为，被愤怒催促着急于复仇的人应当对自己暗示："如果此人今天伤害了你的话，他明天也是伤害你的，后天也同样；如果他在晚些时候受惩罚，这并没有什么不好的，但如果他在匆忙中受到惩罚，你就会一直认为他是无辜的；这种事情已经在过去发生过好多次了。"因为我们中的哪一个会如此残酷，以至于 [460A] 只是因为五天或十天前他烤煳了

---

① 荷马：《塞浦里亚》（*Cypria*），辑语 20，Kinkel 编；参考普鲁塔克《克莱奥墨涅斯传》（*Life of Cleomenes*），9（30）（808E）；柏拉图：《游叙弗伦》，12a—b。

② 参见普鲁塔克《论伦理德性》，451E。

肉，或者弄翻了桌子，或者当听到命令时姗姗来迟就殴打严惩奴隶？然而，正是这些事情激怒了我们，使我们在它们刚刚发生且记忆犹新时处于勃然大怒难以平复之中。因为这就像雾气里所看到的人显得稍大些一样，怒气之中所看到的事情也会更大些。

因此，我们应当立即回想一下类似的事情。当我们毫无疑问已经摆脱激情时，如果对纯粹且冷静的理性而言，冒犯看起来依旧是坏的，那么，我们就应当留心这些冒犯，而不放弃或免除惩罚，就像在没有胃口时扔下食物不管那样。而且并没有什么东西会让我们在发火时以这种方式进行惩罚，因为［460B］当我们的愤怒过去后，我们便不再惩罚，而是放过一马。我们非常像那些懒惰的划桨人，在天气平静时躺在海湾里，后来，又冒着生命危险靠风来航行。同样，我们谴责理性在惩罚时的无力和温和，然后在愤怒就像狂风一样刮倒我们时匆忙、冒险地草率行事。因为虽然饿汉会听命于自然而耽于用食，但进行惩罚的人并非自己渴求惩罚，他也不需要怒气作为刺激他进行惩罚的美味；相反，当他发现自己完全没有惩罚的渴望时，他便培养理性来加强自己，按照必然性进行惩罚。［460C］就像亚里士多德①说在他的时代，艾忒鲁里亚（Etruria）人随着长笛演奏鞭打奴隶。一个人不应怀着惩罚的欲望和热情进行惩罚，不应在惩罚时感到快乐，过后又对此后悔和难过，② 因为前者是残酷的，而后者是女人气的；相反，他应该不带任何痛苦或者快乐，在理性的恰当时间里施加惩罚，不给愤怒留下任何借口。

12. 然而，这可能看起来不是对愤怒的治疗，而只是对人们在愤怒中所犯错误的暂时缓解和预防。［460E］不过，正如希耶罗吕莫斯所说的，脾脏的肿胀乃是感冒的症状，对其消肿也就缓解了感冒。当我思考愤怒的起源时，我看到不同的人因不同的原因而易于愤怒，可是他们几

---

① 亚里士多德，辑语608，Rose 编。
② 参见普鲁塔克《论神的惩罚的延迟》，550E，那里的完整文本可与此章进行对比，亦参见塞涅卡《论愤怒》第1卷，17—18。

乎所有人都相信自己受到了轻视或忽视。① 因此，我们应当通过尽可能地去除因轻视或傲慢而导致愤怒的行为，通过将其归之于无知或必然、或情绪、或运气不佳，来帮助那些努力避免愤怒的人。比如，索福克勒斯②说：

> 国王啊，甚至自然给予的理性
> 也无法与倒霉之人待在一起，而是会误入歧途。

同样，阿伽门农③［460E］将自己夺走布里塞伊斯（Briseis）之事归结于神灵的迷惑：

> 我再次希望做出补救，给你
> 数不尽的赔偿金。

的确，祈求是不表现出轻视的人的行为，而当造成伤害的人显出他的谦逊时，他就消除了所有轻视的念头。但是，愤怒之人不应期待这样的谦逊，而应当让自己接受第欧根尼的回答，④当有人对第欧根尼说："他们在嘲笑你呦，第欧根尼。"他说："但我并没有被嘲笑。"于是，愤怒之人不应认为自己受到了轻视，相反，他应当轻视那些出于软弱、轻率、粗心、狭隘、昏聩或幼稚而冒犯的人。但是这种看法无论如何也不要用来对待仆人或朋友，［460F］因为我们的仆人利用我们的正直性格，我们的朋友利用我们的感情，这两者都轻视我们，不是因为我们的

---

① 参见亚里士多德《修辞学》第 2 卷，3（1380a8 及以下）。
② 索福克勒斯：《安提戈涅》，563—564。
③ 荷马：《伊利亚特》第 14 卷，138 行。
④ 参见普鲁塔克《法比乌斯·马克西穆斯传》（*Life of Fabius Maximus*），10（179F）；第欧根尼·拉尔修，第 6 卷，54。

无力或无用，而是因为我们的公平与好意。事实上，当我们认为受到了轻视时，我们不仅会苛待妻子、奴隶和朋友，还由于愤怒而经常与旅店主、士兵、醉酒的赶骡人吵架；① ［461A］我们甚至对朝我们叫的狗愤怒，对冲撞我们的驴愤怒，就像那个想要殴打赶驴者的人一样；当赶驴者哭喊说"我是雅典人啊"，他就指着驴说"无论如何你都不是雅典人"，然后便冲上去对它挥拳。

13. 此外，尤其是自爱与坏脾气，再加上奢侈与脆弱，这些东西在我们之中产生频繁不断的愤怒，这种愤怒一点一滴聚集于灵魂之中，就像一群蜜蜂或者黄蜂一样。因而，没有什么东西会比对仆人、妻子和朋友心存谢意与单纯朴素更能带来温和心态了，如果一个人能够满足于他所拥有的，不再需要其他诸多额外的东西的话：

［461B］但是一位希望他的肉不要烤焦，
不要没烤熟，不要半生不熟，不要煮得过烂的人；
不论这肉怎么做，他都不会赞扬的。②

他也不会喝酒，如果没有加冰的话，③ 不会吃在市场上买来的面包，也不会触碰用廉价的陶盘端上来的食物，不会睡在不像深海波涛般起伏的软床上；他用鞭笞和殴打驱使仆人在桌旁匆忙奔跑、叫喊或者流汗，就好像他们为他的肿块带来了膏药似的，这种人受役于无力的、爱指责的和易怒乖戾的生活方式，他的诸种愤怒就像连续不断地咳嗽一样，［461C］于是他便使自己处于如此境地：愤怒变成了持久的脓疮。因此，我们必须以朴素的生活让身体习惯于满足和自足，因为，只需要少量东西的人是不会感到事事不如意的。

---

① 参见柏拉图《理想国》，563c。
② Kock：《阿提卡喜剧辑语》第3卷，第472页，佚名，343。
③ 塞涅卡：《论愤怒》第2卷，25.4。

从我们的食物开始吧。默默地吃完恰好摆在眼前的东西,这并非难事;而且,不要由于经常的发火和暴躁,而将怒气这种令人不悦的调料强加给我们自己和朋友:

　　　　不会再有比这更令人不快的晚餐了。①

在这个晚餐中,仆人遭到殴打,妻子遭受辱骂,因为有些东西被烧焦了或者被熏黑了,或者没有放够盐,或者是因为面包太凉了。②

　　［461D］阿克西劳斯（Arcesilaus）曾经款待他的朋友,与他们一起的还有些客人,当上餐的时候,里面却没有面包,因为奴隶们忘记了去买。在这种情况下,我们谁又不会尖叫着把墙毁掉呢?但是阿克西劳斯只是笑着说,"多好啊,智慧之人成了开心的会饮者!"③

　　当苏格拉底带着欧绪德莫（Euthydemus）从摔跤学校回家时,克珊提佩（Xanthippe）愤怒地来到他们面前,严厉地骂了他们一顿,最后还掀翻了桌子。由于感到深受冒犯,欧绪德莫起身打算离去,此时,苏格拉底说:"早上,一只母鸡飞进你的家中,做了同样的事情,难道我们不也没有感到恼怒?"

　　［461E］我们应当以好脾气、欢笑、善意来接待朋友,不要眉头紧锁,让仆人惊恐不安。另外,我们必须让我们自己习惯于开开心心使用桌上的所有器具,不要喜欢这种胜于那种,如有些人所做的那样,从他们所拥有的器具中选出高脚杯或牛角杯,不再用其他器具喝酒,正如他们说马略（Marius）那样。有些人对油瓶和刷子也有同样的感受,在许多种类之中,他们只喜欢一种;于是,当这些偏爱之物中的某一个打碎了或者丢失了,他们就会很伤心并进行严厉的惩罚。因此,任何轻易发

---

①　荷马:《伊利亚特》第 20 卷,392 行。
②　参见塞涅卡《论愤怒》第 2 卷,25。
③　由于吃饭（deipnon）时没有面包,会饮（symposium）便提前到来。

怒的人都应当避开那些罕见的奇异之物，比如酒杯、印章和珍贵的石头，［461F］因为，与那些易得的和随处可见之物相比，它们的丢失会让它们的拥有者更加发狂。因此，当尼禄建起了一座宏大的八角帐篷时，这座帐篷因其美丽和奢华而炫人眼目，可塞涅卡（Seneca）却说，"你证明了自己是个贫穷的人，因为如果你失去它的话，［462A］你将没有办法获得另一个与此一样的东西了"。的确，这事真的发生了，运输帐篷的船沉入了海中，帐篷也丢失了。但是，尼禄想起了塞涅卡的话，以极大的节制承受了他的损失。

以好脾气对待生活事务也会使主人以好脾气和温和来对待他的奴隶；而如果对奴隶都这样的话，他明显也会如此对待他的朋友和他所统治的人。事实上我们看到，新近购买的奴隶也会了解一下他们的新主人，不是他是否迷信或者忌妒，而是他是否脾气糟糕；① 而且一般说来，如果我们看到愤怒出现在家里的话，丈夫甚至会无法忍受妻子的纯洁，妻子也无法忍受丈夫的爱意，朋友之间甚至无法彼此亲密交往。因此，在愤怒之中，婚姻和友谊都是不可忍受的，［462B］但如果没有愤怒的话，甚至醉酒也是易忍的。因为酒神的权杖足以惩罚醉汉，但如果怒气加于其上的话，它就会让不掺水的酒造就野蛮和疯狂，而不是忘忧和舞蹈。② 纯粹而简单的疯狂的确可以被安提库拉（Anticyra）③ 治愈，但如果疯狂与愤怒混合的话，就会产生悲剧和可怕的事。

14. 甚至是在开玩笑的时候，我们也不应给愤怒留出位置，因为这会将友善变成敌意；也不应在讨论之中如此，因为这会让热爱讨论变成热爱争胜；不应在下决断时如此，因为这会将肆心加于权力之上；

---

① 参考普鲁塔克《论诬告》（*De Calumnia*），辑语 1（Bernardakis，第 7 卷，第 128 页）。
② 忘忧神（Choreius）和舞蹈神（Lyaeus）都是狄奥尼索斯的称号。
③ 弗基斯（Focis）境内的小镇，位于科林斯湾旁，因黑藜芦而闻名；参见罗尔夫（Rolfe）对奥卢斯·格里乌斯（Aulus Gellius）《阿提卡之夜》（*Attic Nights*）第 17 卷 15.6 的注释（Loeb 本）。

[462C] 不应在教育时如此，因为这会产生气馁沮丧和厌恶学习；不应在好运时如此，因为这会增加嫉妒；不应在厄运中如此，因为当人们感到烦恼并且与同情他们的人争吵时，愤怒会赶走怜悯，正如普里阿摩斯①做的：

> 你们这些胆小鬼，全部给我滚开，
> 难道你们家里没有可悲伤的事情，
> 却跑来惹我烦恼？

相反，好脾气在某些事情中有益，为另一些事情生色，也能使其他事情变得甜蜜，用它的温和克服愤怒和所有坏脾气。因此，当欧克雷德斯（Eucleides）兄弟与他争吵后对他说："愿我死去！除非我向你复仇！"他却说："愿我死去，除非我说服你！"[462D] 然后他便立即劝阻和改变了他的兄弟。当一个爱好宝石和迷恋昂贵印章的人辱骂珀勒蒙（Polemon）的时候，他不作回答，而是凝视其中一个印章，紧盯着看，于是此人便高兴地说，"不要这样看，珀勒蒙，而要在阳光下看，你会发现它更加漂亮"。还有阿里斯提珀斯（Aristippus），当愤怒出现在他和埃斯基涅斯（Aeschines）之间时，有人说："阿里斯提珀斯，你们俩的友谊在哪儿呢？"他说："它正睡觉呢，但我会叫醒它的"；然后他便向埃斯基涅斯走过去说："难道我对你而言是如此地不幸和无可救药，[462E] 以至于我得不到你的劝告？"埃斯基涅斯回答说："在这件事上，如果你这个在所有方面都自然地优于我的人已经在我之前看出该做什么的话，这是无须惊讶的！"

> 因为不仅是女人，甚至还有小孩，

---

① 荷马：《伊利亚特》第24卷，239—240行。

> 当以温柔的手给长毛的野猪挠痒时，
> 
> 就能比摔跤手更容易摔倒它。①

但是，我们这些驯服野兽、使其温和并怀抱小狼和小狮崽的人居然在愤怒之下抛弃小孩、朋友和同伴，并且还像有些野兽一样向仆人和同胞公民发怒。［462F］我们以掩饰性语词称愤怒是"正当的愤慨"（righteous indignation），这是不恰当的。我认为，愤怒与灵魂中的其他激情和疾病一样，不能靠称其中某个为"远见"、某个为"慷慨"、某个为"虔诚"来摆脱的。

15. 此外，正如芝诺②曾说的，种子是一种源自灵魂的各种能力的混合物与复合物，同样，愤怒就好像是［463A］源自各种激情的种子的混合物，因为怒气源自痛苦、快乐和肆心；而且愤怒不仅会有嫉妒那种对别人的遭罪幸灾乐祸的恶意，甚至比嫉妒还要糟糕，因为愤怒所争取的并不是避免遭遇坏事，而是以自己遭遇坏事为代价来毁灭别人；而且，最令人厌恶的欲望就内在于愤怒之中——这就是让别人痛苦的欲望。因此，当我们进入挥霍者的房屋时，我们会听到吹笛女一大早就在演奏。正如某人说的，我们还看见"脏兮兮的酒糟和乱糟糟的花环残枝"，③以及喝醉的仆人倒在门边；［463B］但是，你将会看见残暴和易怒之人的标记出现在仆人的脸上、烙印上和脚镣上。在愤怒之人的

> 屋子里，唯一能听见的音乐

是管家受到鞭笞、侍女遭到折磨时的

---

① Nauck:《古希腊悲剧辑语》，第912页，佚名，383。
② 阿尼姆:《早期斯多亚学派辑语》第1卷，第36页，辑语128。
③ 索福克勒斯，辑语783，Pearson编。

悲痛的叫喊，①

这样，那些处于欲望与快乐之中的观看者就会怜悯由愤怒所导致的痛苦。

　　16. 然而，那些确实是因正当的愤慨而经常被愤怒征服的人应当抛弃过于剧烈的愤怒，同时还应抛弃对一起生活之人的过度相信。②因为，正是这种相信会比其他任何原因都更能增加愤怒，比如当一个被认为体面的人被证明是卑劣之徒时，或者［463C］当一个被我们认作真正朋友的人与我们吵架并挑我们的刺儿时。至于我自己的性情，毫无疑问，你知道其天生就非常倾向于对同伴表示好意并信任他们。因此，就像试图在空中行走的人一样，我越是无条件地付出对某个人的爱，我就越是走入歧途，而且当我失足跌倒时，我的痛苦就越大；尽管我无法减少爱的过度倾向和渴望，但我或许能用柏拉图的警告③来抑制过度相信。柏拉图说他十分赞赏数学家赫利孔（Helicon）的话：人本性上就是一种多变动物，而且他最害怕那些在城邦中受到良好教育的人，［463D］因为他们是人和人的后代，④所以总是不免会在某个地方泄露他们本性之中的弱点。但是当索福克勒斯⑤说：

　　揭开大多数人的品质看，你会发现他们都卑劣。

他似乎过于贬低和轻视我们了。然而，这种不满和挑剔的判断确实有助于我们不至于过分发火，因为，让人失态发火的，正是突如其来的和意

---

① Nauck：《古希腊悲剧辑语》，第913页，佚名，387。
② 参见柏拉图《斐多》，89d。
③ 参见柏拉图《第十三封信》，360c。
④ 参见柏拉图《法义》，853c。
⑤ 索福克勒斯，辑语853，Pearson 编；Nauck：《古希腊悲剧辑语》，第311页，辑语769。

料之外的事情。

但正如帕莱提俄斯（Panaetius）在某个地方说的，我们应当使用阿那克萨戈拉的格言，[1] 这是他在他的儿子死的时候说的："我早已知道我所生的是一个必死之人。"［463C］因此，对于激怒我们的每一件错事，我们都应该说，"我知道我没有买智慧之人来做奴隶"，"我知道我所交的朋友并非不会犯错"，"我知道我的妻子只是个女人"。如果我们对自己一直引用柏拉图的"我能像那样吗？"[2] 这句话，并将我们的理性转而向内，而不是向外，以小心谨慎取代责备的话，当我们看到自己急需受到宽恕时，就不会对别人过度使用"正当的愤慨"。然而事实正相反，当我们愤怒和施行惩罚的时候，都会说出阿里斯忒德斯（Aristeides）或卡图（Cato）的话："不要偷盗！""不要撒谎！""你为什么这么懒？"而最为可耻的是，我们在愤怒之时去惩罚别人的愤怒，［463F］以怒气来惩罚在怒气中犯下的错误，我们不像医生，他

　　　　以苦药就能清除苦胆汁；[3]

相反，我们会加剧并恶化疾病。

因此，当我自己进行这些思考之后，我就努力减少我的好奇心。［464A］因为要对仆人的所有小事、朋友的每个行为、儿子的每一个业余活动、妻子的每一次耳语都细细追根究底的话，将会产生频繁的、持续的和每日的愤怒；概括而言，这样的脾性太坏。正如欧里庇得斯[4]说的，有可能神

---

[1] 参见第尔斯《前苏格拉底哲人辑语》第 2 卷，第 14 页，§33。
[2] 参见普鲁塔克《论听》，40D，《如何从敌人那里获益》，88E，《健康谏言》，129D。
[3] 索福克勒斯，辑语 854 及注释，Pearson 编；Nauck：《古希腊悲剧辑语》，第 312 页，辑语 770。
[4] Nauck：《古希腊悲剧辑语》，辑语 675，辑语 974；普鲁塔克的《哲人们的学说》881D 亦引用。

会干预变得过大的事情，

但小事他就放过，将之留给运气；

但是我认为，一个有理智的人不会把任何事情交给运气，也不会忽视任何事情，而是应当相信并将一些事情交给他的妻子，其他的交给仆人，[464B] 另一些则交给朋友。作为一个统治者，他会使用监督者、查账员和管理者；而对最重要和最重大的事情，他则使用理性自己掌控。正如小字会使眼睛疲惫一样，琐碎的事情也会如此，这些事情会产生更大的疲劳伤神，诱发肝火，① 而易怒是会损害大事的坏习惯。

因此，除了上面所有这些考虑之外，我认为恩培多克勒②"迅速远离邪恶"的说法是伟大而神圣的，我还称赞祈祷时所做的那些不失优雅与智慧的誓言：为了戒掉情爱与酒一年，我们将以自制来荣耀神灵；或者，为了在规定的时间内远离说谎，我们会密切提醒自己，[464C] 在玩笑和严肃之中都说真话。然后，我将这些誓言与我自己的誓言相比，我认为我的誓言同样是神所喜爱的和神圣的：首先是过几天没有愤怒的日子——无醉和无酒的几天，就好像我自己正在献出一份不掺杂酒水的蜂蜜祭品；③ 然后，我会用一个或两个月的时间这么去做；于是，通过逐渐地考验我自己，随着时间推移，我就在忍耐、自控以及说话礼貌上取得了一些进步，我没有了愤怒，摆脱了恶毒的言语和冒犯行为，[464D] 我也没有了那些激情，这种激情会为了微小的和令人讨厌的快乐而导致巨大的心灵混乱和最可耻的悔意。通过这些方法，并且在神的帮助之下，我认为经验已经证明了如下判断：这种谦恭，温和，仁慈心性所带来的惬意、快乐和无痛苦，与其说让同我们一起生活的人受惠，不如说首先让拥有这些品质的人受益无穷。

---

① 参见塞涅卡《论愤怒》第 2 卷，26；第 3 卷，11。
② 第尔斯：《前苏格拉底哲人辑语》第 1 卷，第 369 页，辑语 144。
③ 就像献给欧墨尼德斯（Eumenides）的祭品一样：埃斯库罗斯：《欧墨尼德斯》，107；索福克勒斯：《俄狄浦斯王》，100，481。

# 论静心

普鲁塔克致帕基乌斯(Paccius)[1],祝万事如意。

1. [464E] 直到最近,我才收到你的信,在信中,你要求我就心灵宁静(tranquillity of mind)写封回信,同时就那些《蒂迈欧》[2]中需要更加仔细说明的问题写点东西。与此同时,刚好我们的朋友爱若斯被迫立即航行驶往罗马,因为他接到优秀的方达洛斯(Fundanus)[3]的信,[464F]这封信以其惯用风格要求爱若斯立即动身。但是,由于我既没有时间按我本意满足你们的希望,又不可能让从我这里来的朋友到你家时两手空空,我就从我的笔记中搜集了一些关于心灵宁静的考察,这些考察恰好是我为了自己使用而写下的;因为我相信,你之所以要求这篇文字,不是为了听到一篇风格优雅的作品,[465A]而是为了使其能在生活中提供一些实践的用处;而且,我祝贺你,尽管你与指挥官们为友,拥有"当代最佳法庭演说者"的名声,但你并没有戏剧中迈洛珀斯(Merops)的那种经历,因为这句说他的话不可能说你:

*民众的击节叫好驱使你*[4]

----

① 已知的关于帕基乌斯的一切均出自目前这篇文章。
② 我们拥有一篇普鲁塔克题名为《论〈蒂迈欧〉中灵魂的诞生》的文章,但这篇文章是作者写给他的儿子奥托布鲁斯(Autobulus)和普鲁塔克的(《论〈蒂迈欧〉中灵魂的诞生》,1012A 及以下)。
③ 《论制怒》的主要发言者,见《论制怒》452F。
④ Nauck:《古希腊悲剧辑语》,第 606 页,欧里庇得斯,辑语 778。

远离自然赋予我们的情绪；相反，你还记得你经常听到的话，即贵族的鞋并不能让我们摆脱痛风，昂贵的戒指不会除去我们指头上的倒刺，王冠也无法使我们摆脱头痛。钱财或名誉或法庭上的影响力有何能力帮助我们获得无痛苦的灵魂和不受困扰的生活，如果[465B]当我们拥有它们时，对它们的使用实际上并不会令我们愉悦，并且当我们失去它们时也不会想念？① 要做到这一点，唯有当灵魂的激情和非理性部分如其通常那样挣脱束缚时，理性早已被细心地训练好来迅速抑制住它们，不让它们由于没有得到想要的东西就爆发失控。因此，正如色诺芬②所建议的，我们在日子兴旺时应当特别留心诸神，应当尊重他们，这样，当我们有需求时，我们才能自信地向他们祈求，相信他们对我们心怀好意，颇为友善；同样，对帮忙控制激情的理性也可以这么说：智慧之人应当在情绪出现之前就留心理性，[465C]以便由于早有准备，理性的帮助会更加有效。因为，正如凶狗对所有陌生的叫声都会兴奋，只有熟悉的声音才能抚慰它们，同样，当灵魂的激情疯狂地发怒时是不会轻易平静下来的，除非熟悉的常见论证就在手边，可以抑制住这些兴奋的激情。

2. 说"静心的人一定不参与各种私人或公共事务"③的人首先会使得我们的静心十分昂贵，如果静心所付出的代价是无所作为（inactivity）的话；他似乎是在建议每一个病人：

---

① 参见辑语《论反对富人》（*Contra Divitias*），2（Bernardakis，第 7 卷，第 123 页）；卢克莱修，卷 3，957。
② 色诺芬：《居鲁士的教育》，1.6.3。
③ 德谟克利特；第尔斯：《前苏格拉底哲人辑语》第 2 卷，第 132 页，辑语 3；马可·奥勒留，第 4 卷，24；塞涅卡：《论静心》（*De Tranquillitate Animi*），3.1，此处说这些语词构成了德谟克利特作品的开头；《论愤怒》第 3 卷，6.3。但是普鲁塔克误解了其意思；德谟克利特并不是建议要彻底放弃公共生活；参见普鲁塔克《伊壁鸠鲁实际上使快乐生活不可能》，1100B—C。同样要注意当前这段中的"诸多"（many）一词（接下来的一段话被斯托拜俄斯引用[第 3 卷，第 651 页及以下，Hense 编]）。

> 静静地躺着，软弱的人啊！不要从你的床上下来。①

［465D］然而，身体的无感觉（bodily stupor）是对疯狂行为的一种糟糕治疗方式；可是，如果治疗灵魂的医生为了消除灵魂的骚乱和痛苦而开出的药方是懒惰和软弱，以及对朋友、家庭和城邦的背叛的话，那么他这医术也好不到哪里去。②

其次，认为不从事各种事务的人心灵宁静，这同样也是错误的。如果这是真的话，妇女就应该比男人心静，因为她们大多待在家里；但实际上，北风

> 吹不到皮肤娇嫩的女人，

正如赫西俄德③所言，然而，由嫉妒、迷信、野心和空洞的想象所造成的难以计数的悲痛、烦恼和不安会渗透进妇女的房子。而且，尽管拉埃尔忒斯（Laertes）④［465E］独自一人在乡村生活了二十年，

> 和一位老妪，她会把吃喝带给他，

远离出身地⑤，远离他的家乡和他的国王身份，然而，悲痛却成了他的无所作为和沮丧的永恒伴友。而且，对一些人而言，甚至无所作为本身也常常导致不满，正如：

---

① 欧里庇得斯：《俄瑞斯忒斯》，258；普鲁塔克：《老年人是否应当参与政治》，788F，《哲人们的学说》，901A，《驳科洛忒》，1126A。
② 参见普鲁塔克《健康谏言》，135B。
③ 赫西俄德：《劳作与时日》，519，后面一句是："她们与亲爱的母亲待在家里。"
④ 荷马：《奥德赛》第1卷，191行。
⑤ 即伊萨卡；拉埃尔忒斯一直在岛上生活。

> 捷足的阿喀琉斯，佩琉乌斯高贵的儿子，
> 满腔愤怒，坐在船旁；
> 不去参加可以博得荣誉的会议，
> 也不参加战斗，留下来损伤自己的心，
> 盼望作战的呼声和战斗及早来临。①

［465F］而且他为此而心烦意乱，悲痛不已，他说：

> 但我坐在船边，
> 成为大地无用的负担。②

故而，即便是伊壁鸠鲁（Epicurus）③也不认为爱荣誉和爱名声的人应当过一种安静的（inactive）生活，相反，他们应当利用政治和公共生活来实现自己的天性，［466A］因为既然他们的天性如此，他们很有可能因为无所作为而困扰和受损，如果他们没有获得他们渴望的东西的话。但是，伊壁鸠鲁的荒谬就在于，他不要求那些有能力参与公共生活的人参与公共生活，却要求那些没有能力过安静生活的人去过安静的生活；决定是宁静（tranquillity）还是烦扰（discontent）的，并非一个人的事务的多少，而是其高尚（excellence）还是低贱（baseness）；因为不做好事和去干坏事同样都让人恼怒和不快，正如已经说过的。④

3. 有些人相信某种特定的生活是没有痛苦的，比如有些人所认为农民的生活，其他人所认为的单身者的生活，另外一些人所认为国王的

---

① 荷马：《伊利亚特》第1卷，488 行及以下。
② 荷马：《伊利亚特》第18卷，104 行。
③ Usener：《伊壁鸠鲁》（*Epicurea*），第 328 页，辑语 555。接下来的段落被斯托拜俄斯引用（第3卷，第 652 页，Hense 编）。
④ 可能是德谟克利特说的（参见辑语 256），不是普鲁塔克。

生活，米兰德①的话对这些人是个充分的提醒：

> ［466B］我曾思考过富人，法尼阿斯（Phanias），
> 这些无须举债的人将不会半夜呻吟
> 辗转反侧哭泣不已："啊，痛苦的我啊！"
> 而是会睡上一个甜美的平静的觉。

然后，他继续说，他观察到，甚至富人也和穷人过一样的日子：

> 生活和悲痛之间有血亲关系吗？
> 有名望的生活中有悲痛；
> 富裕的生活中悲痛也停留；
> 悲痛也随着贫穷生活一道变老。

但是，正如那些在航行时懦弱且晕船的人那样②，他们认为如果能变小船为大船，变大船为三桨战舰的话，他们就会更加惬意地完成航行。但是，这些改变对他们毫无影响，因为他们依旧随身携带晕船与懦弱；因此，交换生活方式并不能减少灵魂中那些导致灵魂悲痛和不幸的事物③：这些人缺乏经验和理性，既无能力也不知道如何正确利用现有条件。折磨富人和穷人的正是这些缺点，就像海上风暴一样，它们折磨已婚之人，也折磨未婚之人；因为这些毛病，那些远离广场（公共生活）的人还是发现这并未带来安静；因为这些毛病，那些在宫中谋求晋升的

---

① Kock：《阿提卡喜剧辑语》第3卷，第79页，辑语281（第378页，Allinson编）；源自 *Citharistes*。
② 斯托拜俄斯（第3卷，第249页，Hense编）引用了这一章的剩下部分以及下一章的开始部分，圣巴西尔（St. Basil）：《书信集》（*Epistle*）第2卷（第1卷，第8页，Deferrari编，Loeb本）对之进行了模仿。
③ 参见卢克莱修，第3卷，1057及以下；塞涅卡：《论静心》，3.13及以下。

人飞黄腾达后又陷入无聊。

> 病人因失望无助而难以被安抚,①

于是他们抱怨妻子,抱怨医生,抱怨床铺,

> [466D] 每一个来访的朋友都令其厌烦,
> 每个离开的朋友都被看作傲慢,

正如伊翁(Ion)② 所说。但是后来,当疾病痊愈,气质恢复,健康便回来了,所有的事情立刻就都令人快乐和惬意了③:昨天还厌恶鸡蛋、美味糕点和精致面包的人,今天就会自愿就着橄榄和水芹吃起粗糙的面包。

4. 当理性出现在我们里面时,就会导致这种对各种生活的满足和看法的改变。亚历山大在听到阿那克萨科斯④说到世界的数量无限时哭泣了,当他的朋友问他为何难过时,他说:"如果世界无限之多,⑤ [466E] 而我们并非其中任何一个的主人,难道这不值得哭泣吗?"但是,尽管克拉忒(Crates)⑥ 只有一个小包和一件旧斗篷,他还是像过节一样开心搞笑度过一生。的确,对阿伽门农而言,成为众人之王是痛苦的:

---

① 欧里庇得斯:《俄瑞斯忒斯》,232。
② Nauck:《古希腊悲剧辑语》,第 743 页,辑语 56。
③ 参见普鲁塔克《论德性与恶》(De virtue et vitio),101C—D。
④ 第尔斯:《前苏格拉底哲人辑语》第 2 卷,第 238 页,A11;这位阿那克萨科斯曾陪同亚历山大前往印度(第欧根尼·拉尔修,第 9 卷,61)。
⑤ 参见 F. M. Cornford《前苏格拉底哲学中的无限世界》(Innumerable Worlds in Presocratic Philosophy),刊于 The Classical Quarterly,第 28 卷(1934),第 1 页及以下。
⑥ 著名犬儒派哲人(公元前 365—前 285 年)。

你应知晓，我是阿伽门农，国王阿特柔斯的儿子，

此人，宙斯一直让他陷于远超众人的烦恼之网中①；

但是，当第欧根尼（Diogenes）在拍卖会上被卖出时②，他躺在地上嘲笑那个拍卖者；当这位官员命令他起来时他不起来，而是嘲笑和挖苦此人，说："你就当自己在卖鱼好了。"还有，尽管苏格拉底③身处狱中，但他还是和他的朋友们讨论哲学；可是当［466F］法松（Phaethon，阿波罗之子）向上飞入天空时，却因为没人给他牵来他父亲的马和马车而哭了起来。

因此，正如鞋要按照脚来调整而不是相反，同样，人的品性也要使其生活像他们自己。因为，并非如有人④所说的，习惯使最好的生活对那些选择这种生活的人而言是愉快的，相反，是智慧才使同样的生活既是［467A］最好的也最愉快。因此，让我们净化自身中静心的源泉，这样，外部的事物——就好像是我们自己的和友好的——也能在我们坦然运用它们时与我们一致：

对环境发怒毫无益处；

事情将会顺其自然，而无视我们。

但是如果有人充分利用自己的遭遇，

他也会做得很好。⑤

---

① 荷马：《伊利亚特》第10卷，88—89行。
② 参见第欧根尼·拉尔修，第6卷，29。
③ 参见普鲁塔克《论放逐》，607F。
④ 毕达戈拉斯学派的戒律，参见普鲁塔克《论放逐》，602B，《论听》，47B—C，《健康谏言》，123C；或许不是德谟克利特说的，正如 Hirzel（《德谟克利特的〈论静心〉》[Demokrits Schrift περὶ εὐθυμίης]，刊于 Hermes，第34卷，第367页）认为的，或者不是塞涅卡说的，正如 Otto Apelt 在翻译普鲁塔克时认为的。
⑤ 欧里庇得斯：《贝勒洛丰》（Bellerophon），辑语287（Nauck：《古希腊悲剧辑语》，第446页）；亦见于普鲁塔克《论荷马的生平与诗》，153（Bernardakis，第7卷，第424页）。

157

5. 比如，柏拉图①将生活比作掷骰子游戏。在这个游戏中，我们不仅要尽量掷出最适合我们的，还要善于利用我们在投掷时出现的点数。就人生遭际而言，虽然我们没有能力掷出我们想要的点数，可倘若我们聪明的话，[467B] 我们的任务就是以恰当的方式接受运气带来的任何事情，为每件事情都找到一个位置，那些顺境将对我们最为有益，而那些逆境则伤害最小。那些对于应当如何生活毫无技艺和毫无思想的人，就像身体冷热都无法忍受的病人一样，因好运而得意扬扬，因霉运而低落失望；他们受到这两者的巨大干扰，或者毋宁说，是受到两者之中的他们自己的干扰，他们在好事中受到的干扰和坏事中的一样多。被称作"无神论者"的忒奥多洛斯（Theodorus）②曾经说他用右手交出自己的文章，但是他的听众却用左手去接；[467C] 同样的，对于那些不听教诲之辈，当运气灵巧地把自己交给他们的右手时，他们却常常笨拙地换上左手来接受，姿态颇为扭曲。而那些智慧之人，正如蜜蜂从最辛辣和最干燥的植物百里香中采蜜一样，③ 则经常以同样的方式从最不利的情况中获取适合他们的有用之物。

6. 那么，这就是我们首先应当实践和培养的。就像一个人扔石头打狗却没打中，而是打到了他的继母，于是便说，"这也挺不错嘛！"④ 因为，当运气给予我们并不想要的东西时，改变运气的方向是有可能的。第欧根尼⑤被放逐了："这也挺不错嘛！"[467D] 因为在他流放之

---

① 柏拉图：《理想国》，604c；普鲁塔克：《慰妻书》，112E—F 亦引用。
② 参见普鲁塔克《论伊希斯与俄赛里斯》，378B，《论儿童的教育》，5A；波利比乌斯（Polybius），第 38 卷，2.8—9；亦参见 Rudolf von Scala《波利比乌斯笔下无神论者忒奥多洛斯》（Theodoros ὁ θεος bei Polybius），刊于 *Rheinisches Museum für Philologie*，第 45 卷，第 474 页及以下。
③ 参见普鲁塔克《论听诗》，32E，《论听》，41F；波斐利：《论节制》，4.20（第 264 页，Nauck 编）。
④ 参见普鲁塔克《七贤会饮》，147C。
⑤ 参见第欧根尼·拉尔修，第 6 卷，21。

后，他过上了哲人的生活。基提乌姆的芝诺①拥有一份商人的遗产；当他了解到这笔遗产沉入大海，消失殆尽时，他喊道，"不胜感激，运气！你让我穿上了哲人的斗篷"。

有什么能阻止我们去效法这些人呢？你没有成功地为一份职位拉到票吗？那你可以生活在乡间照看自己的事务了。你在寻求某些大人物的友谊时遭到了拒绝？那你的生活将从此没有危险和困扰。还有，你是否一直忙于那些花掉你的所有闲暇、让你满是烦恼的事情吗？

> 热水并不会令四肢舒缓，

如品达所言，② 因为名声、荣誉，再加上一定的权力，

> 让劳作也开心，辛劳成为甜蜜的辛劳。③

[467E] 由于诽谤和嫉妒，你就成为嘲笑和嘘声的对象了吗？幸运的风会将你吹向缪斯和学园，④ 正如柏拉图遭受狄奥尼索斯的友谊风暴打击时的那样。⑤

因此，这也特别有助于静心，即看到那些著名人物在和你一样的各种不幸中都毫发无损。比如，你为没有子嗣而烦恼？想一下罗马的历代国王，他们没有一位能将统治传给儿子。你对目前的穷困感到懊恼？你

---

① 参见第欧根尼·拉尔修，第 7 卷，5；亦见普鲁塔克《如何从敌人那里获益》，87A，《论放逐》，603D；塞涅卡：《论静心》，14.3；克拉忒斯，辑语 21A（Edmonds：《哀歌与抑扬格》第 2 卷，第 66 页）。
② 品达：《尼米亚赋》（*Nemean Odes*），4.4。
③ 欧里庇得斯：《酒神的伴侣》（*Bacchae*），66；参见普鲁塔克《爱之书》，758C，《老年人是否应当参与政治》，784B；《赫西俄德注疏》（Bernardakis，卷 7，页 75）。
④ 这个学园是献给缪斯的。
⑤ 参见第欧根尼·拉尔修，第 3 卷，19—21。当狄奥尼索斯把柏拉图卖做奴隶的时候，一个朋友赎回了他，还为他买来"学园里的小花园"。

想当哪一位波奥提亚人？岂不是厄帕米农达斯（Epaminondas）吗？你想当哪一位罗马人？岂不是法布里基乌斯（Fabricius）？"但是我的妻子被人勾引了。"那么，难道你没有读过德尔斐的铭文：

> ［467F］大地与海洋之王阿吉斯（Agis，斯巴达王）将我放于此处；①

难道你没有听说，阿尔基比亚德（Alcibiades）勾搭上了阿吉斯的妻子蒂迈娅（Timaea），②她向她的女仆悄悄说，她将给孩子取名阿尔基比亚德？但是这一切并未妨碍阿吉斯成为希腊人中最著名和最伟大的人。［468A］正如斯提尔波（Stilpo）③的女儿的放纵也未妨碍他过上那个时代所有哲人中最快乐的生活；相反，当迈忒洛克勒斯（Metrocles，犬儒派）为此指责他时，他问到："这是我的错，还是她的？"迈忒洛克勒斯回答："她的错误，却是你的不幸。"他说："你什么意思？错误不就是过失吗？""当然"，迈忒洛克勒斯说。"而过失不就是那些过失之人的失败吗？"迈忒洛克勒斯对此也同意。"失败不也就是那些不失败之人的不幸吗？"斯提尔波以这种温和与哲学的论证，证明了犬儒们的指责只是无用的狂吠。

7. ［468B］但是，大多数人不仅是因为他们的朋友和亲戚的错误，而且会由于敌人的错误而痛苦和恼怒。因为辱骂、愤怒、嫉妒、恶意和羡慕以及坏心都是拥有这些错误之人的灾难，但是这些错误困扰和激怒的都是愚蠢之人，比如邻居脾气的爆发，朋友的坏脾气，还有城邦行政

---

① Theodor Preger：《古希腊诗体铭文》（*Inscriptiones Graecae Metricae*）（Leipzig，1891），第76页，87。
② 参见普鲁塔克《阿尔基比亚德传》，13. 7（203D）。
③ 参见第欧根尼·拉尔修，第2卷，114。斯提尔波是麦加拉学派重要哲人，这个学派重视逻辑研究。

官的不诚行为。在我看来，你就像其他人一样，也为这些事情而烦扰。索福克勒斯①提到的医生

  用苦药清除苦胆汁。

同样，你也对这些人感到愤怒和怀恨，[468C]遭受着与他们同样的激情和虚弱之痛苦；但这是非理性的。因为甚至是在你个人的私事领域中，大多数事情也不是由像灵巧的工具那样的单纯和有用的人来施行的，而是由参差不齐和弯弯曲曲的"工具"来施行的。因此，别认为你的任务就是去将他们"拉直"，这么做会非常之难。但是，如果——就它们自然所是的那样来对待它们，正如医生用镊子处理牙齿，用夹子处理伤口②——你尽可能展示你的温和与中道的话，你在自己的心灵中产生的快乐就要比对别人的不愉快和恶行所感到的懊恼更大；而且你会认为，当这些人像狗一样叫骂的时候，他们只是在实现他们自己的本性；[468D]此外，你也绝不会不经意间在你目前的软弱中汇集众多的痛苦，就像众多渣滓聚入某些低洼空地一样，③ 你会使自己染上别人的恶。既然一些哲人甚至会谴责将怜悯用于不幸之人身上，因为帮助别人是好的，但分有他们的悲哀或是被其击垮，就不对了；更重要的是，当我们认识到自己犯了错，陷入了糟糕的心灵状态之中时，这些哲人不允许我们绝望和沮丧，而是命令我们毫无痛苦地治愈我们的恶，就像我们该做的一样：那么，想一下，由于与我们交往或者靠近我们的人并非都是体面的和有教养的，[468E]如果我们变得愤怒和烦恼，难道这不是非理性的吗？让我们考虑一下这一点，亲爱的帕基乌斯，其实我们不会

---

  ① 参考前文463F。
  ② 参见 J. S. Milne《希腊与罗马时代的手术工具》（*Surgical Instruments in Greek and Roman Times*）（Oxford, 1907），第162—163页。
  ③ 参见普鲁塔克《论兄弟之爱》（*De Fraterno Amore*），479B。

不经意地突然警觉所遇之人的一般性坏处，而是会警惕他们针对我们的特别坏处；因此，我们的动机是自私的利益，而非对恶行的憎恶。① 因为对公共生活的过分担忧和无价值的欲望渴求，或者相反，厌恶和反感，这些都会让我们对那些我们认为导致我们失去好东西并遇上倒霉事的人产生怀疑和敌意；唯有一贯轻松调整自己、有节制地适应公共事务的人，才会［468F］在与同伴交往时成为最和善的和最温柔的。

8. 因此，我们还是回到关于环境遭际的讨论中吧。② 正如在发烧时，我们所吃的每样东西似乎都苦涩和难吃，然而，当我们看到别人吃同样的食物而没有任何不悦时，我们就不再责怪食物和饮料，而是归咎于我们自己和自己的疾病；［469A］同样，如果我们看见别人愉快且毫无恼怒地接受同样的事情，也就会停止责备和不满于我们的遭际。因此，当遭际与我们的希望相反时，如果我们不忽视我们所拥有的令人愉快和吸引人的事情，而是将好事和坏事混合起来，让更好的事胜过更糟的事，就容易感到心灵宁静了。但事实上，我们在眼睛因耀眼白光而受伤时会转过眼睛，用花草的色泽使眼睛清凉，可是，我们居然会竭力让心灵注意到痛苦，让其细想［469B］那些令人不快的事情，迫使其远离那些更好的东西。然而，人们或许可以采纳如下针对爱管闲事之人的说法：

> 为何你严苛地盯住别人的毛病，
> 爱管闲事的人，却忽视你自己的？③

为何你要如此热心地检查你自己的坏处，我的好人啊，然后又让它在你

---

① 参见普鲁塔克《论制怒》，456F。
② 就是在前文第 4 章中出现的论证。
③ Kock：《阿提卡喜剧辑语》第 3 卷，第 476 页，佚名，359；参见贺拉斯《讽刺诗》(*Sermones*)，1.3.25—27。

的心灵之中清晰常新，而不把你的心思指向你所拥有的好东西呢？可是，如同拔火罐①从肉里吸出最有毒的液体一样，同样，你也全力关注你自身中最差的东西来与自己作对，从而证明你自己与凯俄斯人（Chios）一样差劲，[469C] 此人把陈年好酒卖给别人，却在自己用餐时喝酸酒；当有人问此人的一个奴隶他主人做什么事情时，他回答说："好事在手却专门寻找坏事。"实际上，大多数人忽视他们的运气中卓越合宜的状况，汲汲于那些令人不悦的和讨厌的事情。然而，阿里斯提珀斯②不属于这些人，而是一个足够聪明的人，他就像个用秤称重量的人，以好事相抵坏事，从而克服了自己的遭际，感到精神舒畅。无论如何，当他失去一份优良地产时，他问那些装模作样安慰他、分担他的厄运悲伤的人："难道你不是只有一小块地，而我则还有三块农田？"[469D] 当此人认同这一点后，阿里斯提珀斯说："那么难道不是应该我来安慰你吗？"对失去的东西感到恼怒，对剩下的东西感到不悦，这是疯子的行为，这就像小孩一样，如果别人拿走了他们的玩具，他们就会扔掉剩下的玩具并鬼哭狼嚎起来；同样，如果我们在某件事务上受困于运气的话，我们就会因痛苦和伤心而荒废所有事情。

9. 有人会说："那什么才是我们确实拥有的，什么又是我们没有的呢？"有的人有名声，有的人有房子，有的人有妻子，有的人有好朋友。塔索斯（Tarsus）的安提帕忒（Antipater）③ 在临终时历数了自己所遇上的各种好事，他甚至没有略去从 [469E] 基利基卡（Cilicia）到雅典的舒适海航；所以，我们不应忽视甚至是普通平常的事情，而是给予一定的关注，感激于我们活着、健康，看得见太阳；感激于在我们

---

① 参见普鲁塔克《论好奇》，518B，《论放逐》，600C。
② 参见普鲁塔克《论亚历山大大帝的运气与德性》，330C。
③ 阿尼姆：《早期斯多亚学派辑语》第 3 卷，第 246 页，辑语 15；参见普鲁塔克《马略传》（*Life of Marius*），46，2（433A）；斯托拜俄斯，第 5 卷，第 1086 页，Hense 编。安提帕忒是约公元前 2 世纪的斯多亚派哲学家。

之中没有战争，也没有派系倾轧，大地可以耕耘，想要出海者可以起航；感激于我们能言说或行动，沉默或闲暇。这些事情的出现可以为我们提供极大的心灵宁静，只要想一下设若它们不在的话将会如何，并经常提醒自己：健康对于疾病而言是多么可欲，［469F］和平对于战争而言是多么可欲，来到一座大城中的无名异乡人又是多么渴望获得名誉和朋友；当我们曾拥有这些东西的时候，一旦它们被夺走时会是多么痛苦。因为这些事情不会因为我们失去了它们才变得重要珍贵，而当我们拥有它们时便毫无价值。所以，我们失去某物并未给该物附加了任何价值，在追寻某物时也不应该视其为具有巨大价值，不应该为了防止失去它们而生活在恐惧与战栗之中，仿佛它们都是珍贵的，希望永远拥有它们。同时，我们也不应一旦拥有就忽视它们，好像它们毫无价值。［470A］我们应当做的是：为了从它们那里获得快乐和愉悦而善于使用它们，如果它们失去了，我们也能以更为节制的态度忍受损失。但是正如阿克西劳斯说的，大多数人认为应当全身心关注其他人的诗作、画作以及雕像，仔细而详细地审查它们，却忽视了自己的生活及生活中那么多可供沉思的令人愉悦的主题，只是盯着那些外在的东西，羡慕别人的名声和运气，就像偷情者总是盯着别人的妻子，却轻视自己以及自己所拥有的。

10. 此外，如有可能的话，检查一个人自身［470B］也十分有助于心灵宁静，但如果这不可能的话，则去观察运气较差之人，同时不要像多数人所做的，将自己与那些运气更好之人比较；比如，那些坐牢的人认为被释放的人是好运的；这些被释放的人认为自由人是好运的，而自由人则认为公民是好运的，公民则又认为富人是好运的，富人则认为总督是好运的，总督认为国王是好运的，而国王则认为诸神是好运的，……如此下去，最终几乎渴望成为掌握雷电大权的主神。因此，由于总是觉得自己比更高者有所欠缺，他们就从不对与自己地位相称的东西表示感激。

> 我并不祈求古格斯（Gyges）的金银财宝，
> [470C] 我也从没嫉妒过他；我
> 不羡慕诸神的功绩，也不贪爱一个伟大
> 王国：这些东西远在我之上。①

"但他是萨索斯岛人（Thasian）"，有人会说。② 然而，还有其他人，凯俄斯人，伽拉太人（Galatins），或者比图尼亚人（Bithynians），他们都不满于自己在同胞中所分到的名声或权力，而是为没有穿上贵族之靴而哭泣；然而，如果他们真的穿上了，他们也会哭泣，因为他们还不是罗马的行政长官；如果他们成为行政长官，他们依旧会哭泣，因为他们还不是执政官；如果他们成为执政官，他们还是会哭泣，因为在宣布执政官的名单时，他们的名字排在了后面。这一切难道不就是在搜集各种借口来对运气［470D］忘恩负义，并折磨和惩罚自己吗？但是，一个思想正常的人知道太阳普照数不尽的众生，

> 他们和我们一样，都享用广袤大地的果实，③

此人尽管与其他人相比不怎么有名和富有，但是只要他不会坐在悲伤与沮丧中，相反，由于他知道自己比无数人生活得无数倍地好和舒适，他将会继续赞美他的守护精灵和他的生活方式。

---

① 阿基洛科斯，辑语 25，Bergk 编，Edmonds 编；辑语 22，Diehl 编。

② 亚里士多德（《修辞学》卷 3，17，1418b31）说，阿基洛科斯（Archilochus）不通过自己（in propria persona），而借木匠卡戎（Charon）的嘴说话。卡戎是萨索斯岛人，如果我们相信普鲁塔克的这个援引直接来自阿基洛科斯，而不是一本选集（florilegium）的话（否则，参见 Harold N. Fowler《普鲁塔克〈论静心〉》[Plutarch περὶ εὐθυμίας]，刊于 *Harvard Studies in Classical Philology*，第 1 卷，第 144 页）。普鲁塔克有可能说的是，某国籍的人并不会比另一种国籍的人更能免除这种恶习，这是一种过于曲折的论证。

③ 西蒙尼德，辑语 5，Bergk 编；辑语 4，Diehl 编；辑语 19，Edmonds 编，诗节 17；普鲁塔克的《论兄弟之爱》485C 和《筵席会饮》743F 再次引用。

在奥林匹克运动会上，你不可能通过选择对手来赢得胜利，但是在生活中，各种处境可以让你以比多数人优越而骄傲，让你成为嫉妒的对象，［470E］而非嫉妒别人——除非你选择布里阿柔斯（Briareus）或者赫拉克勒斯做对手。因此，当你艳羡某位财货满仓的人时，不妨也向下盯着那些扛货包的人好好看看；当你就像某位赫勒斯滂人（Hellespont）那样认为过桥的名人克塞尔克瑟斯①是有福的时候，你也应该看看那些在皮鞭之下挖穿阿索斯山（Athos）②的人，看看那些因为桥梁被洪水冲垮而被割掉了耳朵和鼻子的人。也请考虑一下他们心里的想法：他们认为你的生活和境况是无比幸福的。

［470F］苏格拉底听到他的一位朋友说城邦生活太贵了："凯俄斯的酒值一米纳（mina），一件紫色长袍值三米纳，一小杯蜂蜜值五德拉克马（drachma）"，苏格拉底就用手拉着这位朋友，领着他到了谷物市场，"半艾克通（emiekton）谷物值一奥波尔（obols）！城邦物价好便宜"；然后到了橄榄油市场，"一克伊尼科斯（choenix）橄榄油值两个铜板！"然后到了服装市场，"一件无袖衫值十德拉克马！城邦物价好便宜啊！"因此，当我们听到别人说我们由于不是执政官或者总督，所以我们的事情便微不足道可怜巴巴时，［471A］我们应该说，"我们的事情是了不起的，我们的生活足以令人羡慕：我们不乞求他人，不背负负担，也不靠谄媚生活"。

11. 然而，由于愚笨，我们习惯于更多地盯着别人而活，而不是看重自己，还由于我们的本性包含了太多的嫉妒与恨意，便并不以我们的福分为乐，却因为别人所拥有的东西而痛苦。所以，不要只看那些你所嫉妒与惊讶之人的杰出和名气，而是应当将他们的名声和外表的花哨窗

---

① 参见希罗多德，第 7 卷，56："宙斯啊，为何你化作一位波斯人，换上'克塞尔克瑟斯'的名字，统率整个世界实现你消灭希腊的愿望？显然，你不用这些法子也可以完成所有这一切。"

② 参见普鲁塔克《论制怒》，455D。

布拉开，然后走进他们的内在世界，你就会看到［471B］许多难堪恼怒的事。比如，当著名的皮塔科斯①——他的勇敢、智慧和正义享誉于世——在宴请宾客时，他的妻子怒气冲冲地进来掀翻桌子，他的客人惊慌不已，但是皮塔科斯说："我们每个人都有些麻烦，只拥有我这样的麻烦的人，已经过得挺不错了。"

> 此人在广场上被认为有福，
> 但当他回到家时，就是三倍的可怜虫：
> 他的妻子统治一切，发布命令，总是和他干仗。
> 他的痛苦远超于我，我的完全不算啥！②

许多这样的痛苦都会伴随着财富、名声和王权，多数人不知道这种痛苦，因为虚荣阻碍了视力。

> 幸福的阿特柔斯（Atreus）之子，定数的孩子，
> 受到仁慈精灵的祝福！③

这种福气只涉及外部条件：他的武器、马匹，以及环绕左右的军队；但是他内心深处的叫喊却在反抗空幻的光鲜：

> 宙斯，科诺诺斯之子，将我卷入
> 深深的迷惑，④

---

① 参见普鲁塔克《论制怒》，461D。
② Kock：《阿提卡悲剧辑语》第3卷，第86页，米兰德，辑语302，诗节4—7（第379页，Allinson编）；参见普鲁塔克《论德性与恶》，100E。
③ 荷马：《伊利亚特》第3卷，182行。
④ 荷马：《伊利亚特》第2卷，111行，第9卷，18行。

以及：

> 我羡慕你，老汉。
> 比起那些声名显赫的人来，
> 我倒是更羡慕那些日子过得平平安安的人，
> 虽然他们默默无闻，没有荣誉。①

我们有可能通过这种反省来减少对运道的不满，这种不满总是太过羡慕邻居的运气而妄自菲薄并摧毁我们。

12. ［471A］此外，另一个尤其妨碍心灵宁静的问题是，我们不让我们的冲动就像水手配置船帆那样符合我们的能力。我们总是期盼过高的目的；接着，当我们失败时，我们就会责备我们的命运和运气，而不是我们自己的愚蠢。因为，希望以犁射击、以牛猎兔的人并非运气不佳，恶意的命运也没有与那些用鱼篮或者拉网猎捕鹿或野猪的人特别过不去；正是由于蠢笨和愚蠢，这种人才去尝试不可能的事情。主要的毛病在于自爱，因为自爱让人渴望在所有事情上成为第一，成为胜利者，让人贪得无厌地什么都想干。［471E］因为人们往往在要求富裕的同时还要有学识、强壮、欢乐的精神和好的伴友、成为国王的朋友和城邦的地方官，而且，他们如果没有用来比赛获奖的猎狗、赛马、鹌鹑、斗鸡，就会郁郁寡欢。

老狄奥尼索斯不满于成为他的时代的最大僭主，只是因为他无法比诗人斐洛克塞努斯（Philoxenus）更好地吟唱诗文，或者比柏拉图更擅长辩驳，由于愤怒和怨恨，他将斐洛克塞努斯投进了采石场，将柏拉图送去了埃吉那（Aegina）卖作奴隶。亚历山大的品性倒不一样，但是当

---

① 阿伽门农对他的老仆人所说；欧里庇得斯：《伊菲格利亚在奥里斯》（*Iphigeneia at Aulis*），16—18。

著名的短跑选手克里松（Crison）与他赛跑并似乎故意放慢脚步时，亚历山大非常愤怒。[471F]诗人让阿喀琉斯（Achilles）说：①

在穿铜盔甲的阿开奥斯（Achaeans）人中，无人与我匹敌，

很正确地，让他接着又说：

[这是]在战争中；但是在言辞上，他人则胜于我。

但是当波斯人迈伽比左斯（Megabyzus）来到阿派勒斯（Apelles）②的画室且试着谈论艺术时，[472A]阿派勒斯以下面的话让他闭上了嘴："只要你保持安静，由于你穿金戴紫，你似乎就还是个人物；但是现在，甚至这些磨颜料的少年都会笑你的无知。"

斯多亚学派（Stoics）③宣称贤哲不仅被称为审慎的、正义的和勇敢的，而且被称为演说家、诗人、将军、富人和国王，他们认为自己配得上所有这一切，而且如果没有得到的话就会恼怒。有人听到这事，认为斯多亚学派只不过是在开玩笑。因为就算是在诸神之中，[472B]不同的神也掌握着不同的力量：一个是"好战"，一个是"预言"，一个是"获利"；宙斯④派阿芙洛狄忒管理婚姻和婚房，就是因为她从不参与战争。

13. 有些追求从本性上说就无法共存，更准确地说，这些追求因其本性而彼此相反；比如，修辞的训练和对数学的追求需要安静的生活和

---

① 《伊利亚特》第18卷，105—106行。
② 参见普鲁塔克《如何辨别朋友与谄媚者》，58D。
③ 阿尼姆：《早期斯多亚学派辑语》第3卷，第164页，辑语655。参见普鲁塔克《如何辨别朋友与谄媚者》，58E；贺拉斯：《讽刺诗》，1.3.124及以下。
④ 参见荷马《伊利亚特》第5卷，428行及以下。

闲暇，而如果不付出辛劳，不使用全部的时间的话，对政治活动和国王友谊的追求是不可能成功的。而且，"饮酒吃肉"① 确实会"让身体健壮有力，却会让灵魂虚弱"②；［472C］对获取和保存钱财的无休止关心会增加财富，然而看轻和蔑视钱财却经常有助于哲学上的进步。因此，并非所有的追求都适合于每一个人，一个人必须服从皮提亚"认识你自己"的铭文，③ 从而让自己适合于自然使其最适合的那个事情，而非对自然施暴，拖曳自己一会儿效仿这种生活方式，一会儿又是另一种。

> 马就适合拉车；
> 牛就适合犁耕；海豚在船旁迅速地游着；
> 但如果你要猎杀野猪的话，就必须要找到一只
> 勇猛的狗。④

如果有一个人痛苦地烦恼于自己不是一只狮子

> 生于山上，相信自己的力量，⑤

和一只偎依在寡妇膝上的小迈里忒斯狗（Maltese），这样的人则是愚蠢的。［472D］但是，和他相比也好不到哪儿去的是这样的人：此人既希

---

① 斯托拜俄斯（第 3 卷，第 559 页，Hense 编）的引用从这段开始，一直到下面所援引的品达。
② 安德罗基德斯（Androcydes）的话：参见亚历山大里亚的克莱门忒《杂篇》第 7 卷，6，Stählin 编；亦见普鲁塔克《论食肉》，995E，亚忒莱俄斯，第 4 卷，175d。
③ 参见普鲁塔克《七贤会饮》，164B。
④ 品达，辑语 234；参见普鲁塔克《论伦理德性》，451D。
⑤ 荷马：《奥德赛》6 卷，130 行。

望成为恩培多克勒、柏拉图或者德谟克利特（Democritus），写下关于宇宙和实在的真正本质的巨著，同时还希望像欧弗里翁（Euphorion）那样与一位老富婆结婚，或者像迈狄俄斯（Medius）① 一样成为亚历山大的好友，与他共饮；而且，如果他的财富没有伊斯迈尼阿斯（Ismenias）那样遭人羡慕的话，他的英勇没有像厄帕米农达斯那样被人尊崇，他就会悲伤难过。跑步者不会因为没有戴上拳击手的花环而气馁，相反，他们会对自己的花冠感到欣喜高兴。

你的命数就是斯巴达人：让你的桂冠配得上她吧！②

梭伦③也说：

但我们不应以我们的德性交换
[473E] 他们的财富，因为德性是可靠的财产，
而钱财一会儿是此人的，一会儿是那人的。

自然学家斯特拉托（Strato）听说迈涅德莫斯（Menedemus）的学生比他还要多时，他说："如果有更多的人想要沐浴，而非涂油参赛的话，为什么要惊讶呢？"④ 亚里士多德写信给安提帕忒说："并不只有亚历山大会因为他统治许多人而有理由感到骄傲，那些对诸神持有正确看法的

---

① 参见普鲁塔克《亚历山大传》，75（706C）；《如何辨别朋友与谄媚者》，65C，《健康谏言》，124C；阿里安（Arrian）：《上行记》（Anabasis）第7卷，255.1。
② Nauck：《古希腊悲剧辑语》，第588页，欧里庇得斯，辑语723，源自《忒勒弗斯》（Telephus）；参见普鲁塔克《论放逐》，602B。
③ 参见辑语4，诗节10—12，Diehl编；辑语15，诗节2—4，Edmonds编；参见普鲁塔克《论德性进步》，78C，《如何从敌人那里获益》，92E，《梭伦传》，3（97F）。
④ 芝诺的轶事，参见普鲁塔克《论德性进步》，78D—E，《论不冒犯人的自我称赞》（De Laude Ipsius），545F。

人感到自豪，也是同样合适的。"① 因为那些对自己的财富有这种高贵看法的人并不会因他们邻居的财物而生气。[472F] 事实上，虽然我们并不希望葡萄藤上长出无花果，也不希望橄榄树上长出葡萄，但是我们如果不能同时享有财富和学识、将军和哲人、谄媚和坦率、节俭和浪费的好处的话，我们就会诋毁自己，我们就会不悦，我们就会把自己贬低为活得不完美和微不足道。

[473A] 另外，我们看见自然也会警告我们；因为，正如自然为不同的兽类提供不同的食物，不让所有的兽类都成为食肉动物，或者吃食种子的动物，或者吃食根茎的动物一样，自然也赋予人类各种各样的方法来维持生活，

> 通过牧羊，耕地，捕禽，以及海洋
> 提供食物。②

因此，我们应当选择适合于我们的职业，勤恳地培育它，不管其余的事情，不要表明赫西俄德所说的话是对的，他说：

> 陶工对陶工愤怒，木匠对木匠愤怒。③

因为人们不仅会嫉妒同行工匠和 [473B] 那些与他们过着相同生活的人，而且富人也会羡慕有学识的人，名人会羡慕富人，律师羡慕智术师；是的，以宙斯的名义，自由人和贵族们会惊奇地妒忌和艳羡剧院中

---

① 辑语 664，Rose 编；参见普鲁塔克《论德性进步》，78D，《论不冒犯人的自我称赞》，545A；尤里安（Julian）《致忒米斯提乌斯的信》（*Letter to Themistius*），256A（第 2 卷，第 231 页，Wright 编）。

② 品达：《伊斯米亚赋》（*Isthmian Odes*），1.48；参见普鲁塔克《论皮提亚的神谕》，406C。

③ 赫西俄德：《劳作与时日》，25。

成功的喜剧家，宫廷里的舞者和仆人，他们就这样让自己陷入过分的痛苦和烦恼中。

14. 但是，我们每个人在自身之中就有静心和沮丧的库房，而且，装着好事和坏事的缸子不会被放在"宙斯的门槛上"①，而是就在灵魂之中。人们感受的差异就表明了这一点。因为，即便好事出现在眼前，愚蠢之人也会忽略和无视，[473C] 这山望着那山高；但是智慧之人会通过记忆让那些不存在的东西也栩栩如生地存在于眼前。因为，当前的好事只允许我们瞬间触及，然后便远离我们的感觉；愚蠢之人便认为这种好事与我们再无关系，也不属于我们。但是，在那幅"哈德斯里面的编绳人"的画作中②，那个人一边编绳子，一边让一只正在附近进食的驴吃掉绳子；同样，无感觉的和不知感激的健忘会偷偷潜入 [473D] 众人，把握众人，毁灭每一次行动和成功，每一次闲暇、友朋相伴和愉悦的快乐时刻；当过去与现在交织时，这种遗忘不让生活统一为一体，而是将昨天——就好像其是完全不同的——从今天分割出去，明天也是一样，就像是其不同于今天；遗忘通过使这些事不再被记起，径直让它们从未发生。各种学校中的教义总是否认成长与增加，其理由是"存在"处于不断地流变之中，这在理论上使我们每个人都成为一系列不同于自身的人；③ 同样，那些不去保存或不以记忆想起先前事情，而是让它们流走的人，实际上就是在让自己每天都匮乏空洞并 [473E] 依赖于次日，就好像去年发生的事情，昨天发生的事情，前天发生的事情都与他们无关，从未在他们的身上发生过。

15. 所以这会扰乱心灵宁静；还有一种更为恼人担忧的情况则出现

---

① 参见荷马《伊利亚特》第24卷，527行；普鲁塔克：《论听诗》，24B，《论德性与恶》，105C，《论放逐》，600C；柏拉图：《理想国》，379d。

② 俄鲁斯（Oenus）或"斯洛忒"（Sloth）；这幅画由珀吕格诺图斯（Polygnotus）作于德尔斐的莱斯科（Lesche）：泡赛尼阿斯，第10卷，29.1。参见普罗佩提乌斯《挽歌集》第4卷，3.21—22；狄奥多洛斯，第1卷，97；普林尼：《自然史》，35.137。

③ 参见普鲁塔克《论德尔斐神庙的E》，392D，《论神的惩罚的延迟》，559B。

在下面情形中。就像苍蝇在光滑的镜子表面总是滑倒，而在粗糙或者痕迹斑斑的地方却能长时间站立，同样，有的人抛开那些令人快乐和高兴的事情，总是纠缠于不快乐事情的回忆之中；更确切地讲，就像人们说当甲虫掉进奥林修斯某个叫作"甲虫死地"（Death－to－Beetles）① 的地方时，它们再也无法走出去，只能在那儿［473F］转了一圈又一圈，直到它们死在那个地方，同样，一旦人滑进对他的不幸遭际的念念不忘中，就不会想从那种状态之中恢复和苏醒。但是，就像画里的颜色一样，② 在灵魂之中，我们应当在前景中放入明亮和悦目的经验，隐藏和压制住阴沉的部分；因为我们也不可能擦除并彻底摆脱它们。"［474A］宇宙的和谐就像里拉琴或弓一样，是交替出现的"③，同样，凡人的事务中没有什么是纯净的和非混合的。相反，正如在音乐中存在低音和高音，在文法中存在元音和辅音，而音乐家或者文法家并不厚此薄彼，相反，他们知道如何使用所有元素，知道如何将它们恰当地混合起来；④ 同样，在人的事务上也是如此，人的事务包含了彼此对立的东西，（因为正如欧里庇得斯所说：

好与坏无法分离，
而是总是某种混合，因此总体不错，⑤）

我们不应对逆境感到沮丧和绝望，［474B］而应像音乐家那样，通过不

---

① 参见亚里士多德《奇闻集》（De Mirabilibus Auscultationibus），842a5 及以下；普林尼：《自然史》，11.28.99。
② 参见普鲁塔克《论放逐》，599F—600A；《论希罗多德的恨意》，863E。
③ 第尔斯：《前苏格拉底哲人辑语》第 1 卷，第 162 页，赫拉克利特，辑语 51；参见普鲁塔克《论伊希斯与俄赛里斯》，369B，《论柏拉图〈蒂迈欧〉中灵魂的诞生》，1026B；"交替出现"指的是交替拉紧和放松。
④ 参见柏拉图《斐丽布》，17b 及以下。
⑤ Nauck：《古希腊悲剧辑语》，第 369 页，辑语 21，源自《埃奥鲁斯》（Aeolus）；普鲁塔克的《论听诗》25C—D 和《论伊希斯与俄赛里斯》369B 再次引用。

断地以好的音乐缓和糟糕的音乐,把坏和好合在一起从而实现和谐,我们应当使我们的生活的混合对我们来说是和谐而合宜的。

因为,米兰德①说得并不对:

> 每个人生来就有一位精灵立于身旁,
> 它是德性的指引,指向生活的善好;

相反,恩培多克勒所说的话有道理:有两种命运或精灵在我们出生时接受我们并统治着我们每一个人:

> 克托尼亚(Chthonias)和远望的赫利俄佩(Heliope)就在那儿,
> 还有血腥的德里斯(Deris),暗眼的哈摩尼亚(Harmonia),
> 喀里斯托(Callisto),艾斯克拉(Aeschra),忒俄萨(Thoosa)和德纳艾(Denaea),
> [474C]可爱的涅墨尔忒斯(Nemertes),黑眼的阿萨斐阿(Asapheia)②

16. 结果便是,由于我们在出生时便接受混合了每一种这些激情的种子,而且由于我们的本性拥有许多不均匀,所以一个有理智的人会祈求更好的事物,但同时也预见相反的事物,并且避免任何过度,同时处理这两个方面。正如伊壁鸠鲁③所说的,不仅是那个"最不需要明天的

---

① Kock:《阿提卡喜剧辑语》第3卷,第167页,辑语550(第491页,Allinson 编)。
② 第尔斯:《前苏格拉底哲人辑语》第1卷,第360—361页,辑语122。这些名字的含义是:冥府之女,太阳之女;无序,和谐;美,丑;快,慢;真实,模糊。
③ Usener:《伊壁鸠鲁》,第307页,辑语490(第139页,Bailey 编);参见贺拉斯《书信集》(*Epistulae*)第1卷,4.13—14。

人最能开心地迎接明天的到来",而且,最不害怕丧失财富、名声、权力、公职的人最能享受这些东西的拥有。因为对这些东西的强烈欲望在他们之中注入了一种［474D］最强烈的恐惧,担心这些东西都有可能失去,于是心中的快乐变得既微弱又不稳定,就像摆动的火焰一样。但是,理性使一个人毫无恐惧战栗地向命运说道:

  欢迎到我这里来,如果你带了什么好处的话;
  但是如果你没有带的话,痛苦也会是很轻的,①

这样的人非常自信,从不害怕自己的损失无法忍受。这使他能够充分享受目前的好处。因为我们不仅可以敬佩阿那克萨戈拉②的性情——这种性情使他在儿子死时说"我知道我的儿子是必死的"——而且,我们还可以模仿这种性情并将之用于运气的每一种安排之上:"我知道我的财富是暂时的,［474E］不可靠的","我知道那些赠予我地方长官职位的人也能将之拿走","我知道我的妻子是优秀的,但她只是个女人,我的朋友毕竟是人,在本性上是有可能变化的动物,正如柏拉图所说的"。③因为如果任何我们不希望但是并非毫无预见的事情发生了,有此觉悟和性情的人就会蔑视如下这些看法:"我从不认为会发生这事",以及"我原来希望的是别的事情"和"我并未预料会有这等事",于是他便不会出现诸如心脏颤动发抖的样子,而是迅速恢复镇定,使疯狂和扰乱安静下来。卡尔涅德斯(Carneades)［474F］提醒我们,在重大事务上,正是意料之外④的事带来了痛苦和沮丧。比如,马其顿王国与罗

---

  ① 或许是喀里马科斯(Callimachus)的辑语(参见佚名辑语371,Schneider 编);亦见塞涅卡《论静心》,11.3。
  ② 参见普鲁塔克《论制怒》,463D。
  ③ 柏拉图:《第十三封信》,360d;参见普鲁塔克《论制怒》,463D。
  ④ 参见普鲁塔克《论伦理德性》,449E。

马的领土相比小得不得了，然而当珀修斯（Perseus）失去了马其顿之后，不仅他自己为自己的厄运而痛苦，而且每个人都认为他已经变成了世上最不幸［475A］最倒霉的人；① 但是他的征服者埃米里俄斯（Aimilius）将他对全部大地与海洋的统治权移交给了别人，却依然戴着桂冠，受到献祭，被尊为幸运的。这是有道理的，因为埃米里俄斯在掌权时就明白这权力总有一天是要再次交出的；而珀修斯则在他没有想到失去的时候失去了他的王国。诗人也很好地教育我们意外之事的后果会有多么严重：比如，当奥德修的狗与他亲热时，他流下了眼泪；② 然而，当他坐在他哭泣的妻子身旁时，③ 他并没这样动情，因为在后一种情形下，他来时就已经控制住情绪，受到理性的加固。但前者并不在意料之中，相反，他是突然遭遇了那种情况［老狗认出他］。

17. ［475B］而且，一般来说，虽然我们不希望发生的事情中有一些会由于其本性而令人痛苦和不幸，但是对于其中的大部分事情，我们其实是由于错误的观点才逐渐变得习惯于抱怨它们的；那么，针对后者，时刻准备好米兰德的话是有好处的：

> 如果你不承认，你就未受其害，④

他的意思是，如果这些事情——诸如你的父亲出身低微，你的妻子通奸，你被剥夺了王冠或者前排座位⑤——既无法触及你的身体也无法触

---

① 参见普鲁塔克《埃米里俄斯·泡洛斯传》(*Life of Aemilius Paulus*)，34，1—2 (273C—E)。
② 荷马：《奥德赛》第17卷，302—304行。
③ 荷马：《奥德赛》第19卷，208行及以下。
④ Kock：《阿提卡喜剧辑语》第3卷，第52页，辑语179，源自《诉讼人》(*Epitrepontes*)；Allinson编，第127页。
⑤ Προεδρίας［前排座位］是在公共比赛或者剧院或者公共集会坐在前面的特权，是指定给卓越的公民、外国人或者行政长官的。

及你的灵魂的话，为什么它们会折磨你呢，既然当这些不幸出现时，一个人并没有被阻止让身体和灵魂处于最佳状态？至于那些因其本性而让我们痛苦的事情，比如［475C］疾病，焦虑，朋友和孩子的死亡，欧里庇得斯的话不妨一听：

> 哎呀！——为什么要哎呀？我们的遭遇
> 正是我们必死之人必须承受的。①

因为当我们的情绪部分倾覆滑倒时，理性是不可能有效地帮助支持它的，就像我们身上由于复合性和身体性而暴露在自然必然性之下的那个部分一样，这是人唯一能被运气抓住之处，然而在他的统治部分和最重要的部分中，他则屹立不倒。

当德墨忒里俄斯（Demetrius）攻占了麦加拉人（Megarians）的城邦时，他问斯提尔波他的财富是否遭到了劫掠。斯提尔波回答说，"我没有看到什么人拿走我的财产"。因此，当运气劫掠和夺走了我们的一切时，［475D］我们在自身之中还有一种东西，这是

> 阿开奥斯人无法夺走和劫掠的。②

故而，③ 我们不应全面否定和贬低自然，认为她不强大，不稳定，无法逃离运气的打击，而是相反，由于我们知道我们身上会受运气败坏的部分是微小的，且我们自己主宰着好的部分，我们最大的福分就位于其

---

① Nauck：《古希腊悲剧辑语》，第449页，辑语300，源自《贝勒洛丰》（*Bellerophon*）。
② 改编自荷马《伊利亚特》第5卷，484行。
③ 斯托拜俄斯（第2卷，第161页，Wachsmuth 编）以 Πλουτάρχου Περὶ φιλίας（《普鲁塔克的〈论友谊〉》）为题引用了接下来的这个文段；但是 Hermann Patzig（《普鲁塔克问题》[*Questiones Plutarcheae*]，第34页）毫无疑问正确地认为 φιλίας 是 εὐθυμίας 的抄写错误。

中——正确的看法和知识，旨在获取德性的理性训练。这些都是不可剥夺和不可摧毁的财产。一旦我们知道这一切，我们就应当勇敢而自信地面对未来，［475E］并且对运气说苏格拉底在他应当回答他的控诉者时对法官所说的话："安尼托斯（Anytus）和莫勒图斯（Meletus）可以夺走我的性命，但他们却无法伤害我。"① 实际上，运气会让我们受困于疾病，拿走我们的钱财，向民众或者僭主诽谤我们，但是她却无法让好人、勇敢的人和胸怀博大之人变得低贱、懦弱、吝啬、卑鄙以及忌妒，她也不能剥夺我们的性情，这种性情的持续存在对我们十分有益，远远胜过面对海洋时水手的益处。［475F］因为，水手无法平息凶猛的波涛和狂风，无法找到一个他在急需时所希望的海湾，更无法自信而无惧地等待偶发事件；当水手尚未绝望时，他可以运用技艺

　　将主帆从船桅降下，
　　他便从黑暗的大海遁逃，②

［476A］然而，当海浪高耸压倒他时，他就只能坐下来瑟瑟发抖。但是，当智慧之人通过自制、节制的饮食和适度的劳作来摧毁导致疾病的条件时，他的性情便尽可能地让身体性的情绪安静下来；即便某种坏事从外部发生，但正如阿斯克勒皮阿德斯（Asclepiades）③ 所说，"他也会收好船帆轻装渡过"，就像一个人渡过暴风雨那样。可是，如果某种

---

　　① 参见柏拉图《苏格拉底的申辩》，30c—d；此处的转述不同于柏拉图的原话，不过这种形式的转述也见于爱比克泰德（Epictetus），第 1 卷，29.18，以及《指南》（Encheiridion），53.4。

　　② 参见 Bergk《古希腊抒情诗人集》第 3 卷，第 730 页，Edmonds：《古希腊抒情诗》第 3 卷，第 474 页，或者 Nauck：《古希腊悲剧辑语》，第 910 页，佚名，377。此处的文本十分模糊，尽管 Pohlenz 的解释似乎比所有稍早的解释要好。亦参见普鲁塔克《论迷信》，169B，这条辑语在此处以另一种形式被引用。

　　③ 萨摩斯的阿斯克勒皮阿德斯；参见 Knox《乱韵抑扬格诗》（Choliambica），第 270 页，作者重写了这一行诗。

意料之外的巨大灾难降临于他并主宰着他时，海湾也近在咫尺，他可以游离他的身体，就像远离一只漏船一样。①

18. 因为正是对死的恐惧，而非对生的渴望，才让愚蠢之人依赖他的身体，[476B] 他紧紧依附在身体上，就像奥德修②由于害怕下面的卡吕布狄斯（Charybdis，大旋涡）而紧紧趴在无花果树上，

   此处的微风使他既不停留也不航行，③

以至于他一会儿讨厌这个，一会儿恐惧那个。但是，以某种方式看透灵魂本质的人认为灵魂在人死时的改变只会更好，至少不会更糟；这样的人为了确保在面对生活时的心灵宁静而做了充分的准备，即无惧死亡。因为当生命的愉悦和适意部分占优势时他能够快乐地生活，而当异己的和违背自然的成分占上风时，他能无畏地抛开生命，他说：

   当我愿意的时候，神灵自己就会来解放我，④

[476C] 我们能想到什么样的让人恼怒，困扰人，麻烦人的东西会降临到这种人身上？因为说"我早就预料到你了，运气啊，我已经堵住了你所有进来的入口"的人⑤，他会鼓励自己，不用门闩，不用钥匙，也

---

 ① 明显指以自杀的方式。参见普鲁塔克对德摩斯提尼的自杀所表达的欣赏（普鲁塔克：《西塞罗与德摩斯提尼对比列传》，5，888C）；但是在《伊壁鸠鲁实际上使快乐生活不可能》1103E 驳斥伊壁鸠鲁的时候，他的立场却相当不同。

 ② 荷马：《奥德赛》第 12 卷，432 行；参见普鲁塔克《论灵魂》（De Anima），6.4（Bernardakis，第 7 卷，第 26 页）。

 ③ Nauck：《古希腊悲剧辑语》，第 81 页，埃斯库罗斯，辑语 250，出自《斐洛克忒忒斯》（Philoctetes）；辑语 137，Smyth 编（Loeb 本）。

 ④ 欧里庇得斯：《酒神的伴女》（Bacchae）；参见贺拉斯《书信集》第 1 卷，16，78—79。

 ⑤ 兰普萨科斯（Lampsacus）的迈忒洛多洛斯（Metrodorus），辑语 49，Körter 编。

不用城墙，而是以每个想分享的人都可以分享的箴言和理性。人们一定不能绝望，不能不相信这些论证，而是应当称赞并仿效它们，受其鼓舞，在小事中检审自己，心怀大事，不逃避也不拒绝灵魂对这些［476D］事情的关心，也不拿"或许没有什么事会比这件事更加困难"这样的话当借口。因为松弛和怯懦源自未经锻炼的灵魂，这种灵魂总是以最简单轻松的方式打发时间，从不希望经历的事情逃入最快乐的事情中。但是，通过学习和严格运用理性尽力形成什么是疾病、辛劳和放逐等等的本性的观念的灵魂，将会在貌似困难和恐惧的事中发现许多错误的、空洞的和堕落的东西，正如理性在每一件事情上证明的。①

19. 而且，许多人会颤抖于米兰德的话：②

> 没有一个活着的人能说，"我不会遭遇这些"，

因为，他们并不知道摆脱痛苦可以靠反复练习［476E］张开双眼直视运气，而非在心中制造"光滑柔软"③的幻象，就像一个躲在空虚无力的"希望"幻影下的人那样。然而，我们可以这样来回答米兰德：是的，

> "没有一个活着的人能说，'我不会遭遇这些'，

然而，在人活着时，他却可以说：'我不会做这样的事：我不撒谎，不当流氓，不欺骗，也不搞阴谋。'"因为这种回答是我们力所能及的，而且其对心灵宁静的益处也不是很小，而是很大。相反的，

---

① 参见西塞罗《图斯库兰论辩集》第 3 卷，81 及以下。
② Kock：《阿提卡喜剧辑语》第 3 卷，第 103 页，辑语 355，诗节 4。
③ 可能引自《奥德赛》第 21 卷，151 行。

> 我的良心啊，我知道我已做下可怕的行为，①

[476F] 就像②肉里的溃烂一样，良心也会在灵魂中留下悔恨，这种悔恨将一直伤害并刺痛灵魂。因为灵魂会消除其他痛苦，但悔恨是由理性本身所产生的，灵魂会有羞耻相伴，受到自身的叮咬和惩罚。[477A] 因为正如因疟疾而颤抖和因发烧而发热的人要比因身体之外的热或冷而遭受同样不适的人更加恼怒和痛苦，同样，来自外部的、由运气所导致的痛苦要更容易忍受；但是

> 除我之外，没有谁要为此受责。③

这个悲叹唱出了源自一个人自身之内的错误，它使得痛苦因一个人所感受到的羞耻而更加沉重。因此，昂贵的房屋，丰富的黄金，比赛的奖励，任职时的盛况，语言的优雅、雄辩，这些东西都无法像摆脱了邪恶行为与目的的灵魂那样为生命带来如此之多的平静和安详，[477B] 这种灵魂拥有作为其生命源泉的沉着和纯净品性，从这个源泉中会流淌出高贵的行为④，这些行为既有令人神往的伴随着高贵自豪感的愉悦活动，又有比品达⑤的维系老年幸福的希望更加快乐和稳定的记忆。因为正如卡尔涅德斯所说，即便香炉⑥被掏空了，难道香炉就不

---

① 欧里庇得斯：《俄瑞斯忒斯》（*Orestes*），396；参见第尔斯《前苏格拉底哲人辑语》第 2 卷，第 199 页，德谟克利特，辑语 264。
② 斯托拜俄斯（第 3 卷，第 604 页，Hense 编）引用了下面的文段。
③ Schneider 认为这句诗是喀里马科斯所做（佚名辑语 372）；亦参见忒勒斯（Teles），Hense 编，第 8 页。荷马：《伊利亚特》，卷 1，335 可能暗示了这句诗。
④ 参见阿尼姆《早期斯多亚学派辑语》第 1 卷，第 50 页，芝诺，辑语 203；亦参见普鲁塔克《如何辨别朋友与谄媚者》，56B，《论德性与恶》，100C。
⑤ 辑语 214，Bergk 编，辑语 233，Boeckh 编；第 608 页，Sandys 编。亦参见柏拉图《理想国》，331a。
⑥ 关于 λιβανωτρίδες（香炉）的形式，参见 F. Solmsen, Dorisch ἄγει "auf, wohlan!"，刊于 *Rheinisches Museum für Philologie*，第 54 卷（1899），第 347 页。

会长时间地①保留其香味？在有理智之人的灵魂中，难道高贵的行为就不会永远留下令人愉悦和新鲜的记忆？这些高贵行为中的快乐因这种记忆而得到浇灌并繁荣起来，理智之人会轻视那些［477C］悲叹和辱骂生命是一片灾难之地或灵魂流放之地的人。

20. 我赞美第欧根尼，他在拉刻岱蒙见到款待他的主人热衷荣誉，忙于准备参加节庆时说，"难道一个好人不会认为每天都是节庆吗？"而且确实都是辉煌的节庆，如果我们头脑清醒的话。因为宇宙是最神圣的和最适合于神明的神殿；人通过出生而被带到这个神殿之中，不是为了观看手工制品，也不是为了观看不动的雕像，而是为了看神圣理智所揭示的可理知事物的可感模仿，正如柏拉图所说的，② 这些模仿品内在地就有生命和［477D］运动的开端，太阳和月亮、星辰、清水长流的江河，以及为植物和动物提供营养的大地。由于生活就是加入这些事物当中的一场最完美的密仪，是对它们的仪式庆典，那么生活就应当是完全安静的和愉悦的，而不应像众人那样等待着科诺诺斯的、③ 宙斯的，以及泛雅典娜（Panathenaea）的节庆和其他类似的日子，在这些节庆到来时，他们花钱雇用搞笑演员和舞者来休闲享乐。的确，在这些时刻，我们应当怀着虔敬的肃静端坐在那儿，因为没有人会在加入密仪时悲伤，也没有人在观看皮提亚竞赛或在科诺诺斯节畅饮时悲叹；但是，由于人们在生命的大部分时光中都在悲伤、消沉和痛苦焦虑中，他们就贬损了［477E］神提供给我们、并让我们庄严加入其中的节日。而且，尽管人们喜欢那些声音动人的乐器和会唱歌的鸟，也喜欢看动物的嬉戏和跳跃，并讨厌动物的凶暴吼叫，尽管他们看到自己的生命阴沉黯淡，满是不悦和麻烦，烦恼和焦虑，［477F］但他们却不

---

① 贺拉斯：《书信集》第1卷，2.69。
② 参见柏拉图《蒂迈欧》，92c，《厄庇诺米斯》（*Epimomis*），984a。
③ 罗马农神节（Saturnalia）。

仅不让自己缓和或者放松——他们又怎能这样做呢？——而且，甚至当其他人鼓励他们时，他们也不肯听道理；如果他们肯听道理，就会毫不挑剔地接受当下，怀着感激地记住过去，带着开开心心地希望毫无疑惧地迎接未来。

# 柏拉图问题

# 问题一 *

1. [999C]《泰阿泰德》中说,① 神命令苏格拉底为别人接生,却阻止他自己生产;这是为什么呢?因为他当然不会反讽地或者玩笑②地呼求 [999D] 神名。另外,在《泰阿泰德》中,苏格拉底还说了许多自负、傲慢的话,这些话是:优秀的朋友啊,众人就是这样待我的,当我除去他们的某些蠢话时,他们几乎想要来咬我;他们不认为我是出于好心这么做的,他们远远不知道,神不会对人怀有恶意,我做这些事也不

---

* 关于 ζήτεμα(问题,探寻)这种术语和文体,参见 A. Gudeman, *R. - E.* xiii/2 (1927), cols. 2511, 46 - 2529, 34 (cols. 2525, 18 - 2527, 13 论普鲁塔克); H. Dörrie《波菲利的〈杂问集〉》(*Porphyrios'* "*SymmiktaZetemata*")(München, 1959),第 1 - 6 页; K. - H. Tomberg, *DieKaineHistoria des PtolemaiosChennos*(博士学位论文, Bonn, 1967),第 54 - 62 页; R. Pfeiffer《古典学术史》(*History of Classical Scholarship*)(Oxford, 1968),第 69 - 71 页和第 263 页。Dörrie(前引,第 2 页)认为,在这个哲人们的技术性语汇中,哲人们几乎都尽量不使用这个词语。然而,普鲁塔克援引过克吕西波名为 ἠθικὴζητήματα(《习性问题》)和 φυσικὰζητήματα(《自然问题》)(《论斯多亚学派的矛盾》,1046D 和 F,以及 1053E - F,《伊壁鸠鲁实际上使快乐生活不可能》,1087E 和 1084D)的作品;一篇名为 σύμμικταζητήματα(《杂问集》)的作品被归于亚里士多德名下(Rose《亚里士多德辑语》[*Aristotelis Fragmenta*][1886],第 17 页, 168,参考 P. Moraux《亚里士多德全集的古代清单》[*Les Listes Anciennes des Ouvrages d'Aristote*][Louvain, 1951],第 117 页,注释 17 [第 118 - 119 页]和第 280 - 281 页);波菲利(《普罗提诺生平》[*Vita Plotini*],第 5 章, 18 - 21)说,欧布鲁斯(Eubulus)写下并在雅典发布 συγγράμματαὑπέρτινωνΠλατωννικῶνζητημάτων(《关于某些柏拉图问题的记录》)。

① 柏拉图:《泰阿泰德》,150c7—8。
② 参考柏拉图《会饮》,216e4—5。

是出于恶意。但是，对我来说，同意假话、隐藏真话是非常不正当的。①

那么，是因为神的本性并非更为多产②，而是更有判断力，神才被称为神③？正如米兰德说"我们的理智就是神"，④ 以及赫拉克利特说"人的品性就是他的精灵"；⑤ 又或者，的确有［999E］个神圣的、精灵般⑥的原因将苏格拉底引向了这样一种哲学，凭借这种哲学，他总是

---

① 柏拉图：《泰阿泰德》151c5—d3。

② 因此，这显然就是认知部分（参考《论〈蒂迈欧〉中灵魂的诞生》1024B 以下的 τῷ κριτικῷ[判断]），即同样存在于众神的灵魂之中的部分或功能（参考阿尔比努斯［Albinus］，《摘要》［Epitome］，25．7［Louis］ = 第 178 页，32 – 33［Hermann］）。对于 τὸγόνιμον（多产）作为非理性灵魂的一部分，参考犹太人斐洛，《论农业》（De Agricultura）30 – 31（第 2 卷，第 101 页，5 – 7［Wendland］）以及《谁是神圣事物的继承者》（Quis Rerum Divinarum Heres），232（第 3 卷，第 52 页，13 – 15［Wendland］）；普鲁塔克有可能将之等同于他所说的第五个部分——θρεπτικόν（营养部分）和 φυτικό（植物部分）（普鲁塔克《论德尔斐神庙的 E》，390E 和《论神谕的衰微》，429E；参考亚里士多德《论灵魂》，415a23 – 26，以及《尼各马可伦理学》，1102a32 – b2）。

③ 参见 ὅτι εἰκάζει ἑαυτὸν τῷ θεῷ（他自己就像神一样）（《柏拉图〈泰阿泰德〉的匿名注疏》[Anonymous Commentarius in Platonis Theaetetum]［Berlin Papyrus, 9872］, col. 58, 42 – 43）以及 τῷ θεῷ συνέταξεν ἑαυτόν（他自己与神同列）（奥林匹奥多洛斯［Olympiodorus］，《论柏拉图的〈阿尔基比亚德前篇〉》［In PlatonisAlcibiademPriorem］，第 53 页，14 – 15 和第 173 页，21 – 174，9［Creuzer］）。

④ 米兰德，辑语 749（Koerte-Thierfelder） = 辑语 762（Kock）；参考辑语 64（Koerte - Thierfelder） = 辑语 70（Kock）。

⑤ 赫拉克利特，辑语 B119（D．- K 和 Walzer） = 辑语 121（Bywater）。此话暗示了对传统观念的驳斥，即"精灵"（δαίμων）就是被分配给人的"命运"（destiny），参见 G. Misch《古代自传史》（A History of Autobiography in Antiquity）（London, 1950），第 94—95 页；亦参见柏拉图《理想国》，617e1 和 620d8（在这两处，每个灵魂选择自己的 δαίμων），以及阿普列乌斯（Apuleius）《论苏格拉底的精灵》（De Deo Socratis）15．150 = 克塞诺克拉底，辑语 81（Heinze）。

⑥ 此处显然指"精灵的征兆"，τὸ δαιμόνιον（参考 1000D 以下），在柏拉图的《苏格拉底的申辩》31c8 - d1，苏格拉底称 θεῖόν τι καὶ δαιμόνιον（一个神圣的和精灵般的）（参考普罗克洛斯［Proclus］《论柏拉图的〈阿尔基比亚德前篇〉》［In PlatonisAlcibiademPriorem］，第 79 页，1 – 14［Creuzer］ = 第 35 页［Westerink］），普鲁塔克已经在《论苏格拉底的精灵》580C – 582C 和 588C – 589F 讨论过其性质。ὑπηγήσατο（指引）用在精灵征兆的作用上是不太恰当的，根据柏拉图，其用法是 ἀεὶ ἀποτρέπει...προτρέπει δὲ οὔποτε（总是阻止……却不鼓励）（《苏格拉底的申辩》31d3 - 4，参考《斐德若》241c1），但是普鲁塔克似乎忽视了这个限制（参考《论苏格拉底的精灵》581B: δαιμόνιον εἶναι τὸ κωλῦον ἢ κελεῦον ἔλεγε［他说精灵阻止或者鼓励他］）。

去检查其他人,清除他们的狂妄、错误、炫耀,并使他们首先摆脱自己的、然后摆脱同伴的烦恼?① 因为在那时,仿佛是由于偶然,希腊恰巧出现了一群智术师,年轻人们付给这些人许多钱,[学得]自我狂妄、自以为有智慧,他们在闲暇时热心于讨论论证,热心于在口角和争强好胜中做无用的争论,全然不关心任何好的和有用的事情。因此,[999F]当苏格拉底以他就像一剂泻药的辩驳来反驳其他人时②,他通过什么立场也不宣称③从而令人信服,而且他还深刻地影响了他们,因为他看上去与他们一道寻求真理,而非为自己的意见进行辩护。④

2. [1000A]其次,虽然进行判断是有益的,但生产创造却会阻碍判断,因为爱者对于所爱之物⑤是盲目的,而人最喜爱的乃是自己所生产出来的观点或论证。谚语说:后代的分配最正当,⑥ 但是当用于论证时却是最不正当的。因为就前者而言,人们必须拿属于自己的东西;但是就后者而言,人们必然会拿最好的东西,即便这是别人的东西。故而,一个自己也生产的人就成了别人的糟糕裁判;而且正如一位贤人所

---

① 参考柏拉图《泰阿泰德》210c2—4 和《智术师》230b4—c3。
② 参见后文 1000C—D,源自柏拉图的《智术师》230c3—e3,以及231b3—8。参见斯托拜俄斯的《古语汇编》第 2 卷,7,2(第 40 页,11—20 [Wachsmuth]) 中的拉里萨(Larissa) 的斐洛(Philo);阿尔比努斯:《序言》(Prologue),6(第 150 页,15—35 [Hermann]);《底比斯的克贝斯》[Cebetis Tabula],19;犹太人斐洛:《论十诫》(De Decalogo),10—13(第 4 卷,第 270 页,23—第 271 页,13 [Cohn])。
③ 柏拉图:《泰阿泰德》,150c5—6;参见《柏拉图〈泰阿泰德〉的匿名注疏》[Berlin Papyrus, 9872], col. 54, 17—26。
④ 参见普鲁塔克《如何辨别朋友与谄媚者》,72A 和《驳科洛忒》,1117D(参考 Pohlenz-Westamn:《道德论丛》第 6 卷第 2 部分,第 237 页,注意第 194 页,26—28);柏拉图:《卡尔米德》(Charmides),165b5—8 和《高尔吉亚》(Gorgias),506a3—5,以及《克拉底鲁》(Cratylus),384c1—3。
⑤ 普鲁塔克在《如何辨别朋友和谄媚者》48E–F 以及《如何从敌人那里获益》90A 和92E 也这么说,源自柏拉图。柏拉图《法义》731e 用的是 τυφλοῦται γὰρ περὶ τὸ φιλούμενον ὁ φιλῶν(对于所爱之物,爱者是盲目的)。
⑥ 参见柏拉图《菲丽布》,29a 以及《斐多》,85c8—9。

说，如果埃利亚人（Eleans）不参加比赛的话，① 埃利亚人就会是奥林匹亚竞赛的好裁判；因此，一个人若要成为讨论中的正直调解者和裁决者，[1000B] 就一定不要渴望胜利或者不要渴望与赛手比赛。因为甚至是希腊人的将军们在投票表决卓越成就奖时也都判定自己为最佳者；② 对于哲人而言，这种事情也一样会发生，除了像苏格拉底那样承认自己没有说出什么观点的人，才能表明自己是真理的不偏不倚的法官。因为恰如耳朵里的空气如果不是静止且不受自身声音的影响，而是充满了回声和噪音的话，③ 就不能精确地辨别所听到的话，同样，对哲学中的论证 [1000C] 进行判断的人也会对外界的陈述理解得很糟糕，如果他们被某种内在之物的喧嚣和杂音蒙住的话。④ 因为，一个人所坚持的看法不会接受与之不一致的东西，正如许多学派所证实的，对于这些学派而言，最佳的哲学就在于某一个正确的立场，而所有其他思想都不过是猜测，与真理格格不入。

3. 再者，如果没有什么东西是人所能理解和知道的，那么神自然而然就会阻止苏格拉底生产出空洞、错误和不可靠的观点，并且驱使他驳斥那些形成这种观点的人。⑤ 因为从最大的恶、欺骗和愚蠢中解放出来的谈话，其益处并非很小，而是很大——

---

① 参见希罗多德，第 2 卷，160 和西西里的狄奥罗洛斯，第 1 卷，95.2。不过，埃利亚人在管理比赛中的不偏不倚被认为是一种楷模（普鲁塔克：《吕库古传》，20.6 [52C—D] =《国王和统治者格言》190C—D 和 215E—F；"金嘴"狄翁 [Dio Chrysostom]：《演说集》[Oratio]，14 = 31 [Arnim]，111；亚忒莱俄斯，第 8 卷，250b—c）。

② 参见普鲁塔克《论希罗多德的恨意》，871D—E，《地米斯托克勒斯传》，17.2；希罗多德，第 8 卷，123。

③ 参见忒奥弗拉斯托斯《论感觉》（De Sensibus），19（《希腊学述》[Doxographi Graeci]，第 504 页，29—第 505 页，2）和 41（《希腊学述》，第 511 页，6—8）= 阿波罗尼亚的第欧根尼 [Diogenes of Apollonia]，辑语 A19（第 2 卷，页 55，26—28 [D. - K.]）。

④ 普鲁塔克《论苏格拉底的精灵》588D—E 和 589C—D 将苏格拉底的敏感（sensitivity）解释为"精灵的声音"（spiritual voice）。

⑤ 参见柏拉图《泰阿泰德》，151e5—6 和 160e6—161a4。

神甚至没有将这个礼物赠予［医神］阿斯克勒皮俄斯的儿子①

因为苏格拉底进行的不是针对身体的治疗，［1000D］而是针对溃烂和堕落的灵魂的净化。然而，如果存在着对真理的知识，而且真理是唯一的，②那么，从发现者那里学到这种知识的人所拥有的知识就不会少于发现者本人，③获得这种知识的人毋宁说就是不相信自己拥有了这种知识的人，此人才获得了所有东西中最好的，正如不当父母的人才会收养最好的孩子。

4. 此外，精灵阻止苏格拉底生产的是诗和数学、修辞性演说和智术学说等，这些事物确实是不值得渴求的；苏格拉底所唯一相信的智慧，就是他所说的对神性的和理智的存在的爱欲，④对人类而言，这种智慧不是［1000E］产生的或发现的，而是回忆的。⑤为此，苏格拉底

---

① 忒奥格尼斯，432；"金嘴"狄翁：《演说集》，1.8，阿尼姆也引用了这行诗句（起首也是 οὐδ'）。

② 参见西塞罗《论学园派》（*Academica*），2.115 和 117，以及《论演说》，2.30；塞涅卡：《书信集》，102.13；琉善（Lucian）：《赫莫提姆斯》（*Hermotimus*），14；以及亚里士多德：《前分析篇》，47a8—9。

③ 但是，参见普鲁塔克的《论听》48B—D 以及他在那儿的建议：ἀσκεῖν ἅμα τῇ μαθήσει τὴν εὕρεσιν（在学习的同时培养发现能力）。谚语式的替代句 εὑρεῖν ἢ παρ' ἄλλου μαθεῖν（从其他人那里发现或学习）（参见柏拉图《拉刻斯》［*Laches*］，186c 和 186e—187a；《斐多》，85c7—8 和 99c6—9，《阿尔基比亚德前篇》，106d，109d—e 和 110d；德莫多科斯［Demodocus］，381e6—8；亚里士多德：《论题篇》，178b34—35）本身可以证明 μάθησις（学习）就是 ἀνάμνησις（回忆）（推罗［Tyre］的马克西穆斯［Maximus］，*Philos*. x, v h - vi b = 第 119 页，8—第 120 页，20 ［Hobein］）。

④ 参见柏拉图《会饮》，204b2—5 和 210e—212a；《理想国》，490a8—b7 和 501d1—2，对观 409a 以及《泰阿泰德》，176c3—d1。

⑤ 参见普鲁塔克《论神谕的衰微》，422B—C，以及将这些论题归在普鲁塔克名下的奥林匹奥多洛斯，《论柏拉图的〈斐多〉》（*In Platonis Phaedonem*），第 155 页，24—第 157 页，12 和第 212 页，1—26（Norvin）。关于西塞罗、阿尔比鲁斯、推罗的马克西穆斯以及柏拉图的《泰阿泰德》的匿名注疏家的作品中与这种说法的相似之处和这一节的剩余部分，参见 O. Luschnat《神学之旅》（*Theologia Viatorum*），第 8 卷（1961/62），第 167—171 页；关于柏拉图的回忆学说，参见《美诺》，85d—86b，《斐多》，72e—76e 和 91e，以及《斐德若》，248b5—c4。

并不教授任何东西，而是引发困惑，就像促使年轻人产痛那样，从而唤醒、推动并帮助生下其内在的观念，① 他将这称为助产术，② 因为这种技艺不像其他人假装做的那样，从外界将理智放进人们心中，而是表明人们在自身之中天生就拥有理智，只是尚未展开，混乱不清，需要教育和加固。

---

① 参见《泰阿泰德》，151a5—b4 和 157c9—d2。此处的 ἔμφυτοι νοήσεις（内在观念）不像斯多亚学派的 ἔμφυτοι προλήψεις（天生的把握性观念）那样意味着"天生的"（inbred），虽然斯多亚学派有这个术语：参见西塞罗《图斯库兰论辩集》第 1 卷，57；《柏拉图〈泰阿泰德〉的匿名注疏》（Berlin Papyrus, 9782），col. 47, 42—45；尤其是阿尔比鲁斯《摘要》第 4 卷，6（Louis）=第 155 页，17—29（Hermann）。

② 参见《泰阿泰德》，161e4—6，184a8—b2，210b8—9，奥林匹奥多洛斯：《论柏拉图的〈斐多〉》，第 159 页，1—3（Norvin）=普鲁塔克，《道德论丛》第 7 卷，第 33 页，7—10（Bernardakis）。

# 问题二

1. 为什么柏拉图称最高的神为父亲和万物的制作者?[1] 难道这是因为这位神是属于被产生的诸神[2]和人类的父亲,就像荷马称呼的,[3] [1000F] 却是非理性之物和无灵魂之物的制作者?[4] 因为克吕西波说,[5] 提供了精子的人甚至都不能说是胎盘的父亲,尽管胎盘是精子的产物。或者,柏拉图只是按照习惯使用的比喻,称宇宙的起因为父亲? 比如,在《会饮》中,柏拉图称斐德若是爱欲谈话的父亲,[6] [1001A] 因为他是这些谈话的发起者,而在以他名字[7]命名的对话中,柏拉图称他的福气在于有一群漂亮的孩子,因为由于他的发起,哲学便有了许多漂亮的言辞。[8] 或

---

[1] 柏拉图《蒂迈欧》28c3—4 的说法,普罗克洛斯详细地讨论了对这个说法的解释(《论柏拉图的〈蒂迈欧〉》[*In Platonis Timaeum*],第 1 卷,第 303 页,24—第 304 页,22;以及第 311 页,25—第 312 页,9),而普鲁塔克在《筵席会饮》78A 稍微不同地改写了这种解释。亦参见柏拉图《蒂迈欧》,37c7 和 41a5—7。

[2] 参见柏拉图《蒂迈欧》,40d4。

[3] 《伊利亚特》第 1 卷,544 行,也经常出现在其他地方。

[4] 普罗克洛斯在《论柏拉图的〈蒂迈欧〉》第 1 卷第 319 页的 15—21(Diehl)提到并拒绝了这种解释。

[5] 阿尼姆《早期斯多亚学派辑语》第 2 卷,辑语 1158。

[6] 柏拉图:《会饮》,177d4—5(参考 177d4)。

[7] 柏拉图:《斐德若》,261a3—4。

[8] 参见柏拉图《斐德若》,242a8—b5,以及赫米阿斯(Hermias)《论柏拉图的〈斐德若〉》(*In Platonis Phaedrum*),第 233 页,18—19(Couvreur)。

者,在父亲和制作者之间,生出(birth)① 和出现(coming to be)之间有什么不同吗?因为,被生出本身也就是出现了,但反之则不是,故而生出者实际上是制作者,因为生出意味着一个有生命的东西出现了。同样,就制作者而言,比如建造者或编织者,里拉琴或雕塑的制作者,他的作品在完成的时候就和他分离了,然而,产生自父亲那里的开端或者力量却与后代②融合并与后代的本性结合在一起,成为这个后代的一个片段或一部分。③ 既然宇宙不像是被塑形的,也不像被组合在一起的产品,相反,其中充满大量生命力和神圣性,这是神从自身播种到质料④之中并与之混合的,既然宇宙是作为一种活物而出现的,那么,同时称神为宇宙的父亲或制作者,便是合理的。

2. 虽然这确实最符合柏拉图的看法,不过请考虑下面的话是否也有道理:宇宙由身体和灵魂这两个部分结合而成。⑤ 神并不生产前者,相反,神在接过质料后,通过将无限的东西与合适的限度与形状捆绑在

---

① 关于 γέννησις(生)的被动语义,参见科鲁图斯(Cornutus)《希腊神学》(*Theogia Graeca*),30(第58页,14 [Lang])和希波吕托斯(Hippolytus):《驳斥集》(*Refutatio*),7.29.14(第212页,18 [Wendland])。认为这个词只有主动语义的"生产"(procreatione)的错误假设,明显是由于16世纪时对这篇文章的过度校订导致的,后来的编者采用了这种校订。

② 参见普鲁塔克《论神的惩罚的延迟》,559D;阿尼姆《早期斯多亚学派辑语》第2卷,第308页,15—18;[盖伦](Galen)《致高努斯》(*Ad Gaurum*),10.4(第47页,12—15 [Kalbfleisch])(按:这部作品如今被认为是波斐利所做);以及相反的斐洛珀洛斯(Philoponus):《论宇宙的永恒》(*De Aeternitate Mundi*),13.9(第500页,26—第501页,12 [Rabe])。

③ 参见阿尼姆《早期斯多亚学派辑语》第1卷,辑语128,其中包括了普鲁塔克的《论制怒》462F。

④ 参见普鲁塔克的《筵席会饮》718A 和柏拉图的《蒂迈欧》41c7—d1,此处使用了"播种"这个形象,但没有与宇宙的生命力联系起来用,对此参见柏拉图《蒂迈欧》,36d8—e5。

⑤ 参见阿尔比努斯《摘要》,13.1(第73页,4—5 [Louis] = 第168页,6—7 [Hermann]);柏拉图:《蒂迈欧》,34a8—b4,36d8—e1。

一起，［1001C］从而组成①身体。② 然而，当灵魂分有理智、理性与和谐时③，灵魂并不仅仅是神的作品，同时也是神的一部分，不是被神制作成，相反，灵魂既来自神［的本体］，也由神生成。④

---

① 参见普鲁塔克《论〈蒂迈欧〉中灵魂的诞生》，1014B—C，《论伊希斯与俄赛里斯》，372F。

② 参见普鲁塔克《筵席会饮》，719C—E，《论〈蒂迈欧〉中灵魂的诞生》，1023C。有关"组合"（bond，捆成一个）这个意象，参见柏拉图《蒂迈欧》，31c1—32c4，对于以有限"捆绑"（binding）无限，参见柏拉图：《菲丽布》，27d9。

③ 参见下文1003A和《论〈蒂迈欧〉中灵魂的诞生》，1014E以及1016B（引用《蒂迈欧》36e6—37a1）。

④ 参见普鲁塔克《论神的惩罚的延迟》，559D，并参考Jones《普鲁塔克的柏拉图主义》（*Platonism of Plutarch*），第10页，注释15和第105页；Dörrie：《介词和形而上学：两种原则的交互影响》（Präpositionen und Metaphysik: Wechselwirkung zweier Prinzipienreihen），刊于 *Museum Helveticum*，第26卷（1969），第222页，以及Robert B. Palmer和Robert Hamerton-Kelly编《乐学：人文学院纪念墨兰研究和论文集》（*Philomathes: Studiesand Essays in the Humanities in Memory of Philip Merlan*）（Hague，1971），第40—41页。

| 问 题 三 |

1. 在《理想国》①中，整全被比作一条线，分成了不相等的两部分，每一部分又再按照同一比例分成两部分，这就产生了可见世界和理智世界；在将所有的事物分为四份之后，柏拉图宣称，理智世界的第一部分属于原初理念，第二部分是数学，在可见世界中，首先是固体形体，其次是这些形体的［1001D］相似物和影像。同样，柏拉图对四份中的每一份都赋予了特殊的［认知］标准：理智分配给第一个部分，思想分配给数学部分，信念分配给可感部分，推测给影像和相似物。那么，当柏拉图将整全分为不相等②的部分时，他的意图是什么呢？哪一个部分更大，理智部分还是可感部分？因为他并没有清晰说明。

表面上，可感部分似乎更大一些，③因为拥有理智的存在是不可分的、全然自身同一的，这种存在被聚合得又小又纯，但是可感部分都是

---

① 柏拉图：《理想国》，509d6—511e5。
② 即便在古代，有些人明显将《理想国》509d6 读作 άν' ἴσα 或者 ἴσα（相等），并试图解释为什么柏拉图将线段分作相等的部分扬布里柯：《论普通数学知识》［De Communi Mathematica Scientia］，第 36 页，15—23 ［Pseudo-Archytas，辑语 3，Nolle］以及第 38 页，15—28 ［Festa］；《柏拉图的〈理想国〉评注》［Scholia in Platonis Rem Publicam］，509D ［第 6 卷，第 350 页，9—16，Hermann］；但相反的是普罗克洛斯《论柏拉图的〈理想国〉》（In Platonis Rem Publicam）第 1 卷，第 288 页，18—20 和 26—27（Kroll）。
③ 参见托名布朗提努斯（Pseudo-Brontinus）的论证，扬布里柯在《论普通数学知识》，第 34 页，20—25，26（Festa）引用并评论了这个讨论。

些离散游走的形体。① 还有，无形体者适合于有限，② 而形体从质料上讲尽管是无限的和不定的，但它之所以能成为可感的，[1001E] 是由于分有理智从而被规定了。③ 还有，各种可感之物本身都有多种多样的外表、影子、影像，而且，从自然和技艺上来讲，数量众多的摹本都有可能来自于单一原型，因此，这个世界的事物在数量上一定超过那个世界的事物，因为根据柏拉图的观点，可理知的东西是原型，这就是理念，而可感之物只是其假象或映像。④ 还有，理智是关于理念的⑤，他是通过抽象或削去物体而引入理智的，即，在研究顺序中，他由算术通向⑥几何学，在此⑦之后，通向天学，[1001F] 然后在所有这些之后加

---

① 这个术语来自柏拉图的《蒂迈欧》35a1—6 和 37a5—6，参见普鲁塔克《论〈蒂迈欧〉中灵魂的诞生》，1012B、1014D 和 1022E—F；《论神谕的衰微》，428B 和 430F；还有 ἠσκεδαστὴ...καὶ περιπλανὴς（离散……游走），参见普鲁塔克《论〈蒂迈欧〉中灵魂的诞生》，1023C 和 1024A，《筵席会饮》，718D 和 719E。

② 参见普鲁塔克《论共同观念：驳斯多亚学派》，1080E（τὸ δὲ πέρας σῶμα οὐκ ἔστιν）（有限乃是非物体性的）。

③ 参见上文 1001B，尤其参考普鲁塔克《论〈蒂迈欧〉中灵魂的诞生》，1013C。

④ 参见狄底莫斯（Areius Didymus）：《〈物理学〉辑语摘要》（*Epitomes of Fragments On Physics*），1（《希腊学术》，477A5—16 和 B4—12）= 尤西比乌斯《福音的预备》，11.23，3—4 以及阿尔比鲁斯《摘要》，12.1（Louis）= 第 166 页，37—第 167 页，5（Hermann）。

⑤ 柏拉图：《理想国》，511d8；参见《蒂迈欧》，52a1—4 和 28a1—2，以及《菲丽布》，62a2—5。注意，在《理想国》534a，νόησις（观念）指向了线的两个上面部分。

⑥ 这里指的是《理想国》525b3—531d6 中的研究过程。根据柏拉图《理想国》，531d7—535d2，这整个的过程是一个渐进的训练过程，通向的是辩证法，只有这个方法才揭示了理念；但是此处的καταβιβὺζων（下行）讲的是一个相反的、逐渐从理念下行和脱离的过程，因此，这意味着按照相反顺序的逐渐抽离（参见 ὅθεν ἀφαιροῦντες…[当抽离……时][下文 1001F]）的过程会把一个人带向理念本身。

⑦ 由于 τὸ δὲ στερεά（立体几何）和下面的话，以及《理想国》，528a6—e2，人们认为在几何学之后一定会提到立体几何学（stereometry），但是事实上"几何学"在此已经包含平面几何和立体几何（参见普鲁塔克《伊壁鸠鲁实际上使快乐生活不可能》，1093D 和《道德论丛》第 7 卷，第 113 页，11—24 [Bernardakis] = 第 7 卷，第 90 页，11—14 [Sandbach]；普罗克洛斯：《欧几里得〈几何原本〉卷一注疏》[*In Primum Euclidis Elementorum Librum Commentarii*]，第 39 页，8—10 [Friedlein]）。

上音乐术，因为几何学的对象源于数量具有了广度，① 立体几何的对象是广度具有了高度，天学的对象是当立体具有运动之际，音乐术产生自声音加到运动的物体上。因此，通过从运动的事物中抽出声音，从立体中抽出运动，[1002A] 从平面中抽出高度，从数量中抽出广度，我们就达到可理知的理念本身；② 当我们从理念的单一（singularity）和统一（unity）的角度看时③，就会认识到理念之间没有差异。因为一（unity）在未遇到无限的不定之二（unlimited dyad）前并不产生数；而且，当一已经如此产生了数时，④ 一便在改变的过程中成为点，然后是线，由此成为面、高度、立体、属性。⑤ 此外，理智是可理知事物的唯一标准，因为数学中的思想也是对就像反映在镜子中那样的可理知之物的

---

① 用 μέγεθος（广延）表示一个单独平面中的广度，参见塞克斯都：《反博学家》第 7 卷，73（= 高尔吉亚，辑语 B 3 [D.－K.]），在那里，σῶμα（立体）的特征是有三维，从而区别于 μέγεθος；亚里士多德《形而上学》，1053a25—26，在此处，μέγεθος 的特殊例子只有 μῆκος（长度）和 πλάτος（宽度）；线的定义是 μέγεθος ἐφ' ἓν διαστατόν（一个方向的广延）（普罗克洛斯：《欧几里得〈几何原本〉卷一注疏》，第 97 页，7—8 [Friedlein]）。

② 关于神就像点一样，要 κατ' ἀφαίρεσιν（通过抽象）才能认识到，参见阿尔比鲁斯《摘要》，10.5（Louis）= 第 165 页，14—17（Hermann），亦见克莱门忒《杂篇》第 5 卷，11.71，2—3；第 6 卷，11.90，4。柏拉图并没有说过或者暗示理念能够通过这样的过程达到，尽管亚里士多德认为那些提出理念的人在把数学中正当的抽象法加以无效推广时就是这么做的（《物理学》，193b35—194a7；参见 Cherniss《亚里士多德对柏拉图及学园派的批评》[Aristotle's Criticism of Plato and Academy]，第 203—204 页）。

③ 参见普鲁塔克《哲人们的学说》，877B =《希腊学述》，第 282 页，17—25；塞克斯都：《反博学家》，卷 10，258；以及士麦纳的忒昂（Theon Smyrnaeus），第 100 页，4—8（Hiller）。

④ 参见普鲁塔克《论〈蒂迈欧〉中灵魂的诞生》，1012E，《论神谕的衰微》，428E—429B；亚里士多德《形而上学》，1081a14—15，1099b28—35。对于点、线等的更多来源，参见忒奥弗拉斯托斯（Theophrastus）《形而上学》，6A23—B5；第欧根尼·拉尔修笔下的"博学者"亚历山大（Alexander Polyhistor），第 8 卷，25；塞克斯都：《反博学家》第 10 卷，276—283 和《皮浪学说概要》第 3 卷，153—154。

⑤ 参见 ποιότητα καὶ χρῶσιν... ἐν πεντάδι（数字 5 中的属性和作用）（扬布里科笔下的尼各马科斯 [Nicomachus]：《算数神学》（Theologumena Arithmeticae），第 74 页，11—12 [De Falco]）以及 πεποιωμένῳ δὲ σώματι πεμπτάς（释放出拥有某种属性的形体）（普罗克洛斯：《论柏拉图的〈蒂迈欧〉》第 3 卷，第 382 页，15 和第 2 卷，页 270，8 [Diehl]）。

理智。① 然而，就对物体的认知而言，由于物体的多样性，自然赋予了我们五种能力和不同的感官；这些能力和感官并不能察觉所有的物体，[1002B] 相反，由于许多物体极为细微，它们无法被感知到。此外，正如在我们每个人之中，我们每个人都由灵魂和身体组成，统治和理智的部分是小的，它深隐于庞大的肉身之中，② 同样，在整全之中，可理知的东西和可感的东西之间的关系也可能是这样。③ 因为，事实上，理智是物体的原理，④ 而出自原理的东西总是比原理本身都要多，要大。⑤

2. 然而，相反也有人会说，首先，当我们比较可感之物与可理知之物时，我们便是以某种方式将有死者等同于神圣者了，因为神处于可

---

① 参见普鲁塔克《筵席会饮》，718E；绪里阿努斯（Syrianus）：《形而上学》，第82页，22—25；普罗克洛斯：《欧几里得〈几何原本〉卷一注疏》，第4页，18—24 以及第11页，5—7（Friedlein）；《柏拉图哲学的匿名绪论》（*Anonymous Prolegomena to Platonic Philosophy*），8.11—12（页37 [Westerink] =《柏拉图的对话》[*Platonis Dialogi*] 第6卷，第214页，1 [Hermann]）；《柏拉图的〈理想国〉评注》，509D（第6卷，第350页，30和第351页，2 [Hermann]）。διάνοια（思想）的对象是线段最高部分中的理念，这一看法为不少人所同意（参见 A. Wedberg《柏拉图的数学哲学》[*Plato's Philosophy of Mathematics*] [Stockholm, 1955]，第105页），尽管柏拉图从没说过这一点，而是认为，尽管 διάνοια 使用第三部分中的可感图形作为相似物，但其在这个过程中的对象是正方形的理念、或对角线的理念，这些是 νοητὰ μετὰἀρχῆς（开端之后的观念）（《理想国》，510d5—511a1 和511d2；参见 P. Shorey《柏拉图的〈理想国〉》第2卷，第116页，注释 b 和第206页，注释 a）。

② 死后从身体中出离的灵魂，ἀχλύν τινα καὶ ζόφον ὥσπερ πηλὸν ἀποσειομένους（就像抖掉泥土一样抖掉薄雾和黑暗），（普鲁塔克：《论苏格拉底的精灵》，591F）被说成是 τὸν ὄγκον εὐσταλεῖς（轻飘飘的一小块）（《论神的惩罚的延迟》，564A，参见普鲁塔克《伊壁鸠鲁实际上使快乐生活不可能》，1105D）。参见普罗克洛斯《论柏拉图的〈蒂迈欧〉》第3卷，第297页，23—24（Diehl），推罗的马克西穆斯，*Philos*，vii, ii d = 第77页，10—11（Hobein）；以及普鲁塔克根据斯多亚学派所说的 ἡγεμονικόν（主导部分）（《论斯多亚学派的共同观念》，1084B）。

③ 对于从微观世界到宏观世界的讨论，参见柏拉图《菲丽布》，29a—30a。

④ 参见塞克斯都《反博学家》第10卷，251—253。

⑤ 见下文1003E（τῆς μὲν ἀρχῆς ἐγγυτέρω τὸ ἔλαττον [越小的东西越接近原理]），并参考普鲁塔克《论共同观念：驳斯多亚学派》，1077A—B 和《筵席会饮》，636A—B；亚里士多德：《动物志》，788a13—17；《论天》（*De Caelo*），271b11—13；《论动物运动》（*De Motu Animalium*），701b24—28。

理知之物中。① 其次，就所有情况而言，被容纳物肯定要小于容器；[1002C] 而整全的自然以理智包含了可感之物，② 因为，当神把灵魂放在中间的时候，神便将灵魂扩展到整全之中，然后进一步在外面用灵魂裹住身体；③ 对所有的感知而言，灵魂是不可见的和不可感的，正如《法义》④ 中所说的。这也是我们每个人都是可消亡的，但宇宙不会被毁灭的原因，因为就我们而言，有死和消散的东西包含了我们每个人自身中的生命能力，然而，相反的是，在宇宙之中，身体性的东西永远被更有权威的东西主宰、根据同一原理所维系着，身体性的东西被包含在这个原理的中间。⑤ 此外，由于物体很小，于是物体就被说成是没有部分的和不可分的，但是无形体的东西和 [1002D] 可理知的东西也是

---

① 参见普鲁塔克《论〈蒂迈欧〉中灵魂的诞生》，1016B，在那里，神就是《蒂迈欧》37a1 的 τῶν νοητῶν...τοῦ ἀρίστου（可理知的……最卓越者）[然而，对于 νοητῶν 在柏拉图的这个短语中的意义，参见 Cherniss《亚里士多德对柏拉图及学园派的批评》，第 605 页和书评《穆勒所著之〈柏拉图"法义"研究〉》[Studien zu den platonischen Nomoi by Gerhard Müller]，刊于 Gnomon，第 25 卷 [1953]，第 372 页，注释 1]。

② 参见普罗克洛斯《论柏拉图的〈理想国〉》第 1 卷，第 289 页，6—18（Kroll）。

③ 柏拉图：《蒂迈欧》，34b3—4 [在那里 διὰ παντός [贯穿整全] 的意思是贯通宇宙整个身体，这指出了普鲁塔克在 εἰς τὸ μέσον [在中间] 之后所忽略的"通过 αὐτοῦ [它自己]"所提及，正如他将《蒂迈欧》b4 的 τὸ σῶμα [身体] 换成 τὰ σώματα [身体] [参见《蒂迈欧》34b2]；参见普鲁塔克《论〈蒂迈欧〉中灵魂的诞生》，1023A。

④ 《法义》，898e1—2，此处的 ἀναίσθητον πάσαις τοῦ σώματος αἰσθήσεσι（不可感知的事物通过任何身体性的感觉）后面跟着 νοητὸν δ᾽εἶναι（可理知的事物通过理智）（其含义见于《穆勒所著之〈柏拉图"法义"研究〉》，前揭）。Dörrie 忽略了这个段落对于普鲁塔克将灵魂处理为"可理知"（intelligible）的影响，以及对于学述性（doxographical）陈述——即柏拉图认为灵魂是 ονσία νοητή（是可理知的）（[普鲁塔克]：《哲人们的学说》，898C =《希腊学述》，386A16，参见 386B5 [Theodoretus 和 Nemesius]）——的影响，他认为"柏拉图从来没有说过灵魂是 νοητόν（可理知的）……"（《波菲利的〈杂问集〉》，前揭，第 187 页）。

⑤ 宇宙不会毁灭的原因并不是《蒂迈欧》中给的那个（41a7—b6）；参见普鲁塔克《筵席会饮》，720B，但可能是在《蒂迈欧》36e2—5 所提到的那个。

如此，因为它们是非复多的、非混合的，免于所有相异与不同。① 除此之外，以有形之物来判断无形之物是愚蠢的。无论怎样，尽管"现在"被说成是没有部分的和不可分的，② 却同时③出现在每个地方，世界上没有一个部分缺少"现在"；"现在"包含了所有事件与行为，以及天下④的全部消亡和生成。然而，由于可理知之物的单一性和相似性，其唯一的标准就是理智，就像光的标准是视觉一样；⑤ 但是，既然物体有许多差异和不同，不同的物体就自然地被不同的标准所把握，[1002E] 就像是被不同的工具把握一样。此外，即便轻视我们人类身上的可理知之物和理智能力⑥，也是不正确的，因为它们的充沛强大足以使它们超过所有可感之物，直至达到神圣界⑦。然而，最重要的是，柏拉图在《会饮》中⑧说明了一个人应该如何对待爱欲，即让灵魂从可感的美转

---

① 这可以视为在对上文 1001D 的论证做出一个回应；参见《论〈蒂迈欧〉中灵魂的诞生》(第 21 章起首)。对于 ἑτερότης καὶ διαφορά (相异与不同) 的结合，参见普鲁塔克《论伦理德性》，446E (Apelt 引用)；《论〈蒂迈欧〉中灵魂的诞生》，1015E—F，1026A 和 C；《论斯多亚学派的共同观念》，1083E；《努马传》，17，2 (71C)。

② 参见亚里士多德《物理学》，233b33—234a24 以及普鲁塔克对斯多亚学派的批评，《论斯多亚学派的共同观念》，1081C。

③ 参见柏拉图《巴门尼德》，131b3—5；亚里士多德《物理学》，218b13 和 220b5—6。

④ 参见《蒂迈欧》23c7—d1 中的 ὑπὸ τὸν οὐρανόν (天空下面)；对于这个意义上的 κόσμος (宇宙)，参见伊索克拉底 (Isocrates)《颂辞》(Panegricus)，179；波利比乌斯，第 12 卷，25.7 (蒂迈欧)；塞克斯都《反博学家》第 10 卷，174—175。

⑤ 这回答了前文 1002A 的论证 (ἔτι τῶν μὲν νοητῶν ἓν κριτήριον ὁ νοῦς [理智是可理知事物的唯一标准])；正如接下来的话所表明的，διὰ ἁπλότητα καὶ ὁμοιότητα (由于可理知事物的单一性和相似性) 指的是理智的同质性 (参见普鲁塔克《驳科洛忒》，1114D) 而不是理智与理智对象的相似性或视觉与光的相似性。

⑥ 这个 νοῦς (理智) 就是我们中的 νοερὰ δύναμις (理知能力) (参见前文 1002B；τὸ ἡγεμονικὸν καὶ νοερόν [统治和理智部分])，普鲁塔克认为他得到柏拉图的权威支持将 νοῦς (理智) 本身处理为一种 νοητόν (可理知事物)。没有理由在理解这个段落时加进 νοητή 和 νοερά 之间的区别，如 Dörrie 所引述的 (《波斐利的〈杂问集〉》，前揭，第 189 页，注释 5)。

⑦ 参见斐洛《论宇宙的流溢》(De Opificio Mundi)，70—71 (第 1 卷，第 23 页，18—24，1 [Cohn]) 以及 Jones：《波西多尼俄斯与理智通过宇宙流溢》(Posidonius and the Flight of the Mind through the Universe)，刊于 Classical Philology，第 21 卷 (1926)，第 101 页及以下。

⑧ 柏拉图：《会饮》，210d。

向可理知的美,他主张人们不应委身于某种身体性的美,也不应委身于某种生活习惯或某种知识的美,被其征服和奴役,而应当远离这些琐屑的美,转向美之沧海。①

---

① 普鲁塔克合宜地缩短了他对这个段落的改述,因为在《会饮》中,全部过程的目的和意图是美的理念的 ἐπιστήμη μία(唯一知识)(210d6—211d1;参见阿尔比努斯《摘要》,5.5[Louis]= 第 157 页,14—18[Hermann]和 10.6[Louis]= 第 165 页,24—19[Hermann])。

| 问 题 四 |

　　当柏拉图宣称灵魂总是高于身体，是身体生成的原因和开端时，①为什么他又说，如果没有身体的话，灵魂就不能生成，或者没有灵魂的话，理智也不能生成，② 且灵魂位于身体之中，理智位于灵魂之中呢？因为，身体似乎既存在（exist）又不存在，如果身体既与灵魂共存，同时又由灵魂生成的话。

　　[1003A] 或者，我们时常所说的是正确的吗？③ 即，无理智的灵魂④

---

　　① 柏拉图：《蒂迈欧》，34b10—35a1，以及《法义》，896a5—c8（和892a2—c6）；参见普鲁塔克《论〈蒂迈欧〉中灵魂的诞生》，1013E—F 和 1016A—B（援引了《蒂迈欧》34b10—35a1）。

　　② 柏拉图：《蒂迈欧》，30b3—5（参见阿尔比努斯《摘要》，14.4 [Louis] = 第 170 页，2—3 [Hermann]）：ἴσως οὐχ οἶόν τε ὄντες νοῦ ἄνευ ψυχῆς ὑποστῆναι（同样，如果没有灵魂的话，没有什么事物会拥有理智）。正如在其他地方一样，柏拉图在此的确是说如果没有 ψυχή 的话，νοῦς 便不能独立存在（《蒂迈欧》，46d5—6，《智术师》，249a4—8，《菲丽布》，30c9—10；参见 Cherniss，前揭，第 606—607 页）。但柏拉图并未在此，也并未在其他地方说没有身体的话，灵魂便不能存在。这个错误的推论来自于造物主将灵魂放入世界的身体之中这个陈述。

　　③ 对于接下来的内容，参见上文问题二，第 2 节（1001B—C）以及《论〈蒂迈欧〉中灵魂的诞生》1014B—E 和 1017A—B。在这些文段中，神或者造物主——在目前的问题中并未提及——是陈述的主题，此处主题则相应地是灵魂，即理智灵魂；但是根据前文 1001C，后者不仅是神的作品，也是神的一部分。

　　④ 参见柏拉图《蒂迈欧》，44a8：κατ᾽ ἀρχάς τε ἄνους ψυχὴ γίγνεται（灵魂最初生成得并无理智）却说到了当灵魂进入身体时的特殊人类灵魂。

和无形状的身体①总是彼此共存，它们中没有一个有生成或起源；但是，当灵魂分有理智与一致时，灵魂因为和谐而变得有理性，从而导致质料的变化，灵魂通过自身的运动②来支配质料的运动，从而引起并改变质料的运动，③ 这是灵魂生成宇宙身体的方式，即，灵魂塑造宇宙身体并使之与灵魂相似。因为灵魂不是用自身，也不是用非存在者来制作身体的自然，相反，它是用无序④和无形状的身体造出有序且［1003B］服从的⑤身体。因此，正如人们完全可以既说种子的能力总是与身体关联着，又说无花果或者橄榄的身体是因种子的力量而生成（因为，由于种子的运动和带来的变化，身体自身就如此这般发育和成长⑥），同样，当无形状的和不确定的质料被其中的灵魂塑造时，它就会拥有如此这般的形状和品性。

---

① 《蒂迈欧》，50d7 和 51a7（见普鲁塔克《论〈蒂迈欧〉中灵魂的诞生》，1014F ［τὸ τὴν ὕλην ἀεὶ μὲν ἄμορφον καὶ ἀσχημάτιστον ὑπ' αὐτοῦ λέγεσθαι...］［他说质料永远都是无形式和无形状的］，亦参见洛克里斯的蒂迈欧［Timaeus Locrus］［ἄμορφον δὲ καθ' αὑτὰν καὶ ἀσχημάτιστον］［根据他的说法，质料是无形式和无形状的］，94A）。

② 参看普鲁塔克《论〈蒂迈欧〉中灵魂的诞生》，1024D 中 νοῦς 作用于 ψυχή 的类似用语：ἐγγενόμενος δὲ τῇ ψυχῇ καὶ κρατήσας εἰς ἑαυτὸν ἐπιστρέφει...（当［理智］进入灵魂中时，理智控制住灵魂，从而让灵魂转向自己）（参见 Thévenaz《宇宙灵魂》（L' Âme du Mode），第 71—72 页）；并参见柏拉图《蒂迈欧》，42c4—d2 及 Conford 在此处的注释（《柏拉图的宇宙论》［Plato's Cosmology］，第 144 页，注释 2）。

③ 根据普鲁塔克自己的学说，这些只可能是还没有变得理性的无序灵魂所导致的运动，因为无形的质料本身 δυνάμεως οἰκείας ἔρημον（缺少自身的能力），ἀργὸν ἐξ αὑτοῦ（源于自身的惰性），ἄμοιρος αἰτίας ἁπάσης（缺少所有原因）（《论〈蒂迈欧〉中灵魂的诞生》，1014F—1015A，参见 1015E）。

④ 参见普鲁塔克《筵席会饮》，720B（ἡ μὲν ὕλη τῶν ὑποκειμένων ἀτακτότατόν ἐστι...［质料是实存物中最无序的］）和《论〈蒂迈欧〉中灵魂的诞生》，1024A—B（ο ὔτε γὰρ τὸ αἰσθητὸν εἴληχε τάξεως...［感觉之物并不拥有秩序］）。

⑤ 关于这个词，参见《论〈蒂迈欧〉中灵魂的诞生》，1029E，那里将该词用于灵魂；但关于此处的说法，参见《蒂迈欧》，48a2—5 和 56c5—6。

⑥ 参见普鲁塔克《哲人们的学说》，905A =《希腊学述》，417A2—5。

| 问 题 五 |

1. 有些物体和形状是直线，而有些则是圆；① 出于什么原因，他视直线形状的原理是［1003C］等腰三角形和不等边三角形，前者产生作为土元素的立方体，而后者产生锥体、八面体、二十面体，这些相应地成了火、气和水的种子？② 又是为了什么，他总的说来忽视了圆的问题，即便他在说每个所论及的形状都能将围绕者划分成相等部分的文段中提到了球形③？

或者，正如有些人猜测的，他将十二面体指派给球体，④ 因为他说神用了十二面体描绘整全的自然？⑤ 因为，十二面体因其元素众多、⑥ 角钝［1003D］而离直线最远，故而十二面体是灵活易弯的，就像由十

---

① 参见柏拉图《巴门尼德》，137d8—e6 和 145b3—5；亚里士多德《论天》，286b13—16；普罗克洛斯《欧几里得〈几何原本〉卷一注疏》，第 144 页，10—18（Friedlein）。
② 柏拉图：《蒂迈欧》，53c4—55c4 和 55d7—56b6。对于普鲁塔克在这几行所使用的 γῆς στοιχεῖον（土元素）和 πυρὸς σπέρμα（火种子），参见《蒂迈欧》，56b5（στοιχεῖον καὶ σπέρμα ［元素和种子］），对观 Cornford 的注释（前揭，第 223 页，注释 1）。
③ 柏拉图：《蒂迈欧》，55a3—4。柏拉图在这里说的是 ὅλου περιφεροῦς διανεμητικὸν εἰς ἴσα μέρη καὶ ὅμοια（把整全的球体划分为相等而一致的各部分）。
④ 参见《洛克里斯的蒂迈欧》，98E 和斐洛珀洛斯《论宇宙的永恒》，13.18（第 536 页，27—第 527 页，2 ［Rabe]）。
⑤ 柏拉图：《蒂迈欧》，55c4—6，普鲁塔克更为准确地引用于《论神谕的衰微》，430B。
⑥ 参见《论神谕的衰微》，427B（μέγιστον δὲ καὶ πολυμερέστατον τὸν δωδεκάεδρον ［十二面体是最大的和构成部分最多的］）；对于此处使用的 στοιχεῖον（基本的构成性三角形），参见《蒂迈欧》，54d6—7，55a8，55b3—4 和 57c9。

二张皮革①组成的球那样,只要膨胀起来就变成圆的和环绕的;② 由于十二面体拥有二十个立体角,每个立体角都被三个平面钝角包围,而每个立体角的角度都是一个直角加五分之一直角;③ 它由十二个等角且等边的五边形组建而成,④ 每个五边形又由三十个原初的不等边三角形构成,⑤ 因此它似乎既反映了黄道,又代表了周年,因为其各部分划分的数目是相等的。⑥

2. 或者,直线是否自然地就先于圆,⑦ 或更准确地说,圆只是直线的改变?[1003E] 因为我们的确会说直线的弯曲,⑧ 而且用中心和一段距离来描绘圆,这段距离就是一条直线的位置,可以用来度量圆,⑨ 因为圆形上的所有点与中心的距离都是相等的。同样,圆锥和圆柱都由直

---

① 参见柏拉图《斐多》,110b5—7;普罗克洛斯(《论柏拉图的〈蒂迈欧〉》)第3卷,第141页,19—24 (Diehl)。

② 参见普鲁塔克《论神谕的衰微》,428D (ἡ δὲ τοῦ δωδεκαέδρου φύσις περιληπτικὴ τῶν ἄλλων σχημάτων οὖσα...[十二面体的本性是多方面的,足以容纳别的形状])。

③ 参见欧几里得《几何原本》第13卷,公理18,辅助定理(Lemma)(第4卷,第340页,6—7 [Heiberg])。

④ 参见欧几里得《几何原本》第11卷,定义28。

⑤ 这是错的(参见 Heath,前揭,第177—178页),普鲁塔克在《论神谕的衰微》428A 似乎让阿里乌斯注意到了这个事实(...τὸ τοῦ καλουμένου δωδεκαέδρου στοιχεῖον ἄλλο ποιοῦσιν, οὐκ ἐκεῖνο τὸ σκαληνὸν ἐξ οὗ τὴν πυραμίδα καὶ τὸ ὀκτάεδρον καὶ τὸ εἰκοσάεδρον ὁ Πλάτων συνίστησιν [据说,他们认为十二面体的构成元素是某种别的东西,而不是柏拉图因之而构建出椎体、八面体和二十面体的不等边三角形])。阿尔比乌斯在他的《摘要》,13.2(第77页[Louis] = 第168页,37—169,2[Hermann])说,十二个等角中的每一个都被划分成五个三角形,后者的每一个都由六个三角形组成,但是应当注意到,他并未说明这些三角形是什么样的。

⑥ 普鲁塔克和阿尔比乌斯在他的《摘要》,13.2(第75—77页[Louis] = 第168页,34—169,3[Hermann])都没有提到黄道与二十面体之间的其他关系,只提到它们在数上相似,即它们(以及周年)都由十二个部分组成,而每一个部分又由三十个部分组成。

⑦ 参见普罗克洛斯《欧几里得〈几何原本〉卷一注疏》,第106页,20—第107页,10 (Friedlein)。

⑧ 参见亚里士多德《论动物前进》(De Incessu Animalium),708b22—14 和《气象学》(Meteorology),386a1—7。

⑨ 参见欧几里得《几何原本》第1卷,命题3 和普罗克洛斯《欧几里得〈几何原本〉卷一注疏》,第185页,22—25 (Friedlein)。

线生成的，前者是当三角形的一面和底部绕着固定的边旋转时产生的，而当平行四边形这么做时就产生圆筒；① 此外，越小的东西越接近原理；但直线是所有线中最小的，② 因为圆线的内侧是凹的，其外侧则是凸的。③ 此外，数先于形状，因为一（one）要先于点，[1003F] 点是在位置里的一。④ 此外，一是三角形，因为每个三角数都在乘以八且加上一之后，就变成了正方数，而这也会发生在一的身上。⑤ 那么，三角形就要先于圆⑥；而且，如果是这样的话，直线也就先于圆。此外，元

---

① 参见欧几里得《几何原本》第 11 卷，定义 18 和定义 21。

② 参见阿基莫德斯（Archimedes）《全集》（Opera Ominia）（J. L. Heiberg 编），第 1 卷，第 8 页，3—4；普罗克洛斯《欧几里得〈几何原本〉卷一注疏》，第 110 页，10—26（Friedlein），士麦纳的忒昂，第 111 页，22—第 112 页，1（Hiller）。

③ 参见普罗克洛斯《欧几里得〈几何原本〉卷一注疏》，第 106 页，24—25（Friedlein）；[亚里士多德]《机械问题》（Mechanica），847b23—848a3。

④ 参见亚历山大里亚的希罗（Hero Alexandrinus），定义 α′（第 4 卷，第 14 页，13—19 [Heiberg]）；士麦纳的忒昂，第 111 页，14—16（Hiller）；普罗克洛斯：《欧几里得〈几何原本〉卷一注疏》，第 95 页，21—26（Friedlein）；亚里士多德：《论题集》，108b26—31 以及《形而上学》，1016b24—31，并参见 Cherniss，前揭，第 131—132 页和第 397 页的注释 322。比较上文 1002A，那里说一产生了数，然后便进入点、线和图形中。

⑤ 一（"元一"）是数的本原（ἀρχή, 开端），而本身不是数，通常被称作"潜在的三角形"；在普鲁塔克的《论〈蒂迈欧〉中灵魂的诞生》1020D, 3 是第一个三角数（士麦纳的忒昂，第 33 页，5—7 以及第 37 页，15—19 [Hiller]；尼各马科斯：《算术初步》（Arithmetica Introductio），第 88 页，23—89, 5 [Hoche]；扬布里科：《论尼各马科斯的〈算术初步〉》（In Nicomachi Arithmeticam Introductionem），第 62 页，2—5 [Pistelli]）。关于三角数，参见普鲁塔克《筵席会饮》，744B（3 和 6 是例子）；士麦纳的忒昂，第 33 页，第 37 页，7—第 38 页，以及第 41 页，3—8（Hiller）；尼各马科斯：《算术初步》第 2 卷，8（第 87 页，22—89, 16 [Hoche]）。代数公式是 $n(n+1)/2$；符合这个公式的有 1——是其本身的结果的一半——和 2。任何的三角数乘以 8 之后再加上 1，就成为正方数，扬布里科重述了这个命题（《论尼各马科斯的〈算术初步〉》，第 90 页，18—19 [Pistelli]），但他没有明确地将之用于元一（参见 Heath，前揭，第 1 卷，第 84 页和第 2 卷，第 516—517 页；M. R. Cohen 和 I. E. Drabkin：《希腊科学源指》[A Source Book in Greek Sciecnce] [New York, 1948]，第 9 页，注释 2）。

⑥ 这种说法其实推不出来，因为一不仅是"正方数"，还是"三角数"（普鲁塔克：《论德尔斐神庙的 E》，391A，《论神谕的衰微》，429E；尼各马科斯：《算术初步》，第 91 页，4—5 [Hoche]；扬布里科：《论尼各马科斯的〈算术初步〉》，第 60 页，3—5 及第 75 页，11—13 [Pistelli]），但即便其是三角数，这也并未证明三角形是"先于圆的一"，其本身可被视作与一类似（亚里士多德：《论天》，286b33—287a2；扬布里科，前引，第 61 页，6—24 及第 94 页，27—第 95 页，2 [Pistelli]；普罗克洛斯：《欧几里得〈几何原本〉卷一注疏》，第 146 页，24—第 147 页，5，以及第 151 页，20—第 152 页，5 [Friedlein]）。

素无法被划分为由元素组成的事物，但是，其他的事物却能被划分成[1004A]元素。如果三角形无法被划分成圆形，而圆的两条直径却能将圆划分为四个三角形的话，直线就自然地要先于圆，并且比圆更为基本。① 而且，直线是在先的，圆是在后的且是附带发生的，这是柏拉图本人所暗示的，因为他说土由立方体构成，每个立方体都包括了直线表面，② 然后他说，土的形状是球形的或圆形的。③ 因此，就没有必要为圆形指派特殊的元素了，如果这个形状自然地依附于以特殊方式相互结合的直线的话。

3. [1004B] 此外，直线无论长短都一直是直的，而如果圆越小，圆周线的弧度就越曲，圆的凸面就越集中；如果圆越大，周线就越松缓。④ 无论怎样，如果沿着圆的凸面上画出周线，有些圆就会在某个点上触碰到在下的面，而另一些则是在某一条线上触碰到在下的面。⑤ 因此，人们或许会猜测，当将许多直线一点一点地组合起来时，就会产生圆形的线。

---

① 因为圆被划分进入的三角形的底部依旧是一段圆弧，此处所得出的这个结论并不能从论证中推出，对此参见尼各马科斯《算术初步》第 2 卷，7.4（第 87 页，7—19 [Hoche]）以及辛普里丘（Simplicius）《论天》，第 613 页，30—第 614 页，10（关于亚里士多德的《论天》，303a31—b1）。

② 柏拉图：《蒂迈欧》，55d8—56a1。

③ 虽然有 φησι（他说），但这句话并非引语。实际上，在《蒂迈欧》中的 55d8—56a1 之后，对于大地是球形的暗示只出现在 62d12—63a3（参见 Cornford《柏拉图的宇宙论》，第 263，注释 1 和 2，对观《斐多》，108e4—109a7 以及 110b5—7）。有些错误的意图甚至否认这些文段指出了大地的球形（参见 Lustrum，第 4 卷 [1959]，Nos. 660—661 以及第 5 卷 (1960)，Nos. 1464 和 1465）。

④ 参见 John Wallis《角截面论文一篇》（A Treatise of Angular Sections）（London，1684），第 90 页：".....越小的圆周越弯曲。因为其在短距离范围内具备很大的曲率。因此......其便弯曲得更集中。"

⑤ 这实际上与前面的叙述毫无关系，因为无论一个圆有多大，圆绝不会在一条线上碰到面，除非二者都是物质性的——而此时无论圆有多小，碰到的都是线（参见亚里士多德《形而上学》，997b35—998a4，以及亚历山大《形而上学》，页 200，15—21）。这种说法也不支持后面的结论，不过对于这个结论，普鲁塔克本人也是不会同意的，因为他认为，圆的曲率是一致的（参见《论月面》，932F 和 Cherniss：《普鲁塔克〈论月面〉诸题》[Notes on Plutarch's De facie in orbe lunae]，刊于 Classical Philosophy，第 46 卷 [1951]，第 144 页）。

4. 要注意，这个世界上没有一个圆或球是完美的，[1] 只是看上去是圆的或球形的而已，这个差异之所以没有被注意到，只是由于直线的紧缩和延长，或者［1004C］直线各部分之间的细微；这就是这个世界上没有一个身体自然地按照圆形运动，而总是按照直线运动的原因。另一方面，真正的球形者并不是可感物体的元素，而是灵魂和理智的元素，[2] 他根据自然为它们分配了适合它们的圆形运动。[3]

---

[1] 参见普罗克洛斯《欧几里得〈几何原本〉卷一注疏》，第54页，11—13（Friedlein），柏拉图：《第七封信》，343a5—9；以及柏拉图：《菲丽布》，62a7—b9。

[2] 参见阿提库斯（Atticus），辑语6（Baudry）= 尤西比乌斯：《福音的预备》，15.8.7（第2卷，第367页，13—18［Mras］）；普罗克洛斯：《欧几里得〈几何原本〉卷一注疏》，第82页，7—12和第147页，22—148，4（Friedlein）。当称灵魂为"球形"——其自然运动是圆周运动（参见普鲁塔克《论德尔斐神庙的E》，390A），τῆς ψυχῆς…στοιχεῖον［灵魂的基本元素］——的时候，普鲁塔克似乎冒险地接近于将灵魂等同于亚里士多德式的πέμπτη οὐσία κυκλοφορητική（第五种球体）（参见 Cherniss，前揭，第601—601页；Moraux，前揭，第24卷［1963］，cols. 1248，37—1251，12）。即便像原子论者和克吕西波这样的"唯物主义者"也将球形分配给灵魂（参见亚里士多德《论灵魂》，404a1—9 和 405a8—13，阿尼姆：《早期斯多亚学派辑语》第2卷，辑语815）。

[3] 柏拉图：《蒂迈欧》，34a1—4，36e2—37c3，47b5—c4和《法义》，898a3—b3（参见 Cherniss《亚里士多德对柏拉图及学园派的批评》，第404—405页；参见《论〈蒂迈欧〉中灵魂的诞生》，1024C—D。

| 问 题 六 |

在什么意义上,《斐德若》说翅膀的本性——重的东西因翅膀而上升——是所有身体性事物中最靠近神的?①

难道这是因为这篇对话是关于爱欲的,而爱欲是关于身体的美的,而由于美与神圣之物的相似性,美就使得灵魂运动并让灵魂回忆?②[1004D]或许我们不应在此过多地费神,而只是简单理解一下,尽管灵魂的许多能力涉及了身体,③ 但是理性和思想能力——他说它们是关于神圣的和天上的事物的——是最接近神圣之物的?④ 他称这种能力是翅膀并非不当,因为这种能力能让灵魂上升,⑤ 远离那些低贱的和有死的事物。

---

① 柏拉图:《斐德若》,246d6—8。
② 参见柏拉图《斐德若》,249d4—251a1 和 254b5—7;普鲁塔克《爱之书》,765B,D,F 和 766A,E—F;普罗提诺:《九章集》第 6 卷,7.22,3—19 行。
③ 参见赫米阿斯给出的解释《论柏拉图的〈斐德若〉》,第 133 页,25—30(Couvreur)。
④ 参见柏拉图《斐多》,80b1—3 和 84a7—b4;《会饮》,211e3—212a2,对观《斐德若》,247c6—8,248b7—c2,以及 249c4—6,《理想国》,611e1—5;亦参见《菲丽布》,62a7—8,由于理念是 θεῖα(神圣的),故而是理性或理智的对象。
⑤ 参见普鲁塔克《老年人是否应参加政治》(An Seni Respublica Gerenda Sit),786D。

| 问 题 七 |

1. 在何种意义上，柏拉图说①由于没有虚空，运动的循环交替（cyclical replacement）②是拔血罐治病时所发生之事的原因，以及吞咽、流水、[1004E] 抛重物、雷电、琥珀和赫拉克勒斯石的吸引力③、声音的和谐的原因？他似乎很奇怪地为数量众多且互不相同之事提出了一个（单一）的原因。

2. 关于呼吸，他已经给了一个充分的说明，④ 呼吸的产生是由于空气的循环交替；而对于所有其他那些令人惊讶的事物，他则只是说，由于没有虚空，这些事物在运行中将自己推向其他事物并与那些事物交换

---

① 柏拉图:《蒂迈欧》，79e10—80c8。
② 柏拉图并未称这个过程是 ἀντιπερίστασις（循环交替），而亚里士多德如此称呼这个过程（《物理学》，215a14—15 和 267a15—20 [参见辛普里丘《物理学》，第 688 页，32—34；第 1350 页，31—36；以及第 1351 页，28—29]），同时还称之为 περίωσις（往复）（《自然诸短篇》[Parxa Naturalia]，472b6—)。
③ 柏拉图明确表明要从物理学理论中清除 ὁλκή（吸引力）（《蒂迈欧》，80c2—3，参见 Cherniss, 前揭，第 387 页末尾的注释 306）。
④ 柏拉图:《蒂迈欧》，79a5—e9。参见阿尔比鲁斯《摘要》，21（第 107 页 [Louis] = 第 175 页，20—27 [Hermann]）和"洛克里斯的蒂迈欧"，101D—102A，以及亚里士多德（《自然诸短篇》，472b6—32）和盖伦（《柏拉图和希波克拉底的学说》[De Placitis Hippocratis et Platonis]，第 8 卷，8 = 第 714 页，14—第 720 页，16 [Mueller] 和《柏拉图的〈蒂迈欧〉注疏辑语》[In Plat. Timaeum Comment. Frag.]，17—19 = 第 22 页，27—26，2 [Schröder]）对这个说明的批评。

位置,① 然后他便将每种情况的具体说明留给我们自己去寻找。

3. 那么,首先,关于拔血罐是这样的。当包含着热的空气靠近[1004F]肉身时,由于空气已经变热并且比铜的气孔还要细,空气并没有被赶入虚空之中,(因为没有虚空),而是被赶入了位于拔血罐外面的空气之中,把这些空气推开,这种空气又依次推开前面的空气;如果这种空气一直发挥影响,就会使得前面的空气退开,它就会竭力争取前面的空气留下来的空地方。[1005A]如此,空气就会包围拔血罐所环绕的这片肉身,使其抬升,同时将液体挤进拔血罐中。②

4. 吞咽也是同样的,因为口腔和食道总是充满空气。因此,当食物被舌头挤入的时候,咽喉也同时被拉伸,空气被挤向上颚,紧随那些退开的东西,帮助推动食物。③

5. 被抛的重物切入空气并使其分开,因为被抛的重物冲击了空气;而空气则由于其本性,总是在寻找和填充飞行物后面不断空出的空间,紧随着抛出的重物,帮助加速其运动。④

6. 雷电的落下同样也类似于投掷,因为发生在云里的冲击使得炽

---

① 这个文段省略了《蒂迈欧》80c3—8 的 διακρινόμενα καὶ συγκρινόμενα(分离与结合)(c4—5),这个省略影响了 διακρινόμενα 原初的含义,并且还模糊了这个文段与《蒂迈欧》58b6—c2 的关联。

② 比提尼亚的阿斯克勒皮阿德斯(Asclepiades of Bithynia)将呼吸的机制和拔血罐的工作原理加以类比,一定也是在没有 ὁλκή [吸引力] 介入的情况下,通过某种 περίωσις 解释了后者(普鲁塔克:《哲人们的学说》,903,E – F =《希腊学述》,第 412 页,31—第 413 页,1;参见 R. A. Fritzsche《古代理论中的磁铁和吸引》[Der Magnet und Die Athmung in Antiken Theorien],刊于 Rheinisches Museum für Philologie,第 57 卷 [1902],第 384 页)。

③ 参看盖伦(《论自然能力》[De Naturalibus Facultatibus] 第 3 卷,8 = 第 176—177 页 [Kühn] 所反对的观点:在消化时,食物没有任何 ὁλκή 的帮助而被从上面推向下面。

④ 参见辛普里丘《物理学》,第 668 页,25—32(关于亚里士多德的《物理学》,215a14—15),以及亚里士多德的反对观点(《物理学》,267a15—20),以及斐洛珀洛斯的反对观点(《物理学》,第 639 页,12—第 641 页,6)。在《蒂迈欧》中并没有说到普鲁塔克这里所提及的"帮助"(参见 A. E. Taylor《柏拉图的〈蒂迈欧〉注疏》[A Commentary on Plato's Timaeus],第 572 页(关于 80a1—2);F. Wehrli《亚里士多德的学校》[De Schule des Aristoteles],第 5 册,第 63 页论斯忒拉托 [Strato],辑语 73)。

212

热的物质跳进空气之中，而后者则在被撕开后向边上退让，然后又汇集到后面，从上面逐出雷电，强迫雷电与其本性相反地向下运行。①

7. 琥珀并不吸引放在旁边的东西，正如磁石也不这样，它们周围的东西也不会自己跳向它们；但是磁石会发出某种有力且像风一样的流射物，当靠近的空气被这些流射物击退时，它就会推动前面的空气，那种空气就会回转过来，再次占据腾出的空间，把铁向回推，一路扯着它。② 琥珀包含着一种类似火焰或者风的物质，当琥珀的气孔因表面的摩擦而张开时，琥珀便抛出火焰或者风；当这种物质被抛出的时候，就会像磁石一样产生相同的活动。不过，由于其力量稀薄软弱，所以它只能吸引附近最轻和最干的事物；因为琥珀的力量并不强劲，也没有重量或动能以驱动大量的空气，故而无法像磁石那样以这种空气来控制较大的东西。那么，为什么空气只是将铁推向磁石，而不是推动石头或者木材呢？显然，对于认为诸形体的结合产生于磁石的吸引或是认为产生于铁的传送的人，都同样会面对这个困难；③ 但是柏拉图或许会以下面的方式提供解答。铁在质地上既不像木材那样十分松散，也不像黄金或石头那样十分紧凑，而是布满气孔、通道和管孔，它们由于无规则性而可

---

① 参见亚里士多德对雷电违反其本性的向下运动的解释（《气象学》，342a12—16 以及 369a17—24）。

② 对于铁的运动，卢克莱修（第 6 卷，1022—1041）也给出了类似的辅助原因的看法，这导致了 Fritzsche 假设一个共同的来源，并认为这个来源就是比提尼亚的阿斯克勒皮阿德斯，据知，此人否认自然中存在 ὁλκή（Fritzsche，前揭，第 369—373 页以及第 386—389 页）；但参见 M. Bollack，*Revuedes étudeslatines*，第 41 卷（1963 [1964]），第 171—173 页和第 183—184 页。普鲁塔克在此的 συνεφέλκεται（吸引）和下一句中的 ἐφέλκεται（吸引）都至少是不合宜的表达，因为尽管它们都指被从后面所驱使的空气"牵引"而不是任何的被磁石或琥珀"吸引"，它们可能都被认为并未否定 ὁλκή——这个理论的最初原理（参见这一段开始的 οὐδὲν ἕλκει），而且似乎沾染了一种伊壁鸠鲁式的观念，即 *ducitur ex elementis*（从元素中导出）（卢克莱修，第 6 卷，1012）和 συνεπισπᾶσθαι τὸν σίδηρον（把铁拉向）（伊壁鸠鲁，辑语 193 [Usener:《伊壁鸠鲁》，第 208 页，26—27]）。

③ 即通过铁的被"携带"或者被推到磁铁那里去，正如普鲁塔克自己的解释那样；φορά 在此并不意味着铁本身的任何"冲动"，因为这种解释（比如亚历山大《问题集》[*Quaestiones*]，第 74 页，24—30 [Bruns]）不会面临这个困难。

213

以与空气吻合；结果，空气在朝向磁石的运动中一旦落在铁上，就不会溜走，而是被某些集聚物和抗力以与之吻合的纹理拦截，从而逼迫着铁退回，并一直将铁推在空气前面。① 对于这些现象，或许可以这样解释吧。

8. 要理解水在大地上循环往复地流动的方式却没有那么容易。但是，必须看到，水池里面的水是平静的和静止的，［1005E］因为水充分伸展，独立自存，与四面八方的静止空气分开，没有留下任何空隙。当空气开始奔腾的时候，水池和海洋表面上的水便受到搅动和起伏，随之而来的则是由于不规则而导致的位置改变和流走，向下的冲击②产生了波浪水槽，向上的冲击则产生泉水，直到水平静并停止下来，因为包围着水的空间也静止下来了。河流的流动总是追逐着退让的空气，被推着它的东西依次驱使，永不停歇地流淌着。这也是［1005F］河水在满的时候流淌得更快的原因，但是当水既低又浅时，水便因为虚弱而变得缓慢，因为空气并不退让，也不会接受太多的循环往复运动。泉水一定是以这种方式升起来的：从外面来的空气进入腾出的地下空间，然后再次［1006A］将水向前推。在一个黑暗的屋子中，里面的空气依然在向地面上微微洒水，由此产生某种气流或微风，因为，当潮气进入并受到空气撞击的时候，空气改变了之前的位置。因此，这二者都自然地受到彼此的驱使，也彼此依次退让，因为，这样的空间——在这个空间中，其中一个静止独处，而不分有另一个中的变化——是不存在的。

9. 关于和谐的问题，他已经说过了③运动是如何让声音一致的。因

---

① 参见卢克莱修，第 6 卷，1056—1064，对观 Fritzsche，前揭，第 370 页和第 372 页的注释 14；尤其是此处的术语，参见普鲁塔克在《自然问题》916D—F 对表面上的泄出（effluvia）、气孔（pores）、起皱（corrugations）的解释。

② 即空气对水的冲击。

③ 柏拉图：《蒂迈欧》，80a3—b8。普鲁塔克似乎没有意识到此段中所涉及的真正问题。Conford（前揭，第 320—326 页）和 E. Moutsopoulos（《柏拉图作品中的音乐》［*La Musique dans l'œuvre de Platon*］，第 36—42 页）说到了这些问题，但并未令人信服地解决。

为快的声音是高音，慢的声音是低音，这就是为何高音能更为迅速地影响感觉的原因；① 而当高音开始 [1006B] 平息和停止时，低音出现并接替它，由于它们相互一致（congruity），它们的混合结果便为听者带来了快乐，人们将之称为和谐（consonance）。空气是这个过程的工具，根据前面说过的，② 这是很容易理解的。实际上，声音是空气通过耳朵作用于感觉所产生的冲击，因为当空气被推动它的东西打击时，如果打击者激烈的话，空气便激烈地冲击，如果打击者迟钝的话，空气便柔和地冲击。然后，受到激烈和强烈冲击的空气就会达到听力当中，绕着运行并抓住较慢的空气，③ 与之一起传达感觉。

---

① 即通过使感觉运动，而开始影响感觉者。
② 柏拉图：《蒂迈欧》，67b2—6；参见普鲁塔克《论运气》，98B，《论德尔斐神庙的E》，390B，《论神谕的衰微》，436D。
③ 这似乎与前面的表述矛盾，而且肯定与《蒂迈欧》80a6—b4 不一致。

# 问题八

1.《蒂迈欧》说灵魂被播种在大地、月亮[1]以及其他时间工具之中,这是什么意思?

[1006C] 或许,他这是在让大地运动,就像太阳和月亮以及五个行星一样,这些星体因其回转运行[2]而被他称为时间的工具;大地绕着延展到一切之中的中轴旋转,是否这样的大地不应被设定[3]为受限的和静止的,而是旋转的和回旋的,正如后来的阿里斯塔尔科斯(Aristarchus)[4]和塞琉科斯(Seleucus)[5]所指出的(前者认为这只是

---

① 柏拉图:《蒂迈欧》,42d4—5(亦见41e4—5);参见普鲁塔克《论命运》(De Fato),573E。

② 参见《蒂迈欧》,39d7—8 及普罗克洛斯,《论柏拉图的〈蒂迈欧〉》卷3,页127,31—128,1(Diehl)。

③ 《蒂迈欧》,40b8—c2。普鲁塔克的 μεμηχανῆσθαι(设置,设定)反映了柏拉图的ἐμηχανήσατο。柏拉图作品的抄件用了 διὰ παντός, δι' ἅπαντος 或者 διὰ τοῦ παντός(贯穿一切),而不是 διὰ πάντων,有两个抄件(W, Y)用了 εἰλουμένην,而不是 ἰλλομένην(绕着),有两个抄件(A, P)则用了 εἰλουμένην(或者 εἰλλ-)τὴν(参见 Cornford,前揭,第120页,注释1;对于亚里士多德《论天》293b31—32 的文本传统,参见 Moraux《亚里士多德〈论天〉之间接传统诸题》(Notes sur la Tradition Indirecte du 'de Caelo' d' Aristote),刊于 Hermes,第82卷[1954],第176—178页)。

④ 参见普鲁塔克《论月面》,923A。

⑤ 参见 Heath《萨摩斯的阿里斯塔尔科斯》(Aristarchus of Samos),第305—307页;S. Pines:《阿拉伯语中所保存的塞琉西亚的塞琉科斯辑语一则》(Un fragment de Séleucus de Séleucie conservé en version arabe),刊于 Revue d' Histoire des Sciences,第16卷(1963),第193—209页;以及 N. Swerdlow《印度天文学中遗失的纪念碑》(A Lost Monument of Indian Astronomy),刊于 Isis,第64卷(1973),第242—243页。

个假设，而塞琉科斯认为这是事实)？忒奥弗拉斯托斯（Theophrastus）甚至补充说到，① 老年柏拉图后悔为大地指派了不宜于它的位置——位于整全的中间。②

2. 或者，这与此人被公认的众多看法是相违背的；[1006D] 而且我们必须将"时间的"（of time）改为在"时间中"（in time），即采用与格而不是属格，同时认为，工具指的不是星辰，而是生物的身体，正

---

① 忒奥弗拉斯托斯：《物理学学说》（*Physics Opinions*），辑语 32（《希腊学述》，第 494 页，1—3）；参见普鲁塔克《努马传》，11. 3。

② 就像卡尔基狄乌斯（Chalcidius）（《柏拉图的〈蒂迈欧〉》[*Platonis Timaeus*]，第 187 页，4—13 [Wrobel] = 第 166，6—12 [Waszink]）一样，普鲁塔克此处只看到了对 ἰλλομένην περὶ τὸν…πόλον（绕着中轴转）的两种解释：一种是，大地稳居于中间（用 συνεχομένην καὶ μένουσαν [融入并停留]，参见普罗克洛斯《论柏拉图的〈蒂迈欧〉》第 3 卷，第 137 页，6—7 和 13—20 [Diehl] 以及普鲁塔克自己在《筵席会饮》728E 的用法：ἰλλομένην τὴν ὄπα καὶ καθειργομένην [闭嘴且受到限制]），另一种是，大地就像一个行星那样绕着中轴旋转，这对所有行星轨道都是同样的（用 στρεφομένην καὶἀνειλουμένην [转向并回来]，参见普罗克洛斯《论柏拉图的〈蒂迈欧〉》第 3 卷，第 138 卷，7—8 [Diehl]：εἰλουμένην καὶ στρεφομένην [旋转并转向]；参见 εἰλουμένων [旋转] [辛普里丘《物理学》，第 292 页，28—29] 和 ἀνείλησιν [旋转] [辛普里丘《论天》，第 499 页，15]）。第二种可供选择的解释与阿里斯塔尔科斯的假设相对比显得有限，这一点由据说忒特奥弗拉斯托斯所说的话而变得清楚，甚至，由于《努马传》11，这一点显得加倍地清楚，在此，… τῆς γῆς ὡς ἐν ἑτέρᾳ χώρᾳ καθεστώσης… [大地就像是被放在另一个空间之中] 说明了这种解释与辛普里丘 "更加真实的" 毕达戈拉斯理论不符，Cornford 曾试图将这种理论等同于这种解释的真正基础（《柏拉图的宇宙论》，第 127—129 页；K. Gaiser：《柏拉图的未成文学说》（*Platons ungeschriebene Lehre*） [Stuttgart, 1963]，第 184 页，注释 155 [页 385—387]），但是这种解释本身肯定是后亚里士多德式（post-Aristotelian）的（参见 W. Burkert《智慧与科学》[*Weisheit und Wissenschaft*] [Nürnberg, 1962]，第 216—217 页）。普鲁塔克的两种可能选择悄悄地排除了一种可能性，即《蒂迈欧》提及了一种进行轴式旋转运动的大地中心（亚里士多德：《论天》，298b30—32 和 296a26—27），或者在进行任何种类的振动或摇摆运动。这否认了最近由 Gaiser 复苏的现代奇幻想象（前揭，第 183 页，注释 153 [第 381—385 页]）。Gaiser 说："绕着中轴的摇摆运动……产生了一种转头运动（nutation）"；也解释了柏拉图所不知道的岁差。关于《蒂迈欧》，40b8—c3，亚里士多德在《论天》中的陈述，以及忒奥弗拉斯托斯的评注，参见 Cherniss，前揭，第 545—564 页；I. Düring：《克莱格霍恩的〈亚里士多德对柏拉图 "蒂迈欧" 的批评〉》（Aristotle's Criticism of Plato's Timaeus By George S. Claghorn），刊于 *Gnommon*，第 27 卷（1955），第 156—157 页；F. M. Brignoli：《柏拉图〈蒂迈欧〉中的天体物理问题》（Problemi di fisica celeste nel "Timeo" di Platone），*Giornale Italiano di Filologia*，第 11 卷（1958），第 264—260 页；Burkert，前揭，第 305 页，注释 17。

如亚里士多德说灵魂是身体的实现活动（actuality），这样的身体是自然的、工具性的且潜在地就具有生命；① 因此这个问题的含义就应该是：在时间中的灵魂都被种在了适宜②的工具性身体之中吗？然而，这也与他的想法相反，因为他不止一次地经常称星辰为时间的工具，他甚至还说，③［1006E］太阳和其他行星的生成是为了区别并保存时间的数。

3. 那么，最好是这样来将大地理解为时间的工具：不是因为大地像其他星辰那样运动，而是因为大地总是静止，其他星辰绕着大地旋转，这样就带来了它们的升起和落下，这确定了昼和夜，即时间的第一个尺度。④ 这也是柏拉图称大地是昼和夜的守护者和制作者的原因，⑤ 因为日晷的指针作为时间的工具和尺度，不是因为指针随着影子而变化位置，而是因为指针站立不动，模仿大地在太阳转到大地之下时将太阳隐藏起来，正如恩培多克勒所说：

> 当大地挡住光线时，

---

① 此处合并了亚里士多德的《论灵魂》421a27—28 和 412b5—6。在这两处，ἐντελέχεια（现实活动）都被具体化为ἡ πρώτη（第一），但是普鲁塔克并不因此就写为πρώτην ἐντελέχειαν（第一种现实活动）（参见《希腊学述》，387A14—15，与 A1—3 相反）。对普鲁塔克而言，此处的关键词ὀργανικοῦ（工具）源自第二段文本，也是为了支持《蒂迈欧》42D4—5 对于ὄργανα（工具）所提议的解释，该词也不应当被理解为"拥有工具"（参见亚里士多德《论灵魂》，412a28—b4），而应被理解为"工具性的"。

② 参见柏拉图《蒂迈欧》，41e5。

③ 参见柏拉图《蒂迈欧》，38c5—6。

④ 参见"洛克里斯的蒂迈欧"，97D（γᾶ δ' ἐν μέσῳ ἱδρυμένα...ὦρός τε ὄρφνα? καὶ ἁμέρας γίνεται δύσιές τε καὶ ἀνατολὰς γεννῶσα ［大地位于中间……于是便产生了夜与昼，也产生了日落和日出］）；普罗克洛斯：《论柏拉图的〈蒂迈欧〉》第 3 卷，第 139 页，23—140，5（Diehl）。

⑤ 《蒂迈欧》，40c1—2；参见普鲁塔克《论月面》，937E 和 938E。

夜就产生了。①

[1006F] 这就是对这一点的解释。

4. 有人或许会有其他方面的疑惑：说太阳也与月亮和诸行星一样，其生成是为了区分时间，② 这是否是不可能的和荒谬的。因为太阳尤其受到柏拉图本人的重视，他在《理想国》③ 中说太阳是王，是一切可感事物的主人；[1007A] 正如善是可理知事物的主人，太阳被说成是善的后代，它使得可见事物生成和显现，正如善使得可理知事物存在和被认识。有着如此本性和如此大能的神成为时间的工具和八个天球④彼此间快慢的明显尺度，这似乎并非合适与合理。可见，由于无知，那些被这些说法所扰乱的人才会认为时间是运动的尺度和数，度量着运动者的先后继起，正如亚里士多德所说的；⑤ [1007B] 或者说时间是运动的数量，如斯彪西波（Speusippus）说的；⑥ 或者说时间是运动的长度，正

---

① 恩培多克勒，辑语 B48（D.-K.）。没有好的理由像 Scaliger 和 Diels 那样去修订 ὑφισταμένη（放在下面）（参见埃斯库罗斯《波斯人》，87；修昔底德，第 7 卷，66.2），但是 Kranz 保留了这个词，他错误地认为这个词暗示了大地的运动（《两个宇宙论问题》[Zwei Kosmologische Fragen]，刊于 *Rheinisches Museum für Philologie*，第 100 卷 [1957]，第 122—124 页）。

② 即《蒂迈欧》，38c5—6，这里要诉诸上文第 2 部分的结尾（1006D 末尾处）。

③ 柏拉图：《理想国》，506e3—507a4，508a4—6，508b12—c2，509b2—8，以及 509d1—4；亦见普鲁塔克《论月面》，944E。

④ 柏拉图：《蒂迈欧》，39b2—5，然而，柏拉图在此说的是 φορᾶς，而不是"球体"（参见 Cornford，前揭，第 78—79 页和第 119 页；Cherniss，前揭，第 555 页）。因此，普鲁塔克在《筵席会饮》745C 和《论〈蒂迈欧〉中灵魂的诞生》1029C 中称《理想国》617b4—7 的"圆"为"球"。亦见阿尔比鲁斯《摘要》，14.7（第 87 页，1—8 [Louis] = 第 170 页，36—第 171 页，7 [Hermann]）。

⑤ 亚里士多德：《物理学》，219b1—2 和 220a24—25（ἀριθμὸς κινήσεως κατὰ τὸ πρότερον καὶ ὕστερον [关于前后的运动的数]），220b32—221a1 和 221b7（μέτρον κινήσεως [运动的尺度]）；参见普诺提诺《九章集》第 3 卷，7.9，1—2 行，以及 J. F. Callahan《古代哲学中的四种时间观念》（*Four Views of Time in Ancient Philosophy*）（Harvard University Press, 1948），第 50—53 页。

⑥ 斯彪西波，辑语 53（Lang）。参见斯特拉托的 τὸ ἐν ταῖς πράξεσι ποσόν（活动中的数量）（辛普里丘《物理学》，第 798 页，34—35 和第 790 页，1—2 = 斯特拉托，辑语 76 [Wehrli]）。

如某些斯多亚派所说的，① 他们以某种偶性来界定时间，并未理解其本质和能力，② 对此，品达倒是有不错的领悟：

> 时间这位主人超过了所有有福者，③

还有毕达戈拉斯，当他被问到时间是什么时，他说时间是天体的灵魂。④ 因为时间不是任何偶然运动的属性或偶性，⑤ 而是匀称（symmetry）和秩序的原因、能力和原理，连接所有生成之物；整个活生生的宇宙的自然在此当中运行着；更确切地说，[1007C] 时间之所以被这样称呼，是因为时间是运动和秩序本身以及匀称，⑥

---

① 阿尼姆：《早期斯多亚学派辑语》第 2 卷，辑语 515（Lang）；参见第 2 卷，辑语 509—510，第 1 卷，辑语 93 和《希腊学述》，第 461 页，15—16（波西多尼俄斯）。

② 参见普罗克洛斯《论柏拉图的〈蒂迈欧〉》第 3 卷，第 20 页，10—25 和第 95 页，7—20（Diehl）；V. Goldschmidt：《斯多亚学派的体系》（Le Système Stoïcien），第 41—42 页。

③ 品达，辑语 33（Bergk, Schroeder, Snell）= 24（Turyn）= 14（Bowra）。

④ A. Delatte（《毕达戈拉斯文献研究》[Études sur la Littérature Pythagoricienne][Paris, 1915]，第 278 页）将之归于毕达戈拉斯学派的 Ἀκούσματα（《口传》）；但也参见 Zeller《希腊哲学》（Die Philosophie der Griechen），第 1 卷第 1 部分，第 524 页，注释 2 和第 546 页，注释 2。R. B. Onians 的《欧洲思想的起源：关于身体、心灵、灵魂、世界、时间和命运》（The Origins of European Thought: About the Body, the Mind, the Soul, the World, Time and Fate）（Cambridge, 1954）的第 250—251 页给出了一种奇怪的解释；但是此处被归于毕达戈拉斯的定义可能与亚里士多德所提到的理论有关（辑语 201 [Rose]），对此，参见 Cherniss《亚里士多德对前苏格拉底哲人的批评》（Aristotle's Critism of Presocratic Philosophy），第 214—216 页。

⑤ 反对亚里士多德的《物理学》251b28（... ὁ χρόνος πάθος τι κινήσεως [时间是运动的某种偶性]）和 220b24—28；参见普罗克洛斯《论柏拉图的〈蒂迈欧〉》第 3 卷，第 21 页，5—6（Diehl）。

⑥ 这实际上将时间等同于理性世界灵魂的活动，这预示了普罗提诺的学说（比如《九章集》第 3 卷，7.12.，1—3 行和 20—25 行；参见 H. Leisegang《晚期柏拉图主义中的时间与永恒概念》[Die Begriffe der Zeit und Ewigkeit im späteren Platonismus][Münster, 1913]，第 9 页和第 23—24 页；Thévenaz，前揭，第 96 页）。出于对时间与永恒存在的柏拉图式对比的十分不同的强调，普鲁塔克在《论德尔斐神庙的 E》392E 中让他的老师阿莫尼乌斯说：κινητὸν γάρ τι καὶ κινουμένη συμφανταζόμενον ὕλη... ὁ χρόνος, οὗ γε δὴ τὸ μὲν ἔπειτα καὶ τὸ πρότερον... αὐτόθεν ἐξομολόγησίς ἐστι τοῦ μὴ ὄντος（因为时间是某种处于运动之中的东西，出现在与运动着的质料的关联之中，永远流动，不保持任何东西，就像是消亡与生成的容器；时间词"之后"和"之前"，"将是"和"已是"，一旦说出它们，它们就成为对非存在的承认。）（参见 C. Andresen《理性与法律》（Logos und Nomos）[Berlin, 1955]，第 284—287 页）。

它给予所有有死之人正义的引导

无声地行走在路上。①

实际上，古人甚至认为灵魂的本质是自身运动自身的数。② 也是因为这一点，柏拉图说时间与天同时生成，③ 但甚至是在天生成之前，运动便已存在。④ 然而，当时还没有时间，因为还没有秩序，没有尺度，没有区分⑤，有的只是不定的运动，其似乎是时间的无形状和紊乱的质料。⑥ 但是，当天意⑦以形状⑧来拖曳并控制质料，以旋转托转并控制运动的时候，她同时还用前者制作宇宙，用后者制作时间。它们都是神的影

---

① 欧里庇得斯：《特洛伊妇女》，887—888，普鲁塔克还在《论伊希斯与俄赛里斯》381 进行改编（ἄγεις - 欧里庇得斯）。

② 在普鲁塔克：《哲人们的学说》，898C =《希腊学述作家》，386A13—15 中，这个定义被归于毕达戈拉斯（参见 386B8—11 ["毕达戈拉斯……同样还有克塞诺克拉底"] 和 Burkert，前揭，第 57 页，注释 73）；但是普鲁塔克自己在将之归于克塞诺克拉底的同时拒绝接受它，认为它是对《蒂迈欧》（普鲁塔克：《论〈蒂迈欧〉中灵魂的诞生》1012D—F = 克塞诺克拉底，辑语 68 [Heinze] 和 1013C—D）的错误解释，可能是由于这一点，他在此援引其作为支持一种解释的证据时含糊地将之归于"古人"（参见 Thévenaz，前揭，第 96 页）。

③ 柏拉图：《蒂迈欧》，38b6。

④ 当然，这提到的是柏拉图的《蒂迈欧》30a3—5 和 52d—53a；参见普鲁塔克《论〈蒂迈欧〉中灵魂的诞生》，1014B，1016D—F，以及 1024C。

⑤ 参见玛克罗比乌斯（Macrobius）《农神节》(Saturnalia)，1.8.7；对比阿提库斯的表述（普罗克洛斯：《论柏拉图的〈蒂迈欧〉》卷 3，37 页，12—13 [Diehl]）：χρόνος μὲν ἦν καὶ πρὸ οὐρανοῦ γενέσεως, τεταγμένος δὲ χρόνος οὐκ ἦν（时间存在于天生成之前，其中并无秩序）。

⑥ 鉴于 Anderson 的错误解释（前揭，第 285 页和注释 28），我们必须强调：χρόνος 取决于 ὕλη [质料]，后者由 ἄμορφος καὶ ἀσχημάτιστος（无形状的和紊乱的）所限定（参见普鲁塔克《论〈蒂迈欧〉中灵魂的诞生》，1014F）。

⑦ 参见 ἐκ προνοίας（出于天意）（普鲁塔克：《论月面》，926F），κατὰ θαυμασιωτάτην πρόνοιαν（根据最令人惊讶的天意）（阿尔比努斯：《摘要》第 2 卷，1 = 第 67 页，20 [Louis] = 第 167 页，10 [Hermann]）；以及普鲁塔克《哲人们的学说》，884F（《希腊学述》，321A10—11），普罗克洛斯：《论柏拉图的〈蒂迈欧〉》卷 1，页 415，18—20 [Diehl]）。

⑧ 参见普鲁塔克《筵席会饮》，719E（... τοῦ λόγου καταλαμβάνοντος αὐτήν... [理性会抓住它]）以及上文 1001B—C。

像，[1007D] 宇宙是神的本质①的影像，而时间是神的永恒运动的影像，② 正如在生成的领域之中，宇宙就是神。③ 因此，他说，④ 由于它们是一起生成的，所以如果消亡的话，它们还将一起消亡，因为一切生成者都离不开时间而存在，正如理智无法离开永恒，如果后者稳定持存，而前者不会在生成中就消解的话。⑤ 因此，由于时间必然与天交织和结合，时间就不仅是运动，正如已经说过的，而是有序的运动，这种运动有着尺度、终点和循环周期。由于太阳是监察者和守望者，太阳规定、判断、[1007E] 宣布、展示运动和季节，根据赫拉克利特，⑥ 季节带来了万物；而且太阳还是主宰的首位神⑦的助手，不是在琐碎微小的事情方面，而是在最大的和最紧要的事情方面。

---

① 这就像普鲁塔克《哲人们的学说》，881A（《希腊学述》，229A11 – 12）一样，表现出对《蒂迈欧》92c7 的一种曲解，把那里读为 ποιητοῦ 而不是 νοητοῦ（尽管后者得到了《论伊希斯与俄赛里斯》373B 的暗示），而这又可能得到对《蒂迈欧》29e3 的曲解的支持（参见普鲁塔克《论神的惩罚的延迟》，550D 和《论〈蒂迈欧〉中灵魂的诞生》，1014B）；但是，这也可能是指，由于 γένεσις［生成］是 εἰκὼν οὐσίας ἐν ὕλῃ（存在于质料中的表象）（《论伊希斯与俄赛里斯》，372F），于是，如果正如普鲁塔克接着认为的，宇宙是 γένεσις 领域中的神的话，那么，宇宙所表象的神就一定是在 οὐσία［存在］领域中的神。

② 参见普鲁塔克《蒂迈欧》，37d5—7。普鲁塔克本人在《论神谕的衰微》422B—C 将永恒指派给诸理念（περὶ αὐτὰ τοῦ αἰῶνος ὄντος οἷον ἀπορροὴν ἐπὶ τοὺς κόσμους φέρεσθαι τὸν χρόνον［环绕着它们的是永恒，时间从这里被带给诸世界］）；参见阿尔比鲁斯《摘要》第 14 卷，6（第 85 页，5—6［Louis］ = 第 170 页，21—23［Hermann］）。

③ 参见柏拉图《蒂迈欧》，34a8—b1 和 b8—9，92c4—9，以及《克里提亚》，106a3—4（这是普鲁塔克在《论〈蒂迈欧〉中灵魂的诞生》1017C 引用的段落之一）。

④ 柏拉图《蒂迈欧》，38b6—7。

⑤ 参见柏拉图《蒂迈欧》，27d6—28a4 和 38c1—3。

⑥ 赫拉克利特，辑语 B100（D. – K. 和 Walzer）= 辑语 34（Bywater）及 G. S. Kirk《赫拉克利特：宇宙论辑语》(*Heraclitus*: *The Cosmology Fragments*)（Cambridge, 1954），第 294—305 页。

⑦ 参见 τὸν ἀνωτάτω θεόν（最高的神）（上文 1000E［问题二开始处］）。

| 问 题 九 |

    1. 在《理想国》中，① 在谈及灵魂诸能力时，柏拉图很好地将理性、血气和欲望的和谐比作中间的、最上的和最下的弦的和谐；② 有人会问，他是将血气还是将理性放在中间？因为在这段话中，他对此并没有明说。的确，根据各部分的位置顺序来看，[1007F] 血气被放在了中间，理性被放在了最上面。因为，古人将高处（above）和首位（first）称作最上面的（topmost），③ 克塞诺克拉底（Xenocrates）称位于不变的和同一的事物中的宙斯是最高的，而"月下的宙斯"是最低的（nethermost），④ 早些时候的荷马称"统治者的统治者"的神是主人

---

    ① 参见柏拉图《理想国》，443d5—7。
    ② 在音阶中，最低音高的音调被称作"最上的"（弦）；而音阶的八度音，也即最高的音调则被称作"最下的"：参见尼各马科斯《音乐指南》（Harmonices Manuale），3（《希腊音乐文稿》[Musici Scriptores Graeci]，第 241 页，19—23 [Jan]）；士麦纳的忒昂，第 51 页，12—14（Hiller）；卡尔基狄乌斯：《柏拉图的〈蒂迈欧〉》（Platonis Timaeus），第 111 页，7—11（Wrobel）= 第 93 页，8—11（Waszink）；以及普鲁塔克《论〈蒂迈欧〉中灵魂的诞生》，1021A。
    ③ 参见[亚里士多德]《论宇宙》，379b24—26；阿里斯提德斯·昆体良（Aristides Quintilianus）：《论音乐》（De Musica）第 1 卷，6（第 8 页，8—9 和 27—28 [Winnington-Ingram]）。
    ④ 克塞诺克拉底，辑语 18（Heinze）。"最低的宙斯"是冥府的宙斯或者哈德斯（参见埃斯库罗斯《乞援人》，156—158 和 230—231 [以及 E. Fraenkel 论《阿伽门农》1386—1387]）；欧里庇得斯，辑语 912，1—3 和 6—8 [Nauck：《古希腊悲剧辑语》，第 655 页]；泡赛尼阿斯，第 2 卷，24.4，普罗克洛斯：《论柏拉图的〈克拉底鲁〉》[In Platonis Cratylum]，第 83 页，24—第 84 页，1 [Pasquali]，然而，这位宙斯的领地绝非仅仅位于地下，而是宇宙的全部月下区域参见普鲁塔克《论月面》，942F 和 943C；P. Boyancé [转下页注]

中最高者。<sup>①</sup>［1008A］自然也将最上面的空间给最强者，让理性就像舵手一样居于头部，而让欲望离得远远地居于最低。<sup>②</sup>因为位置低下的就被称作"下界"（nethermost），正如人们对住在冥府的死者们的称呼所显示的，他们被称为"下界的和阴间的"；有些人说从下界的不可见之地吹出来的风被称作"雨风"。既然最末和最先之间、最低和最高之间的对立也正是欲望和理性之间的关系，那么，理性就不可能在占据首位的同时又让别的某个部分成为最高的。［1008B］那些因为理性的主导权威<sup>③</sup>而让其处于中间位置部分的人没有认识到，他们正在取消最高部分的更有权威的能力，这个位置不适宜于血气和欲望，因为这二者乃是

---

［接上页注］《西塞罗笔下柏拉图的星辰宗教》［La religion astrale de Platon à Cicéron］，刊于 *Revue Études Grecques*，第 65 卷［1952］，第 334—335 页；Burkert，前揭，第 334—346 页）。至于"最高的宙斯"，克塞诺克拉底可能是指"元一"（monad），据说他给元一的位置是 ἐν οὐρανῷ（在天上）统治之父，他称为宙斯和 νοῦς，将之视作 πρῶτος θεός（第一位的神）（辑语 15［Heinze］=《希腊学述》，页 304B1—7）。为了建立目前这个段落（辑语 18）与辑语 15 和 5 之间的严格对应，人们必须假定克塞诺克拉底还安置了一位 Ζεὺς μέσος（中间的宙斯）（参见 A. B. Krische《希腊思想家的神学学说》［*Die thologischen Lehren der griechischen Denker*］［Göttingen，1840］，第 324 页；H. J. Krämer《精神形而上学的起源》［*Der Ursprung der Geistmetaphysik*］［Amsterdam，1964］，第 37 页，注释 58 和第 82 页，注释 209；H. Happ：《Parusia：赫尔施伯格纪念文集》［*Parusia：Festgabefür Johannes Hirschberger*］［Frankfurt am Main，1965］，第 178 页，注释 101）；而且，他已经这么做了，在这个语境下，普鲁塔克不可能忽略提及这一点。《筵席会饮》745B 说，德尔斐诺缪斯是根据各自所守护的宇宙区域而被称为 Ὑπάτη（最上），Μέση（中间）和 Νεάτη（最下），而不是——如肯索尼斯（Censorinus）所认为的（辑语 12＝第 65 页，13—15［Hultsch］）——根据音乐的音调或琴弦；但是，即便这个段落源自克塞诺克拉底（Heinze：《克塞诺克拉底》，第 76 页），后者也可能只是根据宙斯的两个广为人知的方面而将其称作 ὕψιστος（至高无上的）宙斯"和"χθόνιος（冥府的）宙斯"（参见泡赛尼阿斯，第 2 卷，2，8）。

① 荷马：《伊利亚特》第 8 卷，31 行，《奥德赛》第 1 卷，45 行和 81 行，以及第 24 卷，473 行。

② 来自于柏拉图《蒂迈欧》，44d 和 69d6—71a3（注意 70e6—7），但是理性作为舵手的形象源自《斐德若》247c7—8；参见阿尔比鲁斯《摘要》，23（第 111 页［Louis］＝第 176 页，9—19［Hermann］）和阿普列乌斯《论柏拉图》（*De Platone*），1.13（第 97 页，2—12［Thomas］）和犹太的斐洛（Philo Judeaus）：《寓意解经》（*Legum Allegoriae*）第 3 卷，115—118（第 1 卷，第 138 页，27—第 139 页，17［Cohn］）。

③ 参见下文 1009A。

自然地被统治和服从的，而非进行统治或者引导理性的。① 根据它们的自然本性，可以更清楚地看出血气在位置上处于它们的中间。② 实际上，如果根据自然，理性统治，而血气则被统治，当血气服从理性时，血气便在欲望违背理性时主宰并惩罚欲望。③ 正如在字母中，半元音由于比默音字母的音多而比［1008C］元音字母的音少，其便位于默音字母和元音中间，④ 同样，在人的灵魂之中，血气并不纯是情感性的，而是经常对美好者有某种意象，⑤ 尽管它混合了非理性的东西，即复仇的渴望。⑥ 当柏拉图本人将灵魂的样式比作一对同轭之马和驭马者时，⑦ 正如所有人都清楚的那样，他是将理性描述为驭马者，将欲望描述为那匹总是不服从、不驯服的马，它蓬松的毛发绕着耳朵，对于鞭子和刺棒⑧装聋作哑，绝不服从；而血气之马在大部分时候都易于被理性驾驭

---

① 参见普鲁塔克《论伦理德性》，442A，柏拉图：《理想国》，441e4—442d1；《论伦理德性》442C 及亚里士多德《尼各马可伦理学》，1102b25—31，《优台莫伦理学》，1219b28—31，扬布里科：《劝勉篇》（Protrepticus），第41页，20—22（Pistelli）。
② 迄今为止的论证的主要诉诸的是 ὕπατον（最上）和 νέατον（最下）的含义，现在则转而诉诸灵魂各部分的自然本性了；但是其目的依旧是要证明血气部分在位置上是三者中的中间位置。
③ 参见普罗克洛斯《论柏拉图的〈理想国〉》第1卷，第211页，7—第212页，20（Kroll）和斯托拜俄斯《古语汇编》第1卷，49，27（第355页，10—12［Wachsmuth］）；对于血气的特征，参见柏拉图《理想国》，441e5—6 和《蒂迈欧》，70a2—7。
④ 参见普鲁塔克《筵席会饮》，738D—E；柏拉图：《菲丽布》，18b8—c6（τά τε ἄφθογγα καὶ ἄφωνα…καὶ τὰ φωνήεντα καὶ τὰ μέσα［默音字母和辅音字母……以及元音字母和中间字母］），对观《克拉底鲁》，424c5—8 和《泰阿泰德》，203b2—7。
⑤ 参见 ὁ θυμὸς ὑπερορᾷ μὲν σώματος εἰς ἀσώματον δὲ ἀγαθὸν βλέπει τὴν τιμήν（血气凝视身体中的非身体部分，渴求美好的荣誉）（普罗克洛斯：《论柏拉图的〈理想国〉》第1卷，第235页，16—18［Kroll］及第1卷，第211，25—26 和第225页，27—30，以及第226页，13—17［Kroll］）。
⑥ 参见 ὄρεξις τιμωρητική（复仇的冲动）（普罗克洛斯：《论柏拉图的〈理想国〉》第1卷，第208页，14—18［Kroll］）和 τὸ ἀντιλυπήσεως ὀρέγεσθαι（渴望报复痛苦）（同上），以及普鲁塔克《论伦理德性》，442B（ὄρεξιν ἀντιλυπήσεως［渴求报复痛苦］）和亚里士多德《论灵魂》，403a30—31。
⑦ 柏拉图：《斐德若》，246a6—7。
⑧ 同上书，253e4—5。

并与理性结盟。<sup>①</sup> 因此，正如双马拉的车一样，[1008D] 在德性和能力上处于中间的不是驾驭者，而是比驾驭者更差但是比同轭的马更好的马，因此，在灵魂中，柏拉图没有将中间位置分配给统治部分，而是分配给了那个其激情要比第三部分少但要比第一部分多，并且其理性要比第三部分多却比第一部分少的部分。事实上，这个顺序确保了比例的和谐，血气对理性就像最高弦对第四弦，血气对欲望就像最低弦对第五弦，理性对欲望就像最高的弦对最低的弦，即全协和音；<sup>②</sup> 但是，如果我们将理性放在中间的话，[1008E] 它就会使血气更加远离欲望，而由于血气与欲望相似，有些哲人认为它们是一种东西。<sup>③</sup>

2. 或者，让位置具有首要的、中间的和最末的地位的分配，本身是荒谬的，要看到，虽然最高弦在里拉琴中是最上的和第一的，但在奥

---

① 在《斐德若》247b2，神的工具被称为 εὐήνια（易驾驭的），在《理想国》441e5—6，灵魂的血气部分的特征是 ὑπήκοον καὶ σύμμαχον λογιστικῶ（听从理性并与理性结盟）；但是在《斐德若》中，这个术语并不用在更高贵的马上，尽管此马据说是 εὐπειθὴς τῷ ἡνιόχῳ（服从驭马者的）（《斐德若》, 254a1）而且仅仅盼附一下（κελεύσματι μόνον καὶ λόγῳ）就听从（253d7－e1）。

② 普罗克洛斯（《论柏拉图的〈理想国〉》第 1 卷，第 212 页，26—第 213 页，16 [Kroll]）同样将血气部分安排在中间；但是，根据他的看法，血气部分对于理性部分的关系是第五弦，而血气部分与欲望部分的关系是第四弦，这意味着欲望部分是 ὑπάτη（最低弦），而理性部分是 νήτη（最高弦）（参见普鲁塔克《论〈蒂迈欧〉中灵魂的诞生》, 1019D—E），对此的论证是，尽管这种看法使得血气和理性部分之间的距离要比血气和欲望之间的大，但这种说法还是保留了血气与理性之间更大的和谐，第五弦要比第四弦更和谐。然而，在别处，在理智、灵魂和身体的神圣 ἁρμονία（和谐）中，σῶμα（身体）才是 νήτη，而对于灵魂的 μέση（中间弦）而言，νοῦς 才是 ὑπάτη（普罗克洛斯:《论柏拉图的〈理想国〉》第 2 卷，第 4 页，15—21 [Kroll]）。

③ 参见普鲁塔克《论伦理德性》, 442B（Ἀριστοτέλης... τὸ μὲν θυμοειδὲς τῷ ἐπιθυμητικῷ προσένειμεν ὡς ἐπιθυμίαν τινὰ τὸν ὄντα... [亚里士多德……后来将血气归于欲望部分，因为血气也是一种欲望……]）。普鲁塔克在此想到的是一种如同《早期斯多亚学派辑语》第 3 卷的辑语 396 那样的分类，但这种情况不太可能，Hubert 提到了这种分类，这尤其是因为他强调斯多亚学派学说的特征在于否认 τὸ παθητικὸν καὶ ἄλογον（激情部分和非理性部分）不同于 τὸ λογικόν（理性部分）（普鲁塔克:《论伦理德性》, 441C—D 和 446F—447A,《动物有理智吗?》[De Sollertia Animalium], 961D,《论柏拉图〈蒂迈欧〉中灵魂的诞生》, 1025D）。

洛斯琴中却是最低的和最末的,① 而无论中间弦被分配在里拉琴的什么地方,只要同样调好,就会发出比最高弦还要高但比最低弦还要低的音。② 因为,虽然眼睛并非在各种动物身上都处于相同的位置;但无论眼睛被自然地放在各动物的任何地方,它都同样自然地可以观看。③ [1008F] 正如教师尽管走在后面而不是前面,他还是被说成是在引路,而特洛伊的将军:

　　一会儿出现在队伍最前列
　　一会儿又隐入队伍的后列里,指挥其前进,④

但在任何位置上,他都是第一的并拥有首要权能,同样,灵魂的各部分不应受到位置的限制,也不应受到名称的限制,相反,[1009A] 应该对灵魂各部分的能力和比例进行检查。事实上,在人的身体中,理性碰巧被安放在第一的位置上;理性拥有第一和最有权威的力量,欲望正如中间弦对最高弦,而血气则正如中间弦对最低弦。因此,理性放松和拉紧它们,通过清除二者中的过度并且阻止它们彻底放松,陷入沉睡,从而使得它们整体上和谐一致,⑤ 因为,节制和适度⑥都是按照中道来定

---

① 参见波斐利的《论托勒密的〈音乐学〉》(*In Ptolemaei Harmonica*) 第 34 页, 22—28 (Düring) 所引用的 Aelian Platonicus。

② 参见普鲁塔克《论伦理德性》, 444E—F; 亚里士多德:《物理学》, 224b33—34; 卡尔基狄乌斯:《柏拉图的〈蒂迈欧〉》(*Platonis Timaeus*), 第 106 页, 13—17 (Wrobel) = 第 89 页, 10—14 (Waszink)。

③ 参见普鲁塔克《论月面》, 927D—928B。

④ 荷马:《伊利亚特》第 11 卷, 64—65 行。

⑤ 参见普鲁塔克《论伦理德性》, 444C; 柏拉图:《理想国》, 441e9—442a2。

⑥ 参见柏拉图《菲丽布》, 64e6 (μετριότης καὶ συμμετρία [恰当与适度]) 和 66a6—b1 (普鲁塔克在《论德尔斐神庙的 E》391C—D 进行了总结), 在此, τὸ μέτριον (中道) 要先于 τὸ σύμμετρον (适度)。

义的①——更确切地说，理性能力的目的就是在情绪中产生中道，② 这种中道被称为神圣的结合，［1009B］因为它能结合极端与比例，也能通过比例结合彼此。③ 对于双马拉的车而言，较好的拉车之马不会位于中间，驾驭马车的人也一定不能走极端，而要采纳马的迅速和缓慢之间的中道，正如理性的能力一样，理性会抓住非理性地运动的激情，让它们在自己的周围和谐一致，使它们达到节制，④ 这是一种不足与过度之间的中道。⑤

---

① 参见阿尔比鲁斯《摘要》，30.6（第151页，4—7［Louis］= 第184页，27—30［Hermann］）。

② 参见普鲁塔克《论伦理德性》，443C—D（…τοῦ λόγον … ὅρον τινὰ καὶ τάξιν ἐπιτιθέντος αὐτῷ καὶ τὰς ἠθικὰς ἀρετάς, … συμμετρίας παθῶν καὶ μεσότητας, ἐμποιοῦντος［理性……对其施加某种限制和秩序，产生各种伦理德性……激情的恰当比例与尺度]）以及444C（…ἐμποιεῖ τὰς ἠθικὰς ἀρετὰς περὶ τὸ ἄλογον…μεσότητας οὔσας［在非理性中注入伦理德性……也就是恰当的比例]）。

③ 参见普罗克洛斯《论柏拉图的〈蒂迈欧〉》第2卷，第22页，22—26（Diehl）：τοῦτο γάρ ἐστι δι' οὗ πᾶσα ἀναλογία συνέστηκε, συνάγον τοὺς ἄκρους κατὰ τὸν λόγον καὶ διαπορθμεῦον τὸν λόγον ὑπὸ τῆς δυνάμεως ἐπὶ τὴν λοιπήν…δι' αὐτοῦ γὰρ ἡ ἀναλογία συνδεῖ τοὺς ἄκρους（这就是所有比例都因之而结合的中道，其根据理性而将极端结合起来，并且凭其能力将理性传递到别的事物当中……因为比例借助中道可以将极端结合在一起）。

④ 参见《论伦理德性》，444B，445A。

⑤ 参见［柏拉图］《定义集》（Definitions），445a4（μέτριον τὸ μέσον ὑπερβολῆς καὶ ἐλλείψεως［中道就是极端与不足的中间]）；亚里士多德：《论动物部分》（De Part. Animal），652b17—19 和《政治学》1295b4；普鲁塔克：《论德性进步》，84A（…εἰς τὸ μέσον καθίστασθαι καὶ μέτριον［位于中间和中道状态]）。

# 问题 十[①]

1. 为什么柏拉图说言说（speech）是名词和动词的混合？[②] 因为除了这两个之外，柏拉图似乎并未提到言说的其他部分，然而，荷马却不管不顾地［1009C］将所有这些部分都扔进一行诗中：

> 但我却要亲自去到你的帐篷里拿走战礼，
> 好让你知道我比你强大。[③]

这句诗中有代词、分词、名词、动词、介词、冠词、连词和副词，[④]

---

[①] J. J. Hartman 在 *De Avondzon des Heidendoms*（Leiden，1910），第 2 卷，第 22—30 页翻译并探讨了这个问题，A. von Mörl 在《大秩序》（*Die Grosse Weltordnung*）（Berlin/Wine/Leipzig，1948）第 2 卷第 85—89 页翻译了这个问题的部分内容；O. Göldi 在《普鲁塔克的语言旨趣》（*Plutarchs Sprachliche Interessen*）（博士论文，Zürich，1922），第 2—10 页对这个问题进行了详细评论。

[②] 柏拉图：《智术师》，262c2—7；参见《克拉底鲁》，425a1—5 和 431b5—c1，《泰阿泰德》，206d1—5 和《第七封信》，342b6—7 和 343b4—5；O. Apelt：《柏拉图的智术师》（*Platonis Sophista*）（Lipsiae，1897），第 189 页和 F. M. Cornford：《柏拉图的知识论》（*Plato's Theory of Knowledge*）（London，1935），第 307—308 页。

[③] 荷马：《伊利亚特》第 1 卷，185 行。

[④] 对于言说的这八个部分，参见忒拉克斯的狄奥尼索斯（Dionysius Thrax）《文法之艺》（*Ars Grammatica*），§11（第 23 页，1—2 [Uhlig]）。正如这句荷马式的诗中包含了言说的所有部分一样，文法学家们还援引了《伊利亚特》第 22 卷，59 行（《忒拉克斯的狄奥尼索斯〈文法之艺〉注》［*Scholia in Dionysii Tracis Artem Grammaticam*］，第 58 页，13—19 和第 357 页，29—36 [Hilgard]；欧斯塔提乌斯 [Eustathius]：《荷马〈伊利亚特〉注疏》[ *Commentarii ad Homeri Iliadem* ]，1256，60—61）；在此，名词是 δύστηνον，形容词（在更古老的文法中则是"名词形容词"［参见《牛津英语词典》，词条"名词"，3]）曾经被认为是名词，ὄνομα ἐπίθετον（名词形容词）（忒拉克斯的狄奥尼索斯，前揭，§12 [第 33 页，1 和第 34 页，3—第 35 页，2]，对观《忒拉克斯的狄奥尼索斯〈文法之艺〉注》，第 233 页，7—33 和第 553 页，11—17；参见 H. Steinthal《希腊和罗马语言学史》（*Geschichte der Sprachwissenschaft bei den Griechen und Römern*），第 2 卷 [Berlin，1981]，第 251—256 页）。

后缀的"朝向"(ward)被放在了介词"去到"(to)的位置上,"去到帐篷"(tentward)这个说法和"去到雅典"(Athensward)是一样的。①那么,柏拉图对此会怎么说呢?

或者,[柏拉图所讲的乃是]古人所谓的"一阶言说"(primary speech,首要语句)②?古人称其为"宣称"(pronouncement),如今则被称为"命题"(proposition),③这是真假首先出现之处。④言说由名词和动词构成,辨证学家们称前者为主词[1009D],后者为述词。⑤当

---

① 参见《通用语源学辞典》(*Etymologicum Magnum*),761.30—32 和 809.8—9(Gaisford),对于将 μόριον 视作"前缀"或"后缀",参见 141.47—52。

② 柏拉图:《智术师》,262c6—7 和 9—10;参见阿莫里乌斯《论解释》(*De Interpretatione*),第 67 页,20—23 和第 78 页,19—第 79 页,9。

③ 参见[阿普列乌斯]《论解释》(Περὶ ἑρμηνείας),第 1 卷(第 176 页,15—第 177 页,2 [Thomas]);盖伦:《逻辑学初步》(*Institutio Logica*)第 1 卷,5(及 J. Mau 在此处的注释,《盖伦〈逻辑学初步〉》(*Galen, Einführung in die Logik*)[Berlin, 1960],第 3—4 页);以及普罗克洛斯《欧几里得〈几何原本〉卷一注疏》,第 193 页,18—第 194 页,4 (Friedlein)。对于 πρότασις 用作一般意义上的"命题",参见阿尔比鲁斯《摘要》第 6 卷,1 和 3 (第 29 页,1—4 和 19—20 [Louis] = 第 158 页,4—7 和 21—22 [Hermann])和亚里士多德本人(《前分析篇》,24a16—17 及亚历山大,《前分析篇》,第 44 页,16—23);而对于作为斯多亚学派术语的 ἀξίωμα(命题),除了参见刚才援引的普罗克洛斯之外,还参见阿普列乌斯和阿莫里乌斯,都写过《论解释》,第 2 页,26 和 Mates《斯多亚学派逻辑学》(*Stoic Logic*),第 27—33 页和第 132 页的词条 ἀξίωμα。

④ 柏拉图:《智术师》,262e8—9 和 263a11—b3;参见[阿普列乌斯]《论解释》,第 4 卷(第 178 页,1—7 [Thomas])阿普列乌斯《论解释》,第 18 页,2—第 22 页和第 26 页,31—第 27 页,4。斯多亚学派的学说可表达为,每种命题都或对或错(Mates:《斯多亚学派逻辑学》,第 28—29 页)。

⑤ 参见[阿普列乌斯]《论解释》,第 4 卷(第 178 页,12—15 [Thomas]);马提阿努斯·卡佩拉(Martianus Capella),第 4 卷,393;以及 Mates《斯多亚学派逻辑学》,第 16—17 页及注释 34—41 和 25 页及注释 78—91,注意第欧根尼·拉尔修的第 7 卷 58 与普鲁塔克的陈述之间的区别(Mates,第 16 页,注释 34);而对于此处普鲁塔克使用的 πτῶσις(主词),除了参考塞克斯都的《反博学家》第 11 卷,29(Mates,页 17,注释 40)之外,还参考亚历山大里亚的克莱门忒《杂篇》第 9 卷,26.4—5,被 Pearson(《辑语》,页 75)援引,关联于斯托拜俄斯的《古语汇编》第 1 卷,23.3(第 137 页,3—6 [Wachsmuth])=《早期斯多亚学派辑语》第 1 卷,第 19 页,24—26。和下文 1011A 和 1011D 一样,目前段落中的 οἱ διαλεκτικοί(辨证学家们)指的是斯多亚学派(参见奥卢斯·格里乌斯[Aulus Gellius],第 16 卷,8.1 和 8;塞克斯都:《皮罗学说概要》第 2 卷,146 和 247,《反博学家》第 3 卷,93,西塞罗:《论学园派》第 2 卷,97)。

听到"苏格拉底搞哲学",又听到"苏格拉底飞翔"时,我们不用询问其他任何事情就可以说,前者是正确的,后者是错误的。① 另外,有可能人最先想要言说和清晰地发声,② 就是为了向别人清晰地指出和表明行动、行动的施动者和受动者以及行动的遭遇。那么,既然我们通过动词清晰地表达了施动和受动,又通过名词表达了施动者和受动者,正如柏拉图自己说过的;③ 那么,看来这些词(动词和名词)有所指,而有人会说,其他的词类就无所指,而是就像演员的[1009E]呻吟和呼喊那样;而且事实上,凭宙斯之名,微笑和沉默经常会使得言说更加有表达力,但这并不像动词和名词那样指示任何东西,而只有一些修饰言说的附加能力,正如字母发音被那些呼气和送气以及发音的长短变化所修饰,④ 尽管这些只不过是字母发音的偶然属性和变化而已,⑤ 正如古人

---

① 柏拉图:《智术师》,263a8—b3。
② 即在言说意义上的 λόγος。参见《动物有理智吗?》,973A(προφορικοῦ λόγου καὶ φωνῆς ἀνάρθρου[理性的发音和清晰的发声])及《早期斯多亚学派辑语》卷2,页43,18—20(τῷ προφορικῷ λόγῳ = ἐνάρθρους φωνάς[但在《早期斯多亚学派辑语》卷3,页215,35—36则是ἡ σημαίνουσα ἔναρθρος φωνή(发音清晰的声音),对此参见《早期斯多亚学派辑语》,卷2,辑语143]);以及《论〈蒂迈欧〉中灵魂的诞生》,1026A(λόγος δὲ λέξις ἐν φωνῇ σημαντικῇ διανοίας[言说就是发出指涉思想的声音])。
③ 柏拉图:《智术师》,262a3—7,b6和b10—c1;但是柏拉图在此处只说动词和名词指出了 πράξεις(行动)和 πράττοντες(所为)。关于普鲁塔克以 πράγματα取代 πράξεις,参见《忒拉克斯的狄奥尼索斯〈文法之艺〉注》,第215页,28—30(Hilgard);丢斯科鲁斯的阿波罗尼乌斯(Apollonius Dyscolus),《论谋篇》(De Constructiones)第1卷,130和第3卷,58(第108页,11—14和第323页,9—第324页,9[Uhlig])。
④ τὰ πνεύματα 是两种"送气"(breathings),δασὺ καὶ ψιλόν(送气和不送气)(参见忒拉克斯的狄奥尼索斯〈文法之艺〉增补第1卷,第107页,4[Uhlig],关于这种标志就是简单音,参见《忒拉克斯的狄奥尼索斯〈文法之艺〉注》,第187页,26—第188页,21和第496页,11—13[Hilgard];但是 τὰ δασύτητας指的是送气字母 θ,φ,χ(参见忒拉克斯的狄奥尼索斯〈文法之艺〉,§6,第12页,5[Uhlig];塞克斯都:《反博学家》第1卷,103;普里西安(Priscian),《文法初步》(Institutiones Grammaticae)第1卷,24—25 = 第1卷,第19页,3—8[Hertz])和 ἐκτάσεις τε καὶ συστολὰς ἐνίων(某些发长音和发短音),以此区分 η 和 ε,以及 ω 和 o(参见塞克斯都《反博学家》第1卷,115)。
⑤ 参见《忒拉克斯的狄奥尼索斯〈文法之艺〉注》,第496页,19—24(Hilgard)。

所表明的，他们为了充分表达自己，甚至用十六个字母进行书写。①

2. 其次，要小心体察，以免我们注意不到柏拉图的意思。[1009F] 即，言说出于动词和名字的混合（a blend of），而不是经由动词和名字的混合（is blended by means of），否则我们会像有些人那样，当听说药物是蜡和古蓬香胶的混合时，他们便挑剔道：还缺少火和容器，因为没有这些的话，药物就无法混合；同样，我们会反对说柏拉图忽视了连词和介词以及类似的东西，因为，言说并不是出于它们，而是——如果一定要说的话[1010A]——经由它们而非没有它们——而混合出的。因为一个人在说出"打"或者"被打"，以及"苏格拉底"或"毕达戈拉斯"时，多少提出了一些可被理解和思考的东西，而当仅仅说出"的确"（indeed），或者"因为"（for），或者"关于"（about）时，却没法让人获得关于某种行为或者物体的认识；② 相反，除非这些表达与名词和动词一齐说出，否则它们就像是空洞的声音和噪声。因为，它们并未凭借自身而自然地指示什么东西，它们彼此的结合也不指示什么；如果我们将连词、冠词和介词结合或混合，试图从它们之中产生某种共同之物的话，我们就似乎是在胡言乱语，[1010B] 而不是在说话。然

---

① 参见普鲁塔克《筵席会饮》，738F；法勒昂的德米忒里乌斯（Demetrius of Phaleron），辑语96（Wehrli）；瓦罗：《论古代文学》（De Antiquitate Literarum），辑语2（Funaioli，《罗马文法辑语》[Grammaticae Romanae Fragmenta] 第1卷，第184页；对于L. Cincius，辑语1和Cn. Gellius，辑语1，参见第2页和第120页）；普林尼：《自然史》第7卷，192；塔西佗：《编年史》第11卷，14；《忒拉克斯的狄奥尼索斯〈文法之艺〉注》，第34页，27—第35页，13和第184页，7—12和第185页，3—7（Hilgard）。

② 短语 σῶμα ἢ πρᾶγμα σημαῖνον（指向物体或行为）还出现在忒拉克斯的狄奥尼索斯对 ὄνομα（名词）的定义之中，《文法之艺》，§12（第24页，3—4 [Uhlig]）。然而，由于普鲁塔克视动词和名词为相反的例子（counter-examples），此处的 πράγματος 的含义可能是在前文1009D处 τὰ πράγματα 意义上的；参见哈利卡纳苏斯的狄奥尼索斯（Dionysius Hallicarnassus）：《论言说的构成》（De Compositione Verborum）第12卷，69—70（第46页，21及以下 [Usener-Radermacher]），ᾧ συμαίνει τι σῶμα ἢ πρᾶγμα（借之指涉某种物体或行为），在此处之前的 οὔτε ὄνομα οὔτε ῥῆμα（既不是名词也不是分词）（前揭，第46页，18）暗示了 πρᾶγμα 的含义是"行为"而不是"事务"。将 σῶμα 用作一般意义上的"物体"（object），这反映了斯多亚学派的学说，即所有的施动者（agent）和受动者（patient）都是物体性的。

而，动词与名词结合就会直接产生语言和言说。① 因此，有些人认为唯有这些词（名词和动词）才算是言说的诸部分，这是合理的；② 也许这也是每当荷马说

> 想好如何表达的话并说出来③

的时候，他想要说明的，因为他习惯称动词为"话"（word），就像如下几行中：

> 夫人啊，你刚才的一席话真令我伤心④

以及：

> 你好，外乡大伯，如果我的话有所冒犯，
> 愿风暴立即把它们吹走，把它们吹散。⑤

因为，在说话时，冒犯的或者令人伤心的不是连词，不是冠词，不是介

---

① 柏拉图：《智术师》，262c4—7 和 d2—6。
② 参见［阿普列乌斯］《论解释》，第 4 卷（第 178 页，4—7［Thomas］）；丢斯科鲁斯的阿波罗尼乌斯《论谋篇》第 1 卷，30（第 28 页，6—9［Uhlig］及普里西安《文法初步》第 17 卷，22 = 第 2 卷，第 121 页，21—第 122 页，1［Hertz］）；以及《忒拉克斯的狄奥尼索斯〈文法之艺〉注》，第 515 页，19—第 517 页，32（Hilgard），在此处，这个学说被归于逍遥派（Peripatetics），一些支持的论证也得到的回应（参见普里西安，前揭，第 2 卷，15 和第 11 卷，6—7 = 第 1 卷，第 54 页，5—7 和第 551 页，17—第 552 页，14［Hertz］）。阿莫里乌斯（《论解释》，第 11 页，1—第 15 页，13）给出了一种详细的辩护，在许多像普鲁塔克一样的具体例证中，他在详尽地论及《克拉底鲁》和《智术师》之后，断言柏拉图已经在亚里士多德之先就持有这种看法（《论解释》，第 40 页，26—30；第 48 页，30—32；第 60 页，1—3 和 17—23）。参见亚里士多德《修辞学》，1404b26—27；辛普里丘笔下的忒奥弗拉斯托斯和西冬（Sidon）的波埃修斯（Boethus），《范畴篇》，第 10 页，24—27 和第 11 页，23—25；以及士麦纳的忒昂笔下的阿德拉斯图斯（Adrastus），第 49 页，7—9（Hiller）。
③ 荷马：《伊利亚特》第 6 卷，253 行和 406 行，以及其余各处。
④ 荷马：《奥德赛》第 23 卷，183 行。
⑤ 荷马：《奥德赛》第 8 卷，408—409 行。

词，而是一个［1010C］表达可耻行为或者不当情绪的动词。因此，我们在赞扬或责备诗文时会习惯性地这样说："如此这般使用的名词是'阿提卡式的'（Attic），动词则是'优雅的'"，或者又说是"学究气的"；① 然而，任何人都不会说，欧里庇得斯或修昔底德的语言使用了"学究气的冠词"或"优雅的和阿提卡式的冠词"。

3. "那么，你什么意思？"——有人会说——"对于说话，这些词难道就毫无贡献？"我要说的是，它们的确对言说有所贡献，就像盐对食物、水对大麦饼有所贡献一样。欧埃诺斯（Evenus）甚至说过，火是最好的调料。② 但是，我们不会说水就是大麦面包或小麦面包的一部分，火或盐是沸水和食物的一部分；尽管在我们需要时，我们总是对其有所需要；但与此不同，言说经常都［1010D］不需要这些附加的词。因此，在我看来，这正是如今被所有人使用的罗马话的情况，因为这种言说已经消除了几乎所有介词，只保留了一小部分，③ 还彻

---

① 在这样的表述中，ὄνομα（对 ῥῆμα 也是如此）在一种不同的意义上使用，即 τὸ κοινῶς ἐπὶ πᾶν μέρος λόγου διατεῖνον（普遍地扩展到言说的所有部分中）（参见辛普里丘《范畴篇》，第25页，14—17；《忒拉克斯的狄奥尼索斯〈文法之艺〉注》，第522页，21—28 ［Hilgard］）。

② 欧埃诺斯，辑语10（Bergk：《古希腊抒情诗人集》第2卷，第271页；Edmonds：《哀歌与抑扬格》卷1，页476）。在普鲁塔克的《如何区别谄媚者与朋友》50A和《筵席会饮》697C—D，这个说法被归于欧埃诺斯，但是在《健康良训》（De Tuenda Sanitate）126D，这个说法被归于普罗狄科斯（Prodicus）。

③ 根据Hartman（《论普鲁塔克》，第583页），这是一种错误的概括，其源自拉丁语中并未使用介词来表述地点关系；根据H. J. Rose（《普鲁塔克的〈罗马问题〉》［The Roman Questions of Plutarch］［Oxford, 1924］，第198页），这毋宁说是一种夸张，其得到了当时对古风的和诗化的结构法之喜好的支持，这种喜爱忽视了西塞罗式的文法（Ciceronian grammar）介词；这两种看法或许都部分解释了普鲁塔克的"古怪陈述"，但是也应该记住，希腊人视许多拉丁语"介词"不是介词（普里西安：《文法初步》第14卷，9—10和23＝第2卷，第28页，19—29和第36页，20—37, 6 ［Hertz］）。从一个不同的角度来看，普鲁塔克的看法其实得到了 R. Poncelet 无意中的支持（《柏拉图的译者西塞罗》［Cicéron Traducteur de Platon］［Paris, 1957］），他把拉丁语缺少分析工具的特征描述为"没有冠词，没有介词，没有分词"（pas d'articles, peu de prépostions, peu de participes）（第18页），而且他认为拉丁语的简陋介词系统及其缺少冠词是西塞罗在翻译柏拉图哲学式的希腊语时困难重重的一个主要原因（第52—61页，第105—129页，第139页）。

底不承认冠词,① 却就像没有冠词那样使用名词。这一点也不奇怪,因为荷马也是这样的,他在安排语词②方面超过其他人,他将少数冠词加在名词之上,就像是在并不需要的情况下将柄加在杯子上,或者将羽冠加在头盔上;因此,有人批评③他那些运用了冠词的诗句,比如:

特拉蒙之子、勇敢的埃阿斯心最激动④

以及:

为他建造,好让他去那里隐蔽躲藏⑤

此外还有少数诗句。然而,就其他 [1010E] 数不尽的诗句而言,尽管冠词并未出现,但表达的清晰和高雅并未受损。

---

① 参见昆体良《演说术初步》(*Institutio Oratoria*) 第 1 卷, 4.9;普里西安:《文法初步》第 2 卷, 16 和第 17 卷, 27(第 1 卷, 第 54 页, 13—16 和第 2 卷, 第 124 页, 16—18 [Hertz])。

② 参见德谟克利特, 辑语 B21 (D.-K.) 和泡赛尼阿斯, 第 9 卷, 30.4 和 12。短语 κόσμον ἐπέων(安排语词)还出现在普鲁塔克本人所引用的梭伦的一行诗中(《梭伦传》, 8.2 [82C]);亦见巴门尼德(Parmenides), 辑语 B8, 52 (D.-K) 和科斯(Cos)的斐勒塔斯(Philetas), 辑语 8 [Diehl:《古希腊抒情诗集》[*Anthologia Lyrica Graeca*], 第 211 页) = 10 (Powell:《亚历山大里亚诗集》)。

③ 参见亚里士多德《辩谬篇》(*De Sophisticis Elenchis*), 177b6。

④ 荷马:《伊利亚特》第 14 卷, 459—460 行。Leaf(《〈伊利亚特〉第二卷》, 第 97 页, 关于 458—459 行)称, 460 行处 τῷ 的使用"几乎不是荷马式的"。一般参见《荷马〈伊利亚特〉希腊语注》(*Scholia Craeca in Homeri Iliadem*), Dindorf 编, 第 1 卷, 第 70 页, 10—11 ad B1 和第 339 页, 14—15 ad K1 (ἔστι γὰρ ὁ ποιητὴς παραλειπτικὸς τῶν ἄρθρων [因为这位诗人会故意忽略冠词])。译者按:普鲁塔克的引文是 Αἴαντι δὲ μάλιστα δαΐφρονι θυμὸν ὄρινε τῷ Τελαμωνιάδῃ。

⑤ 荷马:《伊利亚特》第 20 卷, 147 行。对于此处使用的冠词, 参见《荷马〈伊利亚特〉希腊语注》, Dindorf 编, 第 2 卷, 第 199 页, 19—20; Leaf(《〈伊利亚特〉第二卷》, 第 359 页)称这在荷马笔下是很罕见的, 他说"这样的例子仅限于《伊利亚特》的后面篇章中"。译者按:普鲁塔克的引文是 ποίεε, ὄφρα τὸ κῆτος ὑπεκπροφυγὼν ἀλέοιτο。

4. 再者，就动物、工具、武器或者其他任何存在物而言，拿走或夺去属于它们的部分却能使其更漂亮、更有力或更快乐，① 那是不自然的；但是，如果连词被拿走的话，言说通常会拥有一种更充满感情和激动的力量，② 就像如下这样：

抓住一个伤者，又抓住一个未伤的人
再抓住一个死人的双脚拖出战阵，③

还有德摩斯提尼说的："打人者会做许多事情，[1010F] 有些是他的受害者甚至无法向他人诉说的，比如打人者在侮辱、仇恨地打人掴脸时的那种姿态、眼神和音调——这些才是激怒人的东西，它们让不习惯受辱的人丧失理智。"④ 然后又说："但这不是梅狄阿斯（Meidias）了；但是，从今天开始，他说话、辱骂、呼喊。还要选出谁呢？[1011A] 阿纳古鲁斯（Anagyrus）的梅狄阿斯再合适不过了。他为普鲁塔克⑤办事，他知道城邦的秘密，城邦已经容不下他了！"⑥ 为此，联系词省略

---

① 参见《忒拉克斯的狄奥尼索斯〈文法之艺〉注》，第 516 页，37—第 517 页，4（Hilgard）。

② 参见普鲁塔克《论荷马的生平与诗》，40（第 7 卷，第 355 页，20—第 356 页，5 [Bernardakis]）；对于普鲁塔克的《凯撒传》1.3—4 (731F)，参见 R. Jeuckens《凯诺尼亚的普鲁塔克及其修辞学》（*Plutarch von Chaeronea und die Rhetorik*）（Strassburg, 1908），第 162—163 页。

③ 荷马：《伊利亚特》第 18 卷，536—537 行 = [赫西俄德]，《赫拉克勒斯之盾》（*Scutum*），157—158（参见 F. Solmsen《〈伊利亚特〉第 18 卷 535—540 行》[Ilias Σ 535—540]，刊于 *Hermes*，第 93 卷 [1965]，第 1—6 页）。

④ 德摩斯提尼：《演说集》，21.72，"朗吉努斯"（Longinus）（《论崇高》[*De Sublimitate*]，20—21）援引并分析了这个段落，因为其结合了诸多特征，包括联系词省略（asyndeton）；亦参见"演说家"提贝里乌斯（Tiberius Rhetor）：《论样式》（Περὶ σχημάτων），40（《希腊修辞学家》[*Rhetores Graeci*] 第 3 卷，第 78 页，1—4 [Spengel]）。

⑤ 这里提到的"普鲁塔克"是埃莱忒里亚的僭主（参见普鲁塔克《福基翁传》[Phocion]，12—13 [747A—E]）；德摩斯提尼：《演说集》，5.7 [及此处的注释] 和 21.10。

⑥ 德摩斯提尼：《演说集》，21.200。[阿里斯提德]（Aristides）：《修辞学之书》（*Libri Rhetorici*）第 1 卷，28（第 13 页，23—14，1 [W. Schmid]）援引这一段部分内容作为联系词省略的例子。

受到那些修辞学技艺的书写者们极大推崇，但是那些严格按照习惯不忽略常用连词的人则受到责备，因为这些人使得言说呆滞无趣、毫无情感、因缺乏变化而令人疲倦不已。① 辩证法家们尤其需要连词来连接、结合、分离命题，② 正如驭车者需要轭，［洞穴中的］奥德修在库克洛珀（Cyclops）那里需要以柳条将羊群绑在一起③［……］，这不是说连词是言说的一部分，④ 而是说连词是一种用来连接的工具，［1011B］就像其名字所表明的，连词连接的不是［言说的］所有陈述，而是连接那些并非简单的⑤陈述，除非有人认为皮绳是重担的一部分，黏合剂是

---

① 参见德米忒里乌斯（Demetrius）《论风格》（De Elocutione），193—194 和 268—269；"朗吉努斯"：《论崇高》，21；"演说家" 提贝里乌斯，《论样式》，40（《古希腊修辞学家》第 3 卷，第 78 页，11—15［Spengel］）；［西塞罗］：《致赫伦里乌斯》（Ad Herennium），4.41。对于 αἱ τέχναι = "修辞学技艺"，参见伊索克拉底（Isocrates），《驳智术师》（Adv. Sophistas），19（τὰς καλουμένας τέχνας［这些所谓的技艺］）及此处的注。

② 这些论辩法家就是斯多亚学派。这里提及的命题是条件命题（συνημμένον），关联命题（συμπεπλεγμένον），以及析取命题（διεζευγμένον）；它们所需要的 σύνδεσμοι（连词）分别是ὁ συναπτικός（εἰ，如果），ὁ συμπλεκτικός（καί，并且），ὁ διαζευκτικός（ἤτοι，或）；参见第欧根尼·拉尔修，第 7 卷，71—72（《早期斯多亚学派辑语》第 2 卷，辑语 207）；盖伦：《逻辑初步》第 3 卷，3—4 以及第 4 卷，4—6（第 8 页，13—第 9 页，8 和第 10 页，13—第 11 页，12［Kalbfleisch］ =《早期斯多亚学派辑语》第 2 卷，辑语 208 和 217）；以及普鲁塔克《论德尔斐神庙的 E》，386F—387A，《动物有理智吗？》，969A—B，以及《论〈蒂迈欧〉中灵魂的诞生》，1026B—C。

③ 参见《奥德赛》第 9 卷，427 行，以及欧里庇得斯《库克洛珀》，225。

④ 正如斯多亚学派所认为的；参见第欧根尼·拉尔修，第 7 卷，57—58（《早期斯多亚学派辑语》第 2 卷，辑语 147 和第 3 卷，第 214 页，1—2）；《早期斯多亚学派辑语》第 2 卷，辑语 148；《忒拉克斯的狄奥尼索斯〈文法之艺〉注》，第 356 页，13—15 和第 517 页，33—34 及第 519 页，26—32（Hilgard）。波西多尼俄斯撰文反对那些说连词无所阐述、只是连接词语的人（丢斯科鲁斯的阿波罗里乌斯：《论连词》［De Conjunctionibus］，第 214 页，4—8［Schneider］）。

⑤ 甚至是对斯多亚学派来说，连词也只是连接分子命题（molecular proposition），这由两个或三个或更多的原子（简单）命题构成，每一个命题本身又由一个主词和一个述词构成（它们不被任何连词连接）：参见塞克斯都《反数学家》第 8 卷，93—95 和 108—109，（《早期斯多亚学派辑语》第 2 卷，第 66 页，28—37 和第 70 页，36—第 71 页，2）及 Mates《斯多亚学派逻辑学》，第 95—96 页；以及第欧根尼·拉尔修，第 7 卷，68—69 和 71—72（《早期斯多亚学派辑语》第 2 卷，辑语 203 和 207）。

书本的一部分,① 以及发放津贴——凭宙斯之名——是政治管理的一部分,正如德玛德斯(Demades)将看戏津贴称作民主制的黏合剂时所说的。② 再者,什么样的连词能以结合与连接把多种东西造成如此单一的一个命题,就像云石和铁一起熔于火中,浑然一体?但是,云石既不是也没有被说成是铁的一部分;然而,云石这类物体会通过渗入混合之物并与它们融为一体,③ 从而从多样之中产生某种共同的东西。④ [1011C] 但是,说起连词,有些人认为它们并不能使任何东西成为一体(一个),相反,他们相信语言是一种列举,就像一个接一个地列出年度执政官时那样。⑤

5. 剩下的词类中,代词显然是一种名词,不仅是因为其分有了名

---

① 参见[阿普列乌斯]《论解释》,第4卷(第178页,7—11[Thomas]);阿莫里乌斯:《论解释》,第12页,25—第13页,6 和第67页,15—19以及第73页,19—22;辛普里丘:《范畴篇》,第64页,23—25;《忒拉克斯的狄奥尼索斯〈文法之艺〉注》,第515页,19—29(Hilgard)。

② 德玛德斯,辑语13(Baiter-Sauppe:《阿提卡演说家》[*Oratores Attici*]第2卷,315B38—42)=36(De Falco:《演说家德玛德斯》[*Demade Oratore*],第31页)。

③ 尽管普鲁塔克相信这一点,但云石并不与铁熔合,而是提供石灰石,这种石灰石既能与矿石("脉石")中的亚铁矿物结合,也能与燃料的灰烬结合,形成"煤渣"和"矿渣"。[亚里士多德]:《论非凡听觉》(*De Mirabilibus Auscultationibus*),833b24—28 和忒奥弗拉斯托斯:《论石头》(*De Lapidibus*),9(参见H. Blümer《希腊人和罗马人手工业和艺术中的技术与术语》[*Technologie und Terminologie der Gewerbe und Künste bei Griechen und Römern*],第4卷[Leipzig, 1887],第219—220页;A. W. Persson《最早的铁和炼铁》[*Eisen und Eisenbereitung in ältester Zeit*][Lund, 1934],第15—17页;E. R. Caley 和 J. F. C. Richards:《忒奥弗拉斯托斯的〈论石头〉》[*Theophrastus on Stones*][Columbus, 1956],页77)也许提到的就是这种熔合;但是没有一份古代的文本解释了此处给出的过程,尽管提到过炼金过程中使用熔合的目的(参见弗提俄斯[Photius]的阿伽塔基德斯[Agatharchides]《书藏》[*Bibliotheca*],cod. 250,第131—135页[Bekker];普林尼《自然史》,32.60;H. Blümer,前揭,第131—135页)。普鲁塔克在《筵席会饮》660C 和《论冷的原理》954A—B 提到的是炼铁的一个不同阶段;亦参见 H. D. P. Lee《论亚里士多德的〈气象学〉》,383a32—b7(Leob本,页324—329)。

④ 参见上文1010A。

⑤ 试比较:怀疑派论证说陈述或命题是不可能存在的,因为作为陈述或命题的构成部分的各个"表达式"无法共存,它们最多是"继起"的(塞克斯都《反博学家》第1卷,132—138 及《皮罗学说概要》第2卷,109 和《反数学家》第8卷,81—84,132 和136)。

238

词的变格，而且，有些代词①具有明确的指称，一旦它们被说出，就能十分确定地指出对象；我认为当一个言说者说出"苏格拉底"时，会比那个说"此人"的人要更清晰地指出了一个人。②

6. 而至于所谓"分词"，既然分词是动词和名词的混合，③那么分词显然便无法独立存在，④ 正如普通名词的阴性和阳性也无法独立存在一样；⑤［1011D］相反，分词与总是言说的其他部分安排在一起，因为，由于分词的时态，它便近于动词，而由于分词的变格，它便近于名词。再者，辩证家们将这样的词称作"反身代词"（reciprocals），⑥ 因为它们拥有［专有］名词和普通名词⑦的能力，比如明智（reflecting）

---

① 即指示代词（demonstrative）（参见丢斯科鲁斯的阿波罗尼乌斯：《论代词》，第9页，17—第10页，7和第10页，18—26［Schneider］）；《忒拉克斯的狄奥尼索斯〈文法之艺〉注》，第77页，25—第78页，6及第86页，7—13和第260页，21—24。

② 参见塞克斯都《反博学家》第8卷，96—97（《早期斯多亚学派辑语》第2卷，辑语205［第66页，38—第67页，9］）：根据斯多亚学派的看法，Σωκράτης κάθηται（苏格拉底坐下来）位于不确定的 τίς κάθηται（有个人坐下来）和确定的 οὗτος κάθηται（此人坐下来）之间。

③ 参见忒拉克斯的狄奥尼索斯《文法之艺》，§15（第60页，2—4［Uhlig］）；《忒拉克斯的狄奥尼索斯〈文法之艺〉注》，第255页，25—第256页，7（Hilgard）；阿莫里乌斯《论解释》，第15页，2—4。

④ 参见普里西安《文法初步》第11卷，2（第1卷，第549页，3—6［Hertz］），第2卷，16（第1卷，第54页，9—10［Hertz］）；《忒拉克斯的狄奥尼索斯〈文法之艺〉注》，第518页，17—22（Hilgard）。

⑤ 参见《忒拉克斯的狄奥尼索斯〈文法之艺〉注》，第218页，18—第219页，15，尤其是第525页，32—第526页，11（Hilgard）；R. Schneider：《丢斯科鲁斯的阿波罗尼乌斯存稿》［Apllonii Dyscoli Quae Supersunt］第1卷，2（Commentarium Eriticum et Exegeticum in Apollonii Scripta Minora），第24—25页。

⑥ 参见普里西安《文法初步》第11卷，1（第548页，14—第549页，1［Hertz］）。

⑦ 斯多亚学派将 ὄνομα 限制为专有名词，然后专门列出一个被称为 προσηγορία［普通名词］的部分，以此包括普通名词和名词形容词（第欧根尼·拉尔修，第7卷，57—58［《早期斯多亚学派辑语》第2卷，辑语147，和第3卷，第213页，27—31］），然而，文法学家们继续将之称为 ὀνόματα 或者视之为 ὄνομα 的一个次类（忒拉克斯的狄奥尼索斯《文法之艺》，第23页，2—3和第33页，6—第34页，2［Uhlig］及《忒拉克斯的狄奥尼索斯〈文法之艺〉注》，第214页，17—215页，3和第356页，7—23以及第517页，33—第518页，16［Hilgard］）。

对比明智者（reflective），节制（abstaining）对比节制者（abstinent man）。①

7. 介词是就像是柱冠、底座和基础，即不是言说而是言说的附属物。也请考虑一下，介词类似于语词的②一小段和一小片，就像是匆忙书写的人使用的字母的碎片和一点。因为"走进"（incoming）和"走出"（outgoing）分别是［1011E］"走到里面来"（coming within）和"走到外面去"（going without）的简单缩写，"走向前"（foregoing）是"走到前面"（going before）的缩写，"坐下"（undersetting）是"向下坐"（setting underneath）的缩写，当然，这就像人们加快并缩短"投掷石头"（pelting with stones）和"挖屋墙"（breaking into houses）这样的表达时，人们就会说"投石"（stoning）和"穿墙"（housebreaking）。

8. 因此，虽然这些词类的每一个都对言说有所用处，但没有一个是"言说的部分"和基本元素；③ 正如已经说过的，④ 名词和动词是例

---

① 斯多亚学派——对他们而言，只有贤哲才是明智思考者和明智的人，节制者和节制的人——认为ὁ φρονῶν（明智思考者）一定是ὁ φρόνιμος（明智者），ὁ σωφρονῶν（审慎者）一定是ὁ σώφρων（审慎者），他们甚至认为ὁ φρόνιμος 总是ὁ φρονῶν，因为贤哲的德性实践是连续的和不懈的（《早期斯多亚学派辑语》第 1 卷，辑语 216 [第 52 页，25—33] 和 569，第 3 卷，第 149 页，16—18）；然而，他们确实在ὁ φρόνιμος 和ὁ φρονῶν 之间进行了区分（《早期斯多亚学派辑语》第 3 卷，第 64 页，3—5；参见第 3 卷，辑语 244）；而且，在《早期斯多亚学派辑语》第 3 卷辑语 243，克吕西波斯暗示了普通名词和分词之间的不同（普鲁塔克：《论斯多亚学派的矛盾》，1046F—1047A）。

② 此处的ὁ νομᾶτων 一定是一般意义上的含义，因为普鲁塔克接着将写作中的介词称为副词的碎片，而非他所谓的名词的碎片。瓦罗也同样把介词（"praeverbia"）看作是副词（辑语 267，4—7 [Funaioli]：《罗马文法辑语》[Grammticae Romanae Fragmenta]第 1 卷，第 286 页）。

③ 参见阿莫里乌斯《论解释》，第 12 页，27—30，而对于普鲁塔克所加的用以解释μέρος（部分）的στοιχεῖον（元素），前揭，第 64 页，26—27 和《早期斯多亚学派辑语》第 2 卷，辑语 148 [第 45 页，9—11] 及《忒拉克斯的狄奥尼索斯〈文法之艺〉注》，第 356 页，1—4 和第 514 页，35—第 515 页，12（Hilgard）

④ 对于除了名词和动词之外的这六个"言说的部分"——它们出现在《伊利亚特》第 1 卷，185 行，正如上文 1009C 列举的——普鲁塔克已经叙述了所有部分，除了（转下页注）

外,因为它们产生了第一种能有真假之分的结合,这种结合,有的人说是宣称,有的人说是命题,而柏拉图则说是言说。

---

(接上页注)副词($\dot{\epsilon}\pi\prime\rho\rho\eta\mu\alpha$)。关于他对此的忽略,参见斯多亚学派对副词的贬低,τὰἐπιρρήματα οὔτε λόγου οὔτε ἀριθμοῦἠξίωσαν, παραφυάδι καὶἐπιφυλλίδι αὐτὰ παρεικάσαντες(副词既不属于言说,也没有太大价值,它们就像是枝叶和剩余的葡萄)(忒拉克斯的狄奥尼索斯:《文法之艺》,第 356 页,15—16 和第 520 页,16—18 [Uhlig]),有关他们对副词的处理,参见 M. Pohlenz《论文集》(*Kleine Schriften*)(Hildesheim, 1965),第 55 页。

# 译名对照表

## A

Achilles　阿喀琉斯
Aeschines　埃斯基涅斯
Aeschra　艾斯克拉
Aeschylus　埃斯库罗斯
Aesop　伊索
Agamemnon　阿伽门农
Agathocles　阿伽托克勒斯
Agave　阿伽弗
Agis　阿吉斯
Aimilius　艾米里俄斯
Ajax　埃阿斯
Alcibiades　阿尔基比亚德
Aleacus　阿尔凯俄斯
Alexander　亚历山大
Alexidemus　阿勒克西德莫斯
Alyattes　阿吕阿忒斯
Amasis　阿玛西斯
Amestris　阿迈斯忒里斯

Ammonius　阿莫里乌斯
Amoebeus　阿莫伊拜俄斯
Amphidamus　安斐达玛斯
Amphitrite　安菲忒里忒
Anacharsis　阿纳喀西斯
Anaxagoras　阿那克萨戈拉
Anaxarchus　阿那克萨科斯
Anticyra　安提库拉
Antigonus　安提戈诺斯
Antipater　安提帕忒
Anytus　安尼托斯
Apelles　阿派勒斯
Aphrodite　阿芙洛狄忒
Apollo　阿波罗
Arcadion　阿卡狄昂
Arcesilaus　阿克西劳斯
Archelaus　阿凯劳斯
Archilochus　阿基洛科斯
Ardalus　阿达洛斯
Arion　阿瑞翁

Aristarchus　阿里斯塔尔科斯

Aristeides　阿里斯忒德斯

Aristippus　阿里斯提珀斯

Ariston　阿里斯通

Aristotle　亚里士多德

Aristodemus　阿里斯托德莫斯

Asapheia　阿萨斐阿

Asclepiades　阿斯克勒皮阿德斯

Asclepius　阿斯克勒皮俄斯

Athamas　阿塔玛斯

Athena　雅典娜

Atlas　阿忒拉斯

Atreus　阿特柔斯

### B

Bathycles　巴图克勒斯

Bias　庇阿斯

Bion　庇昂

Briareus　布里阿柔斯

Briseis　布里塞伊斯

### C

Caeser　凯撒

Callisthenes　喀里斯忒涅斯

Callisto　喀里斯托

Camillus　卡米卢斯

Carneades　卡尔涅德斯

Cato　卡图

Chaerea　卡艾莱

Chalcis　卡尔基斯

Cheiron　克伊农

Chersias　刻尔西阿斯

Chilon　喀隆

Chrysippus　克吕西波

Chthonias　克托尼亚

Cinesias　基奈西阿斯

Cleitus　克雷托斯

Cleobulina　克莱奥布里娜

Cleobulus　克莱奥布洛斯

Crates　克拉忒

Crison　克里松

Critias　克里提阿斯

Croesus　克洛伊索斯

Cronos　科诺诺斯

Ctesiphon　克忒西丰

Cypselus　居普塞洛斯

Cyrus　居鲁士

### D

Demades　德玛德斯

Demeter　德墨忒尔

Demetrius　德墨忒里俄斯

Democritus　德谟克利特

Denaea　德纳艾

243

Deris　德里斯

Diagoras　狄阿戈拉斯

Dicaearchus　狄凯尔科斯

Diocles　狄奥克勒斯

Diogenes　第欧根尼

Diomedes　狄奥墨德斯

Dolon　多隆

### E

Echelaus　厄克劳斯

Electra　厄勒克忒拉

Empedocles　恩培多克勒

Enalus　厄纳洛斯

Epaminondas　厄帕米农达斯

Epicurus　伊壁鸠鲁

Epimenides　厄匹曼尼德斯

Eros　爱若斯

Eucleides　欧克雷德斯

Eumetis　欧迈提斯

Euphorion　欧弗里翁

Euripides　欧里庇得斯

Eurypylus　欧吕皮洛斯

Eustrophus　欧斯忒罗弗斯

Euthydemus　欧绪德莫

Evenus　欧埃诺斯

### F

Fabricius　法布里基乌斯

Fundanus　方达洛斯

### G

Gaius　盖乌斯

Gaius Gracchus　盖乌斯·格拉科斯

Glaucus　格劳科斯

Gorgus　高尔戈斯

Gyges　古格斯

### H

Harmonia　哈摩尼亚

Hecate　赫卡忒

Hector　赫克托耳

Hecuba　赫卡柏

Helen　海伦

Helicon　赫利孔

Heliope　赫利俄佩

Hera　赫拉

Heracles　赫拉克勒斯

Heraclitus　赫拉克利特

Hermolaus　赫墨劳斯

Hesiod　赫西俄德

Hieronymus　希耶罗吕莫斯

Hippocrates　希波克拉底
Homer　荷马

## I

Ion　伊翁
Ismenias　伊斯迈尼阿斯

## L

Laertes　拉埃尔忒斯
Lagus　拉戈斯
Lamprias　兰帕里阿斯
Lesches　莱斯克斯
Leto　勒托
Livia　莉薇娅
Lycurgus　吕库古

## M

Magas　玛伽斯
Marius　马略
Marsyas　马尔苏阿斯
Medius　迈狄俄斯
Megabyzus　迈伽比左斯
Meidias　梅狄阿斯
Melander　米兰德
Melanthius　墨兰提俄斯
Meletus　莫勒图斯
Melissa　墨丽萨

Menedemus　迈涅德莫斯
Menedemus　默涅德莫斯
Merops　迈洛珀斯
Metellus　墨忒卢斯
Metrocles　迈忒洛克勒斯
Midas　米达斯
Mnesiphilus　姆涅西斐洛斯
Molpagoras　摩尔帕戈拉斯
Mucius　穆基俄斯
Musonius　缪索尼俄斯
Myrilus　缪尔西洛斯

## N

Neiloxenus　内洛克塞诺斯
Nemertes　涅墨尔忒斯
Nemphs　涅瑞伊斯
Neobules　列奥布勒斯
Neoptolemus　列奥普托勒莫斯
Nero　尼禄
Nicander　尼坎德
Nicarchus　尼卡科斯
Nicias　尼基阿斯
Nicocreon　尼科克莱昂
Niobe　尼俄贝

## O

Orpheus　俄尔甫斯

245

## P

Paccius　帕基乌斯
Panaetius　帕莱提俄斯
Pandarus　潘达罗斯
Paraetonium　帕莱托尼乌姆
Parmenion　帕蒙尼翁
Pausanias　泡赛尼阿斯
Peisistratus　佩西斯忒拉图
Peleus　佩莱俄斯
Pelopidas　派罗皮达斯
Periamder　珀里安德
Perseus　珀修斯
Phaedrus　斐德若
Phaethon　法厄同
Phanias　法尼阿斯
Philemon　斐勒蒙
Philip　腓力
Philotas　斐洛塔斯
Philoxenus　斐洛克塞努斯
Phocion　弗基昂
Pindar　品达
Pittacus　皮塔科斯
Plato　柏拉图
Plutarch　普鲁塔克
Polemon　珀勒蒙
Polycrates　珀吕克拉忒斯

Porsenna　珀尔西纳
Porus　珀洛斯
Poseidon　波塞冬
Priam　普里阿摩斯
Prometheus　普罗米修斯
Ptolemy　托勒密
Pythagoras　毕达戈拉斯

## S

Sappho　萨福
Sarapion　萨拉皮昂
Satyrus　萨提洛斯
Seleucus　塞琉科斯
Seneca　塞涅卡
Simonides　西蒙尼德
Smintheus　斯米忒俄斯
Socrates　苏格拉底
Solon　梭伦
Sophocles　索福克勒斯
Sophronus　索弗罗洛斯
Stesichorus　斯忒西科洛斯
Stilpo　斯提尔波
Strato　斯忒拉托
Sulla　苏拉

## T

Tantalus　坦塔罗斯

Teiresias  忒伊莱西阿斯
Telamon  特拉蒙
Thales  泰勒斯
Thamyris  塔米里斯
Theodorus  忒奥多洛斯
Theon  忒昂
Theophrastus  忒奥弗拉斯托斯
Thoosa  忒俄萨
Thrasybulus  忒拉绪布洛斯
Timaea  蒂迈娅
Timon  蒂蒙
Timotheus  提莫泰俄斯

Titibazus  提里巴佐斯
Troilus  特洛伊洛斯
Typhon  提丰

## X

Xanthippe  克珊提佩
Xenocrates  克塞诺克拉底
Xenophanes  克塞诺芬尼
Xerxes  克塞尔克瑟斯

## Z

Zeno  芝诺